# 高校数学
## 弱点克服講座 I
## 数列 編

新宮 進

───はしがき───

「漸化式がわかりません。」
「三角関数の公式が多すぎてパニック状態です。」
「ベクトルもわかりません。」
このような高校生諸君のために，本書は生まれました。

本書，『高校数学　弱点克服講座Ⅰ数列編』は，もともと漸化式単独の手書きのプリントだったのですが、
「$\Sigma$ 計算ができてないやんか！」
「おいおい，わかっていないのは漸化式だけとちゃうやんか！」
という訳で『第1章　数列の基本』
「応用問題も作って欲しい」とせがまれて『第4章　数列の応用』
「二項定理はないんですか」と突っ込まれて『第3章　二項定理』
いつのまにやら，数列全般に関する解説書になってしまいました。

本書の構成について，少し説明しておきます。
　学習の進行具合によって，どの章から学習を始めてもかまいません。
また、※印のついた個所はやや高度な内容なので，はじめに学習する際は飛ばしてもかまいません。
　基本反復練習は利用し易いように巻頭に設置しました。本編で学習したことをチェックするのに役立つでしょう。文字通り「反復練習」することによって，数列に関する基本事項を身に付けて下さい。

第1章　数列の基本
　苦手な人の多い『帰納法と不等式』は【補遺1】で詳しく解説しました。「【補遺2】$\Sigma$ 公式の証明」は書き込み式です。証明を完成させて下さい。

第2章　漸化式
　第2講までの学習で，大学受験で困らないだけの実力をつけることができるでしょう。入試問題には誘導がついていることが多いですが，第3，4講を学習すると，誘導を外しても漸化式が解けるようになるでしょう。難関校志望者および理科系の諸君は第5講も学習して下さい。

第3章　二項定理
　あまり時間をかけたくない分野であろうことを考慮して，練習を省略しました。例と基本反復練習中心の学習を望みます。

第4章　数列の応用
　まず，得意な問題を作ろうという発想で第1～3講を設けました。数列の応用の学習にメリハリがつきます。

**2　はしがき**

○　数学における式変形について（『都合のよいものを作って』→『修正する』）

対称式の計算から見てみよう。$x$ と $y$ の対称式は $x+y$ と $xy$（基本対称式）を用いて表される。

> 例　2次方程式 $x^2+x-1=0$ の2解を $\alpha$, $\beta$ とするとき，次式の値を求めよ。
> （1）$\alpha^2+\beta^2$　（2）$\alpha^3+\beta^3$　（3）$\alpha^4+\beta^4$　（4）$\alpha^5+\beta^5$　（5）$\alpha^6+\beta^6$

この例で「（4）の $\alpha^5+\beta^5$ だけできない」という人がいるようだ。

解と係数の関係より $\alpha+\beta=\alpha\beta=-1$

（1）$\alpha^2+\beta^2=(\alpha+\beta)^2-2\alpha\beta=(-1)^2-2\cdot(-1)=3$

（2）$\alpha^3+\beta^3=(\alpha+\beta)(\alpha^2-\alpha\beta+\beta^2)=-(3+1)=-4$

　　または

　　$\alpha^3+\beta^3=(\alpha+\beta)^3-3\alpha\beta(\alpha+\beta)=-1-3\cdot(-1)\cdot(-1)=-4$

（3）$\alpha^4+\beta^4=(\alpha^2+\beta^2)^2-2\alpha^2\beta^2=9-2=7$

（4）を飛ばして

（5）$\alpha^6+\beta^6=(\alpha^3+\beta^3)^2-2\alpha^3\beta^3=16-2\cdot(-1)=18$　⟶　$\alpha^6+\beta^6=(\alpha^3)^2+(\beta^3)^2$ とみる

　　または

　　$\alpha^6+\beta^6=(\alpha^2+\beta^2)^3-3\alpha^2\beta^2(\alpha^2+\beta^2)=27-9=18$

　　または

　　$\alpha^6+\beta^6=(\alpha^2+\beta^2)(\alpha^4-\alpha^2\beta^2+\beta^4)=3(7-1)=18$　⟶　$\alpha^6+\beta^6=(\alpha^2)^3+(\beta^2)^3$ とみる

ここで，例えば「$a^3+b^3=(a+b)^3-3ab(a+b)$ ……①」という公式を丸暗記している人は $\alpha^5+\beta^5$ になると困るケースが多く，ここで頑張って「$a^5+b^5=$ ……をまた丸暗記すると……」という悪循環に陥ってしまう。

①から見直してみよう。

$a^3+b^3$ という式は $(a+b)^3$ の展開式において出現する式である。実際，

$(a+b)^3=a^3+3a^2b+3ab^2+b^3$

ここで，$a^3+b^3$ 以外に余計なもの「$3a^2b+3ab^2$」がついているから，修正して

$a^3+b^3=(a+b)^3-3a^2b-3ab^2=(a+b)^3-3ab(a+b)$

①によく似た式 $a^3-b^3$ でも同様に，$(a-b)^3=a^3-3a^2b+3ab^2-b^3$ だから

$a^3-b^3=(a-b)^3+3a^2b-3ab^2=(a-b)^3+3ab(a-b)$

とすれば，記憶の労力は必要ないし，符号の間違いも心配ない。

（$a^3-b^3=(a-b)^3-3ab(a-b)$ とする間違いはよく目にする間違いである）

このように，『**都合のよいものを（強引にでも）作って**』おいて，『**修正する**』という考え方を身に付けておこう。

では，（4）を片づけよう。

$\alpha^5+\beta^5$ は $(\alpha^2+\beta^2)(\alpha^3+\beta^3)$ を展開すると出現する。

$(\alpha^2+\beta^2)(\alpha^3+\beta^3)=\alpha^5+\alpha^2\beta^3+\alpha^3\beta^2+\beta^5$

余分な $\alpha^2\beta^3+\alpha^3\beta^2$ を修正して

$$\begin{aligned}
\alpha^5+\beta^5 &= (\alpha^2+\beta^2)(\alpha^3+\beta^3)-\alpha^2\beta^3-\alpha^3\beta^2 \\
&= (\alpha^2+\beta^2)(\alpha^3+\beta^3)-\alpha^2\beta^2(\alpha+\beta) \\
&= 3\cdot(-4)-(-1) \\
&= -11
\end{aligned}$$

または，$\alpha^5+\beta^5$ は $(\alpha+\beta)(\alpha^4+\beta^4)$ を展開しても出現するから

$$\begin{aligned}
\alpha^5+\beta^5 &= (\alpha+\beta)(\alpha^4+\beta^4)-\alpha\beta^4-\alpha^4\beta \\
&= (\alpha+\beta)(\alpha^4+\beta^4)-\alpha\beta(\alpha^3+\beta^3) \\
&= -7-4 \\
&= -11
\end{aligned}$$

上手な方法とはいえないが，

$(\alpha+\beta)^5=\alpha^5+5\alpha^4\beta+10\alpha^2\beta^3+10\alpha^3\beta^2+5\alpha^4\beta+\beta^5$ （右図参照）より

$$\begin{aligned}
\alpha^5+\beta^5 &= (\alpha+\beta)^5-5\alpha\beta(\alpha^3+\beta^3)-10\alpha^2\beta^2(\alpha+\beta) \\
&= -1-5\cdot(-1)\cdot(-4)-10\cdot(-1) \\
&= -11
\end{aligned}$$

```
            1   1
          1   2   1
        1   3   3   1
      1   4   6   4   1
    1   5  10  10   5   1
```
（パスカルの三角形）

平方完成においても，「1次の項の係数の半分をたす」なんて丸暗記せずに

　　$x^2+4x+6$ の $x^2+4x$ は $(x+2)^2$ を展開したときに出現するので

$x^2+4x+6=\{(x+2)^2-4\}+6=(x+2)^2+2$ とすればよい。

また，分数式 $\dfrac{-2x+3}{x-3}$ の処理として，分子に $x-3$ を作れば約分できるから，強引に $x-3$ を作ると

$y=\dfrac{-2x+3}{x-3}=\dfrac{-2(x-3)-3}{x-3}=-2-\dfrac{3}{x-3}$

これで，関数 $y=\dfrac{-2x+3}{x-3}$ のグラフは反比例 $y=-\dfrac{3}{x}$ のグラフを $x$ 軸方向に 3，$y$ 軸方向に $-2$ だけ平行移動したものであることがわかるので，文系の人でも分数関数のグラフを書くことができる。

$x$ に関する整式を $x-\alpha$ の冪（べき）に展開するというテクニックは数Ⅱの定積分の計算でよく使う。

　　$(x-2)^2(x+1)$ を $x-2$ の冪に展開するには（「$x-2$ の冪」と言うと難しそうだが，要するに「全部 $x-2$ で表す」と考えればよい）

　　$(x-2)(x+1)=(x-2)^2\{(x-2)+3\}=(x-2)^3+3(x-2)^2$

このテクニックは $\sum$ 計算でも効力を発揮する。

　　無数に可能性のある数学の式変形において，ここで述べたコツを身に付け，必要ならば自分で公式を作って色々な局面を切り抜けていこう。

# 目 次

- はしがき …………………………………………………………… 1
- 基本反復練習 ……………………………………………………… 6
- 第1章 数列の基本 ………………………………………………… 11
  - 第1講 等差・等比数列 ……………………………………… 12
  - 第2講 種々の数列 …………………………………………… 17
  - 【閑話休題 ラグランジュの補間公式】……………………… 26
  - 第3講 数学的帰納法 ………………………………………… 27
  - 【閑話休題 帰納法と演繹法】………………………………… 28
  - 第4講 群数列 ………………………………………………… 32
  - 演習問題 ……………………………………………………… 36
  - 【補遺1】数学的帰納法と不等式 …………………………… 37
  - 【補遺2】Σ公式の証明 ……………………………………… 40

- 第2章 漸化式 ……………………………………………………… 45
  - 第1講 漸化式の基本 ………………………………………… 46
  - 【閑話休題 ロバの橋】………………………………………… 55
  - 第2講 種々の漸化式 ………………………………………… 66
  - 第3講 分数型・連立型の漸化式 …………………………… 75
  - 第4講 一歩進めた考察 ……………………………………… 81
  - 第5講 漸化式を解かずに解く問題 ………………………… 90
  - 【補遺】漸化式がサッパリわからない人へ ………………… 96

- 第3章 二項定理 …………………………………………………… 99
  - 第1講 二項係数 $_nC_r$ に関する復習 ……………………… 100
  - 第2講 二項定理 ……………………………………………… 103
  - 演習問題 ……………………………………………………… 109
  - 【補遺】二項定理の数学的帰納法による証明 ……………… 110

- 第4章 数列の応用 ………………………………………………… 111
  - 第1講 数列の応用 …………………………………………… 112
  - 第2講 確率と漸化式 ………………………………………… 117
  - 第3講 格子点の問題 ………………………………………… 123
  - 演習問題 ……………………………………………………… 128

【閑話休題　相加平均と相乗平均】 …………………………… 131
　第4講　数列の種々の問題 ………………………………… 134
　　標準問題 …………………………………………………… 134
　　発展問題 …………………………………………………… 137
指南の書 ……………………………………………………… 139
解答編 ………………………………………………………… 145

【第1章　基本反復練習】

**1** 次の等比数列の和を求めよ。
(1) $S = 1 + x + x^2 + \cdots + x^{100}$
(2) $S = x + x^2 + x^3 + \cdots + x^{2n-1}$
(3) $S = x^3 + x^4 + x^5 + \cdots + x^n$
(4) $S = 1 + x^2 + x^4 + \cdots + x^{2n}$

**2** 次の和を求めよ

(1) $\sum_{k=1}^{n} 3^k$　　(2) $\sum_{k=0}^{n} 3^k$　　(3) $\sum_{k=2}^{n} 3^{k+1}$　　(4) $\sum_{k=n}^{2n} 3^k$

**3** (1) 等差数列 $\{a_n\}$ の第6項が13，第15項が31である。このとき，第30項は□であり，初項から第 $n$ 項までの和 $S_n$ が初めて500を超えるのは $n = $ □ のときである。
(2) 等比数列 $\{b_n\}$ の初めの3項の和が42で積が512である。このとき，$b_5 = $ □ である。ただし，$\{b_n\}$ の各項は実数とする。

**4** 3つの正の数 $a$ , $b$ , $c$ がこの順に等比数列をなし，$a + b = c = 1$ を満たすとき，$a$ の値と公比を求めよ。

**5** 次の和を求めよ。
(1) $\sum_{k=1}^{n}(k^2 - 3k)$　　(2) $\sum_{l=0}^{n-1}(l^2 + 3l + 1)$　　(3) $\sum_{k=1}^{n}(k^3 - 1)$
(4) $\sum_{k=1}^{n-1} k(k+1)(2k+1)$　　(5) $\sum_{k=1}^{n} k(n - k^2)$

**6** (1) 数列 $1 \cdot 3$, $2 \cdot 5$, $3 \cdot 7$, $4 \cdot 9$, …… の初項から第 $n$ 項までの和を求めよ。
(2) $1 \cdot n + 2(n-1) + 3(n-2) + \cdots + (n-1) \cdot 2 + n \cdot 1$ を簡単にせよ。

※ **7** 次の和を求めよ。
(1) $\sum_{k=1}^{n}(k-1)^3$　　(2) $\sum_{k=1}^{n}(k+1)^3$　　(3) $\sum_{k=1}^{n}(n-k)^2$
(4) $\sum_{k=n}^{2n}(k+1)^2$　　(5) $\sum_{k=1}^{n}(k-1)^2(k+5)$

8 次の和を求めよ。

(1) $\displaystyle\sum_{k=1}^{100} \frac{1}{k(k+1)}$ \qquad (2) $\displaystyle\sum_{k=2}^{n} \frac{1}{(k-1)k(k+1)}$

(3) $\displaystyle\sum_{k=1}^{n} \frac{2}{(k+1)(k+3)}$ \qquad (4) $\displaystyle\sum_{k=1}^{n} \frac{2k+1}{k^2(k+1)^2}$

9 初項から第 $n$ 項までの和 $S_n$ が次式で表されるとき，一般項 $a_n$ を求めよ。

(1) $S_n = n^3 - n^2$ \qquad (2) $S_n = 3^n$

10 次の数列の一般項 $a_n$ を推定せよ。

(1) $2,\ 9,\ 22,\ 41,\ 66,\ \cdots\cdots$ \qquad (2) $1,\ 4,\ -2,\ 10,\ -14,\ \cdots\cdots$

11 次の和を求めよ。

(1) $S = 1 + 2\cdot 3 + 3\cdot 3^2 + \cdots\cdots + n\cdot 3^{n-1}$

(2) $S = 1 + 2x + 3x^2 + \cdots\cdots + nx^{n-1}$

12 自然数 $n$ に対し，次のことがらが成り立つことを数学的帰納法で証明せよ。

(1) $1^2 + 2^2 + 3^2 + \cdots\cdots + n^2 = \dfrac{1}{6}n(n+1)(2n+1)$

(2) $5^n - 1$ が 4 の倍数

(3) $n! > 2^n$ (ただし，$n \geqq 4$)

(4) $x + y = s$，$xy = t$ とおくとき，$x^n + y^n$ は $s$ と $t$ の多項式で表すことができる。

※13 各項が正である数列 $\{a_n\}$ が次の条件を満たしているとき，一般項 $a_n$ を求めよ。

$a_1{}^3 + a_2{}^3 + a_3{}^3 + \cdots\cdots + a_n{}^3 = (a_1 + a_2 + a_3 + \cdots\cdots + a_n)^2 \quad (n=1,2,3,\cdots\cdots)$

14 正の奇数の列を次のように群に分ける。ただし，第 $n$ 群には $n$ 個の項が入るものとする。

$1 \mid 3,\ 5 \mid 7,\ 9,\ 11 \mid 13,\ 15,\ 17,\ 19 \mid 21,\ \cdots\cdots$

(1) 第 $n$ 群の最初の奇数を求めよ。

(2) 2015 は第何群の第何項か。

(3) 第 $n$ 群にあるすべての奇数の和を求めよ。

## 【第2章　基本反復練習】

$\boxed{0}$ $a_{n+1} = a_n + n + 2^{n-1}$ , $a_1 = 1$

$\boxed{1}$ $a_{n+1} = 3a_n + 2$ , $a_1 = 1$

$\boxed{2}$ (1) $a_{n+2} - 5a_{n+1} + 6a_n = 0$ , $a_1 = 1$ , $a_2 = 4$

(2) $a_{n+2} = \dfrac{3a_{n+1} + 2a_n}{5}$ , $a_1 = 1$ , $a_2 = 4$

(3) $a_{n+2} + a_n = 2a_{n+1}$ , $a_1 = 1$ , $a_2 = 4$

$\boxed{3}$ (1) $a_{n+1} = 2a_n + 3^n$ , $a_1 = 1$

(2) $a_{n+2} + 4a_{n+1} + 4a_n = 0$ , $a_1 = 0$ , $a_2 = 1$

$\boxed{4}$ $a_{n+1} = 2a_n + n$ , $a_1 = 1$

$\boxed{5}$ $\begin{cases} a_{n+1} = a_n + 4b_n \\ b_{n+1} = 4a_n + b_n \end{cases}$ , $\begin{cases} a_1 = 3 \\ b_1 = 1 \end{cases}$

$\boxed{6}$ $a_{n+1} = \dfrac{a_n}{a_n + 3}$ , $a_1 = 1$

$\boxed{7}$ $a_{n+1}^2 = a_{n+1} + a_n$ , $a_1 = 2$　ただし、$a_n > 0$ $(n = 1, 2, 3, \ldots\ldots)$

$\boxed{8}$ (1) $(n+2)a_{n+1} = na_n$ , $a_1 = 1$

(2) $na_{n+1} = (n+1)a_n + 1$ , $a_1 = 2$

$\boxed{9}$ (1) $\begin{cases} a_{n+1} = a_n + 4b_n \\ b_{n+1} = a_n - 2b_n \end{cases}$ , $\begin{cases} a_1 = 1 \\ b_1 = 0 \end{cases}$　　(2) $\begin{cases} a_{n+1} = a_n - b_n \\ b_{n+1} = 4a_n + 5b_n \end{cases}$ , $\begin{cases} a_1 = 1 \\ b_1 = 1 \end{cases}$

$\boxed{10}$ (1) $a_{n+1} = \dfrac{3a_n + 2}{a_n + 4}$ , $a_1 = 4$　　(2) $a_{n+1} = \dfrac{3a_n - 4}{a_n - 1}$ , $a_1 = 3$

## 【第3章 基本反復練習】

**1** (1) 公式 $_nC_r = \dfrac{n!}{\Box!\,\Box!}$ の $\Box$ に適当な文字，式を入れよ。

(2) 公式 $_nC_r = {}_nC_{n-\Box}$，$_nC_r = {}_\Box C_{r-1} + {}_\Box C_\Box$ の $\Box$ に適当な文字，式を入れて証明せよ。

**2** (1) $\left(\dfrac{x}{2} - y\right)^{12}$ の展開式において，$x^5 y^7$ の係数を求めよ。

(2) $\left(2x^2 - \dfrac{1}{2x}\right)^6$ の展開式で，$x^3$ の係数と定数項を求めよ。

**3** (1) $(2x - y + z)^8$ の展開式における $x^2 y^3 z^3$ の係数を求めよ。

(2) $\left(x + 1 + \dfrac{1}{x}\right)^7$ の展開式における定数項を求めよ。

**4** (1) $\displaystyle\sum_{k=1}^{n} {}_nC_k$ の値を求めよ。

(2) $a_k = \dfrac{1}{k!}$ $(0 \leqq k \leqq n)$ に対し，$\displaystyle\sum_{k=0}^{n} a_k a_{n-k}$ の値を求めよ。

**5** (1) $8^n$ を 7 で割ったときの余りを求めよ。

(2) $2^{4n} + 1$ を 17 で割ったときの余りを求めよ。

(3) $(x+1)^n$ $(n \geqq 2)$ を $x^2$ で割ったときの余りを求めよ。

**6** $f(x) = x^{10}$ に対し，導関数の定義に従って $f'(x)$ を求めよ。

※ **7** $\displaystyle\sum_{k=1}^{n} k\,{}_nC_k$ の値を求めよ。

【第4章　基本反復練習】

1  $\angle B = 2\theta$ である $\triangle ABC$ に半径 1 の円 $O_1$ が内接している。2辺 $AB$, $BC$ に接し、円 $O_1$ に外接する円を $O_2$, 2辺 $AB$, $BC$ に接し、円 $O_2$ に外接する円のうち $O_1$ と異なる円を $O_3$ とする。
以下同様に円 $O_n$ $(n = 1, 2, 3, \cdots\cdots)$ を定める。
(1) 円 $O_n$ の半径 $r_n$ を求めよ。
(2) 円 $O_1$ から円 $O_n$ の面積の総和 $S_n$ を求めよ。

2  表の出る確率が $\dfrac{3}{5}$ であるコインを $n$ 回投げるとき、表が偶数回出る確率を $p_n$ とする。ただし、0 は偶数と考える。このとき、$p_n$ を求めよ。

3  不等式 $x^2 - 3x \leqq y \leqq nx$ ($n$ は自然数) で表される領域内の格子点の個数を $A_n$ とする。
(1) $A_1$ を求めよ。
(2) $A_n$ を求めよ。

4  領域 $2x + 5y \leqq 10n$, $x \geqq 0$, $y \geqq 0$ ($n$ は自然数) 内の格子点の個数を求めよ。

# 第1章

# 数列の基本

## 第1講 等差・等比数列

数列が苦手という人は，案外教科書レベルのことが身に付いていないことが多い。基本事項をまとめていくので，手元にある教科書と照らし合わせながら整理すること。

一般項を $a_n$，初項から第 $n$ 項までの和を $S_n$ とする。

○ 初項 $a$，公差 $d$ の等差数列 （末項 $l$）

$$a_n = a + (n-1)d$$

$$S_n = \frac{n\{2a+(n-1)d\}}{2} = \frac{n(a+l)}{2} \quad (\to 指南1)$$

○ 初項 $a$，公比 $r$ の等比数列

$$a_n = ar^{n-1}$$

$r=1$ のとき $S_n = na$

$r \neq 1$ のとき $S_n = \dfrac{a(1-r^n)}{1-r} = \dfrac{a(r^n-1)}{r-1}$

○ 3つの数 $a$，$b$，$c$ がこの順に

等差数列 $\Leftrightarrow a+c=2b$ ， 等比数列 $\Leftrightarrow ac=b^2$

ⅰ) 一般項の公式に関する注意

等差数列も等比数列も初めの数項を書いてみれば明らか。記憶の労力を払う必要なし。

$n=1,2,3,\cdots\cdots$ の場合　　　　　　　　　$n=0,1,2,\cdots\cdots$ の場合

| 等差数列 | 等比数列 | 等差数列 | 等比数列 |
|---|---|---|---|
| $a_1 = a$ | $a_1 = a$ | $a_0 = a$ | $a_0 = a$ |
| $a_2 = a+d$ | $a_2 = ar$ | $a_1 = a+d$ | $a_1 = ar$ |
| $a_3 = a+2d$ | $a_3 = ar^2$ | $a_2 = a+2d$ | $a_2 = ar^2$ |
| $a_4 = a+3d$ | $a_4 = ar^3$ | $a_3 = a+3d$ | $a_3 = ar^3$ |
| …… | …… | …… | …… |
| $a_n = a+(n-1)d$ | $a_n = ar^{n-1}$ | $a_n = a+nd$ | $a_n = ar^n$ |

ii) 等比数列の和の公式に関する注意

例1　次の等比数列の和 $S$ を求めよ。
（1）$1+r+r^2+\cdots\cdots+r^n$
（2）$r+r^2+r^3+\cdots\cdots+r^{n-1}$
（3）$1+r+r^2+\cdots\cdots+r^{n-1}$
（4）$r^2+r^3+r^4+\cdots\cdots+r^n$

公比はすべて $r$ であるが
（1）初項 $1$，項数 $n+1$
（2）初項 $r$，項数 $n-1$
（3）初項 $1$，項数 $n$
（4）初項 $r^2$，項数 $n-1$

等比数列の和の公式に関する注意：その1
　　公比 $r$ に文字が含まれるときは，$r=1$ or $r\neq 1$ の場合分けを行うこと！

公式 $S_n=\dfrac{a(1-r^n)}{1-r}=\dfrac{a(r^n-1)}{r-1}$ ……（＊）は $r\neq 1$ のときに限り使える公式である。

公式の証明（p.23）も理解しておくべきだが，「分母 $\neq 0$」の習慣がついていれば忘れることはないはず！
　$r=1$ のときは（1）～（4）の各項はすべて $1$ なので
　（1）$S=n+1$　　（2）$S=n-1$　　（3）$S=n$　　（4）$S=n-1$

$r\neq 1$ のときは公式（＊）を使うのだが……

等比数列の和の公式に関する注意：その2
　　公式　$S_n=\dfrac{a(1-r^n)}{1-r}=\dfrac{a(r^n-1)}{r-1}$ において，「$a$ は初項」，「$n$ は項数」である。

例1では公比はすべて $r$ だが，**初項と項数**をしっかり押さえる習慣をつけよう。

（1）$1+r+r^2+\cdots\cdots+r^n$ では，初項は $1$，項数は $n+1$

$$\underbrace{1+\overbrace{r^1+r^2+\cdots\cdots+r^n}^{n\text{個}}}_{n+1\text{個}}$$

従って

$r\neq 1$ のとき $S=\dfrac{1\times(1-r^{n+1})}{1-r}=\dfrac{1-r^{n+1}}{1-r}$

（2）$r+r^2+r^3+\cdots\cdots+r^{n-1}$ では，初項は $r$，項数は $n-1$
従って
$r\neq 1$ のとき $S=\dfrac{r(1-r^{n-1})}{1-r}=\dfrac{r-r^n}{1-r}$

（3），（4）もコツは同じ。
（3）$1+r+r^2+\cdots\cdots+r^{n-1}$ では，初項 $1$，項数 $n$ だから

$r\neq 1$ のとき $S=\dfrac{1-r^n}{1-r}$

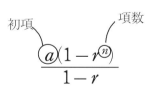

等比数列の和の公式の利用
→　百発百中を目指そう！！

「初項」と「項数」がカギ！

（4）$r^2+r^3+r^4+\cdots\cdots+r^n$ では，初項 $r^2$，項数 $n-1$ だから

$r \neq 1$ のとき $S=\dfrac{r^2(1-r^{n-1})}{1-r}=\dfrac{r^2-r^{n+1}}{1-r}$

等比数列の和の公式を使うときには「初項」と「項数」を押さえる！　いいですか。

**練習 1**　次の等比数列の和を求めよ。

（1）$1+2+2^2+\cdots\cdots+2^n$　　（2）$\dfrac{1}{4}+\dfrac{1}{8}+\dfrac{1}{16}+\cdots\cdots+\dfrac{1}{2^{100}}$　　（3）$r+r^3+r^5+\cdots\cdots+r^{99}$

（→基本反復練習1）

等比数列の和は $\sum$ を利用する場合もコツは同じ。

---

**例2**　次の和を求めよ。

（1）$\displaystyle\sum_{k=1}^{n} 2^k$　　（2）$\displaystyle\sum_{k=1}^{n} 2^{k-1}$　　（3）$\displaystyle\sum_{k=1}^{n-1} 2^{k+1}$　　（4）$\displaystyle\sum_{k=0}^{n} 2^k$　　（5）$\displaystyle\sum_{k=1}^{n} 2\cdot\left(\dfrac{3}{4}\right)^k$

---

☆　（1）〜（4）は公比 2，（5）は公比 $\dfrac{3}{4}$ の等比数列。特に，初項と項数に注意！

（1）初項は 2（初項は $2^k$ に $k=1$ を代入すればよい；以下同様），項数は $n$

∴　$\displaystyle\sum_{k=1}^{n} 2^k = \dfrac{2(2^n-1)}{2-1} = 2(2^n-1)$

（2）初項は $2^0=1$，項数は $n$

∴　$\displaystyle\sum_{k=1}^{n} 2^{k-1} = \dfrac{1\times(2^n-1)}{2-1} = 2^n-1$

（3）初項は $2^2=4$，項数は $n-1$

∴　$\displaystyle\sum_{k=1}^{n-1} 2^{k+1} = \dfrac{4(2^{n-1}-1)}{2-1} = 2^{n+1}-4$

（4）初項は $2^0=1$，項数は $n+1$

∴　$\displaystyle\sum_{k=0}^{n} 2^k = \dfrac{1\times(2^{n+1}-1)}{2-1} = 2^{n+1}-1$

（5）初項は $2\times\dfrac{3}{4}=\dfrac{3}{2}$，項数は $n$　　　∴　$\displaystyle\sum_{k=1}^{n} 2\cdot\left(\dfrac{3}{4}\right)^k = \dfrac{\dfrac{3}{2}\left\{1-\left(\dfrac{3}{4}\right)^n\right\}}{1-\dfrac{3}{4}} = 6\left\{1-\left(\dfrac{3}{4}\right)^n\right\}$

等比数列の公式は

$r>1 \;\to\; \dfrac{a(r^n-1)}{r-1}$

$r<1 \;\to\; \dfrac{a(1-r^n)}{1-r}$

と使い分けすると，分母が負にならずに使いやすい。

公比に文字が含まれるときは $r=1$，$r \neq 1$ で場合分けすることを忘れずに！

**練習2**　次の和を求めよ。

（1）$\displaystyle\sum_{k=1}^{n} 4\cdot 3^k$　　（2）$\displaystyle\sum_{k=0}^{50} \dfrac{1}{2^{k+1}}$　　（3）$\displaystyle\sum_{k=2}^{n-1} r^{k+1}$　$(n \geqq 3)$　　（4）$\displaystyle\sum_{k=1}^{n} \dfrac{x^2}{(1+x^2)^k}$

（→基本反復練習2）

iii) 等差数列，等比数列の問題では，「初項と公差」「初項と公比」を求めるのが基本

例3 (1) 等差数列 $\{a_n\}$ が $a_1+a_3=3$，$a_2+a_4=27$ を満たすとき，一般項 $a_n$ を求めよ。
また，初項から第 $n$ 項までの和 $S_n$ が 100 以上となる最小の自然数 $n$ を求めよ。
(2) 等比数列 $\{b_n\}$ が $b_1+b_3=3$，$b_2+b_4=27$ を満たすとき，一般項 $b_n$ を求めよ。

(1) 初項を $a$，公差を $d$ とすると
$a_1+a_3=a+(a+2d)=2a+2d=3$ ……①
$a_2+a_4=(a+d)+(a+3d)=2a+4d=27$ ……②

①②より
$a=-\dfrac{21}{2}$，$d=12$

$\therefore\ a_n=-\dfrac{21}{2}+12(n-1)=12n-\dfrac{45}{2}$

$S_n=\dfrac{n\left\{-\dfrac{21}{2}+\left(12n-\dfrac{45}{2}\right)\right\}}{2}=\dfrac{n(12n-33)}{2}$ より

$S_n\geqq 100$ とすると $n(12n-33)\geqq 200$ ……(*)

(*) の左辺は $n\geqq 3$ のとき単調増加で
$n=5$ のとき $5\times 27=135<200$
$n=6$ のとき $6\times 39=234\geqq 200$

よって，求める $n$ は $n=6$ （$n=1,2$ のときは明らかに不適）

「初項を ○，公差を △ とすると」
は等差数列の問題の決まり文句！

2次不等式 (*) を解きにかかると
泥沼にはまる。
手当たり次第に代入し，
答案には 200 を跨ぐ 2 つを示す。

(2) 初項を $b$，公比を $r$ とすると
$b_1+b_3=b+br^2=b(1+r^2)=3$ ……③
$b_2+b_4=br+br^3=br(1+r^2)=27$ ……④

③×$r$−④ より
$\phantom{-)\ }br(1+r^2)=3r$
$\underline{-)\ br(1+r^2)=27}$
$\phantom{-)\ br(1+r^2)=\ }0=3r-27$

$\therefore\ r=9$ $\quad\therefore$ ③ より $82b=3$ $\quad\therefore\ b=\dfrac{3}{82}$

$\therefore\ b_n=\dfrac{3}{82}\times 9^{n-1}$

「初項を ○，公比を △ とすると」
は等比数列の問題の決まり文句。

注）連立方程式③④を解く
には，左の解答のように
「加減法」を用いる習慣を
つけよう。

**練習3** それぞれの場合について，一般項を求めよ。
(1) 等差数列 $\{a_n\}$ が $a_1+a_3+a_5=9$，$a_2+a_3=4$ を満たす。
(2) 等比数列 $\{b_n\}$ が $b_1+b_4=18$，$b_2+b_3=12$ を満たす。
(→基本反復練習3)

16　第 1 章　数列の基本

iv) 3つの数が等差数列，等比数列となる条件

| 3数 $a$, $b$, $c$ が等差数列 $\Leftrightarrow$ $a+c=2b$ |
| 3数 $a$, $b$, $c$ が等比数列 $\Leftrightarrow$ $ac=b^2$ |

これは，

　　3数 $a$, $b$, $c$ が等差数列 $\Leftrightarrow$ $b-a=c-b$ $\Leftrightarrow$ $a+c=2b$

と簡単に証明できるが，等差数列の基本方針にしたがって公差を $d$ とすると

$b=a+d$, $c=a+2d$ より

　　$a+c=a+(a+2d)=2a+2d=2(a+d)=2b$ と証明できる。

これからわかるように，簡単な問題では初項と公差を求めるという基本方針で対処できる。従って，この公式はある程度ヤヤコシイ問題で効力を発揮する。

等比数列の場合の証明は　3数 $a$, $b$, $c$ が等比数列 $\Leftrightarrow$ $\dfrac{b}{a}=\dfrac{c}{b}$ $\Leftrightarrow$ $ac=b^2$

　　または　$b=ar$, $c=ar^2$ より $ac=a\cdot ar^2=(ar)^2=b^2$　（$r$ は公比）

---

**例 4**　(1)　3つの実数 $2^{x+2}$, $2^{2x}$, $2^4$ がこの順で等差数列をなすような $x$ の値を求めよ。

(2)　3つの実数 $\log_2 x$, $\log_2 4x$, $\log_2 8x$ がこの順で等比数列をなすような $x$ の値を求めよ。

〔自治医大〕

---

(1)　3つの実数 $2^{x+2}$, $2^{2x}$, $2^4$ がこの順で等差数列をなす条件は

　　$2^{x+2}+2^4=2\cdot 2^{2x}$

$2^x=t$ とおくと　　$4t+16=2t^2$

$t^2-2t-8=0$ より　$(t-4)(t+2)=0$　　　$t>0$ より　$t=4$

$2^x=4$ より　$x=2$

注）$x=2$ のとき，3つの実数 $2^{x+2}$, $2^{2x}$, $2^4$ はすべて $2^4$ となり，公差 0 の等差数列（定数列）となる。

(2)　3つの実数 $\log_2 x$, $\log_2 4x$, $\log_2 8x$ がこの順で等比数列をなす条件は

　　$(\log_2 x)(\log_2 8x)=(\log_2 4x)^2$

$\log_2 x=s$ とおくと

　　$\log_2 4x=\log_2 4+\log_2 x=2+s$

　　$\log_2 8x=\log_2 8+\log_2 x=3+s$ より

$s(3+s)=(2+s)^2$　　$\therefore$　$s=-4$

$\log_2 x=-4$ より　$x=2^{-4}=\dfrac{1}{16}$

---

**練習 4**　$a$, $b$, $c$ は相異なる実数で，$abc=-27$ を満たしている。さらに，$a$, $b$, $c$ はこの順で等比数列であり，$a$, $b$, $c$ の順序を適当に変えると等差数列になる。

このとき，$a$, $b$, $c$ を求めよ。（→基本反復練習 4）

# 第2講 種々の数列

内容が豊富であるが，教科書レベルの知識を確実に身につけておこう。

ⅰ）$\sum$ 記号

$$\sum_{k=1}^{n} k = \frac{n(n+1)}{2}$$
$$\sum_{k=1}^{n} k^2 = \frac{n(n+1)(2n+1)}{6}$$
$$\sum_{k=1}^{n} k^3 = \left\{\frac{n(n+1)}{2}\right\}^2$$

（証明は p.40【補遺2】）

また，奇数を1から順に $n$ 個加えた和は $n^2$ である。すなわち

$$\sum_{k=1}^{n}(2k-1) = 1 + 3 + 5 + \cdots + (2n-1) = n^2$$

これも公式として利用できるようになっておこう。

$$\sum_{k=1}^{n}(2k-1) = 2 \cdot \frac{n(n+1)}{2} - n = n^2$$

と計算しても証明できるが，右図より明らかである。（→指南2）

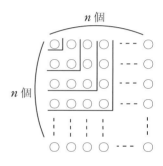

例5  $\sum_{k=1}^{n} k^2(k-1)$ を計算せよ。

$$\sum_{k=1}^{n} k^2(k-1) = \sum_{k=1}^{n}(k^3 - k^2)$$
$$= \sum_{k=1}^{n} k^3 - \sum_{k=1}^{n} k^2$$
① $= \frac{n^2(n+1)^2}{4} - \frac{n(n+1)(2n+1)}{6}$
$= \frac{1}{12}\{3n^2(n+1)^2 - 2n(n+1)(2n+1)\}$
② $= \frac{1}{12}n(n+1)\{3n(n+1) - 2(2n+1)\}$
$= \frac{1}{12}n(n+1)(3n^2 - n - 2)$
$= \frac{1}{12}n(n+1)(n-1)(3n+2)$

**練習5** 次の和を求めよ。

(1) $\displaystyle\sum_{k=1}^{n}(3k^2 - 7k + 4)$  (2) $\displaystyle\sum_{k=1}^{n} k(k+1)$

(3) $\displaystyle\sum_{k=1}^{n} k^2(k-2)$  (4) $\displaystyle\sum_{k=1}^{n} k(k+1)(k+2)$

（→基本反復練習5）

$\sum$ 計算の要点

① 分数の処理

公式を適用したら，まず分数の処理を行う。以降は実質分数計算が不要となるはず。

$$\frac{\phantom{XXXX}}{12}, \quad \frac{1}{12}\{\phantom{XXXX}\}$$

どちらの形でもよいが，分子が長くなる場合は後者で。

② 括れるものは括る

無闇矢鱈に展開しない。できるだけ因数分解の方向で。

上記①②は慣れたら同時に行ってもよいが，計算に自信＆実績のない人には分けて処理することを勧める。
（→指南3）

例6 $n$ は自然数とする。次の和を求めよ。
$$2\cdot(2n-1)+4\cdot(2n-3)+6\cdot(2n-5)+\cdots\cdots+2n\cdot 1$$

☆『第 $k$ 項は □ → 求める和は $\sum_{k=1}^{n}$ □ 』という考え方を定着させよう。

第 $k$ 項は
$$2k\{2n-(2k-1)\}=2k\{(2n+1)-2k\}=2(2n+1)k-4k^2$$
← $k$ について整理

∴ 与式 $=\sum_{k=1}^{n}\{2(2n+1)k-4k^2\}$
← $n$ は $\sum$ に関して定数扱い

$$=2(2n+1)\sum_{k=1}^{n}k-4\sum_{k=1}^{n}k^2$$
$$=2(2n+1)\cdot\frac{n(n+1)}{2}-4\cdot\frac{n(n+1)(2n+1)}{6}$$
$$=n(n+1)(2n+1)-\frac{2}{3}n(n+1)(2n+1)$$
$$=\frac{1}{3}n(n+1)(2n+1)$$

> 第 $k$ 項は □
> → 求める和は
> $\sum_{k=1}^{n}$ □
> 第 $k$ 項を $k$ の式で表すことに成功すれば，後は $\sum$ 計算

**練習6** 次の数列の初項から第 $n$ 項までの和を求めよ。
(1) $1,\ 1+2,\ 1+2+2^2,\ 1+2+2^2+2^3,\ \cdots\cdots$
(2) $1^2+1\cdot 2+2^2,\ 2^2+2\cdot 3+3^2,\ 3^2+3\cdot 4+4^2,\ \cdots\cdots$
(3) $1\cdot n,\ 3\cdot(n-1),\ 5\cdot(n-2),\ \cdots\cdots,\ (2n-3)\cdot 2,\ (2n-1)\cdot 1$
(→基本反復練習6)

$\sum$ 計算について，色々な工夫を身につけておこう。

※例7 $n$ を自然数とする。次の和を求めよ。
(1) $(n+1)^2+(n+2)^2+(n+3)^2+\cdots\cdots+(2n)^2$
(2) $\sum_{k=1}^{n}(n-k+1)(n-k+2)$
(3) $\sum_{k=1}^{n}(k-1)^2(k+2)$

(1) 与式 $=\sum_{k=1}^{n}(n+k)^2=\sum_{k=1}^{n}(n^2+2nk+k^2)=n^2\sum_{k=1}^{n}1+2n\sum_{k=1}^{n}k+\sum_{k=1}^{n}k^2=\cdots\cdots$ としても計算できるが
(この方法で正解を出す計算力は必要である！ (2) (3) も同様)

与式 $=\sum_{k=1}^{2n}k^2-\sum_{k=1}^{n}k^2$ （右の筆算参照）
$$=\frac{2n(2n+1)(4n+1)}{6}-\frac{n(n+1)(2n+1)}{6}$$
$$=\frac{n(2n+1)}{6}\{2(4n+1)-(n+1)\}$$
$$=\frac{n(2n+1)(7n+1)}{6}$$
としたい。

$\phantom{xx}1^2+2^2+3^2+\cdots+n^2+(n+1)^2+(n+2)^2+\cdots+(2n)^2$
$-)\ 1^2+2^2+3^2+\cdots+n^2$
$\phantom{xxxxxxxxxxxxxxxxxxxx}(n+1)^2+(n+2)^2+\cdots+(2n)^2$

（2）では，$\Sigma$ 内を $k$ について整理して

$$\text{与式} = \sum_{k=1}^{n}\{k^2-(2n+3)k+(n+1)(n+2)\}$$
$$= \sum_{k=1}^{n} k^2-(2n+3)\sum_{k=1}^{n} k+(n+1)(n+2)\sum_{k=1}^{n} 1 = \cdots\cdots$$

としても正解が出るが，一度 $\Sigma$ を使わずに書き並べてみると……

$$\text{与式} = n(n+1)+(n-1)n+(n-2)(n-1)+\cdots\cdots+2\cdot 3+1\cdot 2$$
$$\longleftarrow$$

順序を逆さにして書き換えると

$$\text{与式} = 1\cdot 2+2\cdot 3+\cdots\cdots+n(n+1)$$

従って

$$\text{与式} = \sum_{k=1}^{n} k(k+1)$$
$$= \sum_{k=1}^{n}(k^2+k)$$
$$= \frac{n(n+1)(2n+1)}{6}+\frac{n(n+1)}{2}$$
$$= \frac{n(n+1)}{6}\{(2n+1)+3\}$$
$$= \frac{n(n+1)(n+2)}{3}$$

→【補遺2】参照（p.41）
準公式

$$\sum_{k=1}^{n} k(k+1)$$
$$= \frac{n(n+1)(n+2)}{3}$$

を用いることもできる。

注）例6と例7（2）を較べてみることは教訓的である。

　例6では $\Sigma$ の利用が問題解決のポイントであり，例7（2）では $\Sigma$ を用いずに書き並べてみることがポイントであった。

　$\Sigma$ を用いて表されている場合，分かりにくかったら書き並べてみる。

　逆に「……」を用いて表されている場合，分かりにくかったら $\Sigma$ の利用を試みる。

　この2通りの考え方を意識して問題に取り組むこと。第4章の入試問題でも確認しておこう。

$$\boxed{\quad \Sigma \; \xrightleftharpoons{} \; \text{ズラッと書き並べる} \quad}$$

（3）でも身につけておきたいテクニックがある。

$$（与式）=\sum_{k=1}^{n}(k^3-3k+2)=\sum_{k=1}^{n}k^3-3\sum_{k=1}^{n}k=+2\sum_{k=1}^{n}1=\cdots\cdots$$

としても正解に至るが

$$(k-1)^2(k+2)=(k-1)^2\{(k-1)+3\}=(k-1)^3+3(k-1)^2 \text{ より}$$

$$
\begin{aligned}
（与式）&=\sum_{k=1}^{n}\{(k-1)^3+3(k-1)^2\}\\
&=\sum_{k=1}^{n-1}k^3+3\sum_{k=1}^{n-1}k^2 \quad (\to 注)\\
&=\frac{(n-1)^2n^2}{4}+3\times\frac{(n-1)n(2n-1)}{6}\\
&=\frac{1}{4}(n-1)n\{(n-1)n+2(2n-1)\}\\
&=\frac{1}{4}(n-1)n(n^2+3n-2)
\end{aligned}
$$

「すべて $k-1$ で表す」
　という方針
難しくいうと
　「$k-1$ の冪に展開する」
　という。
→はしがき参照

注）（2）で行った注意より，一度書き並べてみるとすぐわかる。

$$\sum_{k=1}^{n}(k-1)^3=0^3+1^3+2^3+\cdots\cdots+(n-1)^3=\sum_{k=1}^{n-1}k^3$$

$\sum_{k=1}^{n}(k-1)^2$ も同様。

## ※ 練習7　次の和を求めよ。

（1）$\displaystyle\sum_{k=1}^{n}(n-k)(n-k+1)$　　　（2）$\displaystyle\sum_{k=n}^{2n}(k-1)^3$　　　（3）$\displaystyle\sum_{k=1}^{n}(k-1)^2(k+1)$

（→基本反復練習7）

ii) 部分分数展開の利用

> 例8 次の和を求めよ。
> (1) $\sum_{k=1}^{n} \dfrac{1}{k(k+1)} = \dfrac{1}{1\cdot 2} + \dfrac{1}{2\cdot 3} + \dfrac{1}{3\cdot 4} + \cdots + \dfrac{1}{n(n+1)}$
> (2) $\sum_{k=1}^{n} \dfrac{1}{k(k+1)(k+2)} = \dfrac{1}{1\cdot 2\cdot 3} + \dfrac{1}{2\cdot 3\cdot 4} + \dfrac{1}{3\cdot 4\cdot 5} + \cdots + \dfrac{1}{n(n+1)(n+2)}$
> (3) $\sum_{k=1}^{n} \dfrac{1}{k(k+2)} = \dfrac{1}{1\cdot 3} + \dfrac{1}{2\cdot 4} + \dfrac{1}{3\cdot 5} + \cdots + \dfrac{1}{n(n+2)}$

(1) $\dfrac{1}{k(k+1)} = \dfrac{1}{k} - \dfrac{1}{k+1}$ より（→注）

$$\sum_{k=1}^{n} \dfrac{1}{k(k+1)} = \sum_{k=1}^{n} \left( \dfrac{1}{k} - \dfrac{1}{k+1} \right)$$
$$= \left( \dfrac{1}{1} - \dfrac{1}{2} \right) + \left( \dfrac{1}{2} - \dfrac{1}{3} \right) + \left( \dfrac{1}{3} - \dfrac{1}{4} \right) + \cdots + \left( \dfrac{1}{n} - \dfrac{1}{n+1} \right)$$
$$= 1 - \dfrac{1}{n+1}$$
$$= \dfrac{n}{n+1}$$

注） $\dfrac{1}{k(k+1)}$ を部分分数に展開するには

$$\dfrac{1}{k(k+1)} = \dfrac{A}{k} + \dfrac{B}{k+1} \text{ が } k \text{ の恒等式}$$

$\Leftrightarrow$ $1 = A(k+1) + Bk$ ……① が $k$ の恒等式

①に $k=0, -1$ を代入して $A=1$, $B=-1$

∴ $\dfrac{1}{k(k+1)} = \dfrac{1}{k} - \dfrac{1}{k+1}$

と未定係数法（数値代入法）を用いることができる。

上記のように，未定係数法が理論的根拠にあることは理解しておくのがよいが，実際には次のように簡単に変形できることが多い。

(1) の $\dfrac{1}{k(k+1)}$ は，**分子を1にして引き算**すると

$$\dfrac{1}{k} - \dfrac{1}{k+1} = \dfrac{(k+1) - k}{k(k+1)} = \dfrac{1}{k(k+1)} \qquad \therefore \ \dfrac{1}{k(k+1)} = \dfrac{1}{k} - \dfrac{1}{k+1}$$

(2) の $\dfrac{1}{k(k+1)(k+2)}$ は，**分母を1つずつずらして引き算**すると

$$\dfrac{1}{k(k+1)} - \dfrac{1}{(k+1)(k+2)} = \dfrac{(k+2) - k}{k(k+1)(k+2)} = \dfrac{2}{k(k+1)(k+2)}$$

∴ $\dfrac{1}{k(k+1)(k+2)} = \dfrac{1}{2} \left\{ \dfrac{1}{k(k+1)} - \dfrac{1}{(k+1)(k+2)} \right\}$

また，(3) の $\dfrac{1}{k(k+2)}$ は $\dfrac{1}{k(k+1)}$ と同様に，分子を1にして引き算すると

$$\dfrac{1}{k}-\dfrac{1}{k+2}=\dfrac{(k+2)-k}{k(k+2)}=\dfrac{2}{k(k+2)}$$

$$\therefore\quad \dfrac{1}{k(k+2)}=\dfrac{1}{2}\left(\dfrac{1}{k}-\dfrac{1}{k+2}\right)$$

> 部分分数展開
> → 分子を1にして引け！

慣れてくると，上記の部分分数に分ける計算は下書きに回してよい。
それでは (2)，(3) の解答に移ろう。

(2) $\dfrac{1}{k(k+1)(k+2)}=\dfrac{1}{2}\left\{\dfrac{1}{k(k+1)}-\dfrac{1}{(k+1)(k+2)}\right\}$ より

$$\sum_{k=1}^{n}\dfrac{1}{k(k+1)(k+2)}=\dfrac{1}{2}\sum_{k=1}^{n}\left(\dfrac{1}{k(k+1)}-\dfrac{1}{(k+1)(k+2)}\right)$$

$$=\dfrac{1}{2}\left\{\left(\dfrac{1}{1\cdot 2}-\dfrac{1}{2\cdot 3}\right)+\left(\dfrac{1}{2\cdot 3}-\dfrac{1}{3\cdot 4}\right)+\left(\dfrac{1}{3\cdot 4}-\dfrac{1}{4\cdot 5}\right)+\cdots\cdots+\left(\dfrac{1}{n(n+1)}-\dfrac{1}{(n+1)(n+2)}\right)\right\}$$

$$=\dfrac{1}{2}\left\{\dfrac{1}{1\cdot 2}-\dfrac{1}{(n+1)(n+2)}\right\}$$

$$=\dfrac{1}{2}\cdot\dfrac{(n+1)(n+2)-2}{2(n+1)(n+2)}=\dfrac{n(n+3)}{4(n+1)(n+2)}$$

(3) $\sum_{k=1}^{n}\dfrac{1}{k(k+2)}=\dfrac{1}{2}\sum_{k=1}^{n}\left(\dfrac{1}{k}-\dfrac{1}{k+2}\right)$

$$=\dfrac{1}{2}\left\{\left(\dfrac{1}{1}-\dfrac{1}{3}\right)+\left(\dfrac{1}{2}-\dfrac{1}{4}\right)+\left(\dfrac{1}{3}-\dfrac{1}{5}\right)+\left(\dfrac{1}{4}-\dfrac{1}{6}\right)+\cdots\cdots+\left(\dfrac{1}{n-1}-\dfrac{1}{n+1}\right)+\left(\dfrac{1}{n}-\dfrac{1}{n+2}\right)\right\}$$

$$=\dfrac{1}{2}\left\{1+\dfrac{1}{2}-\dfrac{1}{n+1}-\dfrac{1}{n+2}\right\}$$

$$=\dfrac{1}{2}\cdot\dfrac{3(n+1)(n+2)-2(n+2)-2(n+1)}{2(n+1)(n+2)}$$

$$=\dfrac{n(3n+5)}{4(n+1)(n+2)}$$

前後に2つずつ残るので注意！！

注) 例8は基本的な問題として憶えておいて，迷わず上のように部分分数展開を利用して対処すべきである。
そうでないと，苦し紛れに

$$\sum_{k=1}^{n}\dfrac{1}{k(k+1)}=\sum_{k=1}^{n}\dfrac{1}{k^2+k}=\dfrac{1}{\dfrac{n(n+1)(2n+1)}{6}+\dfrac{n(n+1)}{2}}=\cdots\cdots$$

などという，とんでもない間違いをする人が出てくる。
これは 「$\dfrac{1}{2}+\dfrac{1}{3}=\dfrac{1}{5}$，$\dfrac{1}{2}+\dfrac{1}{3}+\dfrac{1}{4}=\dfrac{1}{9}$」 と同じ間違いですね。 (→ 基本反復練習8)

iii) $S-rS$ 法

$\sum$(等差)×(等比) の形の和を求めるには，$S-rS$ 法を用いるが，これは等比数列の和の公式の証明と同様の考え方である。

> 〈等比数列の和の公式の証明〉
> 初項 $a$，公比 $r$ の等比数列の初項から第 $n$ 項までの和を $S_n$ とすると
> i) $r=1$ のとき
> $$S_n = \overbrace{a+a+a+\cdots+a}^{n\text{個}} = na$$
> ii) $r \neq 1$ のとき
> $$\begin{array}{rl} S_n =& a+\cancel{ar}+\cancel{ar^2}+\cdots+\cancel{ar^{n-1}} \\ -)\ rS_n =& \cancel{ar}+\cancel{ar^2}+\cdots+\cancel{ar^{n-1}}+ar^n \\ \hline (1-r)S_n =& a(1-r^n) \end{array}$$
> $r \neq 1$ より $\quad S_n = \dfrac{a(1-r^n)}{1-r}$

**例9** 和 $\displaystyle\sum_{k=1}^{n} k\cdot 2^k$ を求めよ。

$\displaystyle\sum_{k=1}^{n} k\cdot 2^k = S$ とおくと

$S = 1\cdot 2 + 2\cdot 2^2 + 3\cdot 2^3 + \cdots + n\cdot 2^n$

∴ $\begin{array}{rl} S =& 1\cdot 2 + 2\cdot 2^2 + 3\cdot 2^3 + \cdots + n\cdot 2^n \\ -)\ 2S =& \quad\quad 1\cdot 2^2 + 2\cdot 2^3 + \cdots + (n-1)\cdot 2^n + n\cdot 2^{n+1} \\ \hline -S =& 2 + 2^2 + 2^3 + \cdots + 2^n \quad - n\cdot 2^{n+1} \end{array}$

$\quad\quad = \dfrac{2(2^n - 1)}{2-1} - n\cdot 2^{n+1}$ → 等比数列の和の計算をしっかりと！！
$\quad\quad = 2^{n+1} - 2 - n\cdot 2^{n+1}$ （例1，例2参照）
$\quad\quad = -(n-1)\cdot 2^{n+1} - 2 \quad$ ∴ $S = (n-1)\cdot 2^{n+1} + 2$

(→ 基本反復練習11)

$\boxed{\begin{array}{c} \sum(\text{等差})\times(\text{等比}) \\ \rightarrow \quad S-rS \text{ 法} \end{array}}$

iv) $S_n$ と $a_n$ の関係

$$\boxed{\begin{array}{l} a_1 = S_1 \\ n \geqq 2 \text{ のとき} \\ a_n = S_n - S_{n-1} \end{array}}$$

→ 右の筆算より明らか

$$\begin{array}{rl} S_n &= a_1 + a_2 + \cdots + a_{n-1} + a_n \\ -)\ S_{n-1} &= a_1 + a_2 + \cdots + a_{n-1} \\ \hline S_n - S_{n-1} &= \phantom{a_1 + a_2 + \cdots + a_{n-1} +}a_n \end{array}$$

---

**例10** 数列 $\{a_n\}$ の初項から第 $n$ 項までの和 $S_n$ が $S_n = \dfrac{n^3 + 3n^2 + 2n}{3}$ と表されるとき，一般項 $a_n$ およびその逆数の和 $\sum_{k=1}^{n} \dfrac{1}{a_k}$ を求めよ。

---

$S_n = \dfrac{n^3 + 3n^2 + 2n}{3} = \dfrac{n(n+1)(n+2)}{3}$ より

$\quad a_1 = S_1 = \dfrac{1 \times 2 \times 3}{3} = 2$

$n \geqq 2$ のとき

$\quad a_n = S_n - S_{n-1}$

$\quad\quad = \dfrac{n(n+1)(n+2)}{3} - \dfrac{(n-1)n(n+1)}{3}$

$\quad\quad = \dfrac{n(n+1)}{3}\{(n+2) - (n-1)\}$

$\quad\quad = n(n+1)$

これは $n=1$ のときも適する。

$\therefore\ a_n = n(n+1)$

公式
$\quad$「$S_n - S_{n-1} = a_n$」
を利用するときは
$\quad$「$n \geqq 2$ のとき」
と断り書きする習慣をつけよう。
（階差数列を利用して一般項を求めるときも同様）

$\sum_{k=1}^{n} \dfrac{1}{a_k} = \sum_{k=1}^{n} \dfrac{1}{k(k+1)}$ 　　　　迷わず「部分分数」！！

$\quad\quad = \sum_{k=1}^{n} \left( \dfrac{1}{k} - \dfrac{1}{k+1} \right)$

$\quad\quad = \left( \dfrac{1}{1} - \dfrac{1}{2} \right) + \left( \dfrac{1}{2} - \dfrac{1}{3} \right) + \left( \dfrac{1}{3} - \dfrac{1}{4} \right) + \cdots\cdots + \left( \dfrac{1}{n} - \dfrac{1}{n+1} \right)$

$\quad\quad = 1 - \dfrac{1}{n+1}$

$\quad\quad = \dfrac{n}{n+1}$

（→ 基本反復練習9）

ⅴ）階差数列

> 数列 $\{a_n\}$ の階差数列を $\{b_n\}$ とすると
> $n \geqq 2$ のとき
> $$a_n = a_1 + \sum_{k=1}^{n-1} b_k \quad (\text{p.97 参照})$$

（→ 基本反復練習10）

$$\begin{array}{r}\not{a}_2 - a_1 = b_1 \\ \not{a}_3 - \not{a}_2 = b_2 \\ \not{a}_4 - \not{a}_3 = b_3 \\ \cdots\cdots \\ +)\ a_n - \not{a}_{n-1} = b_{n-1} \\ \hline a_n - a_1 = \sum_{k=1}^{n-1} b_k \end{array}$$

注）階差数列 $\{b_n\}$ の一般項は $b_n = a_{n+1} - a_n$

（$a_n - a_{n-1}$ と間違えないこと → 下図参照）

$$a_1 \underbrace{\quad}_{b_1} a_2 \underbrace{\quad}_{b_2} a_3 \underbrace{\quad}_{b_3} a_4 \cdots\cdots a_{n-1} \underbrace{\quad}_{b_{n-1}} a_n \underbrace{\quad}_{b_n} a_{n+1}$$

注）数列 $\{a_n\}$ が第 0 項から始まっているとき

$\{a_n\}$ $(n=0,1,2,\cdots\cdots)$ の階差数列を $\{b_n\}$ $(n=0,1,2,\cdots\cdots)$ とすると

$n \geqq 1$ のとき

$$a_n = a_0 + \sum_{k=0}^{n-1} b_k$$

$$a_0 \underbrace{\quad}_{b_0} a_1 \underbrace{\quad}_{b_1} a_2 \underbrace{\quad}_{b_2} a_3 \cdots\cdots a_{n-1} \underbrace{\quad}_{b_{n-1}} a_n \underbrace{\quad}_{b_n} a_{n+1}$$

$$\begin{array}{r}\not{a}_1 - a_0 = b_0 \\ \not{a}_2 - \not{a}_1 = b_1 \\ \not{a}_3 - \not{a}_2 = b_2 \\ \cdots\cdots \\ +)\ a_n - \not{a}_{n-1} = b_{n-1} \\ \hline a_n - a_0 = \sum_{k=0}^{n-1} b_k \end{array}$$

ⅵ）群数列　→ 第 4 講

　ここで，今まで学習したことをまとめてみよう。

---

第 1 講
　ⅰ）等差・等比数列の一般項に関する注意
　ⅱ）等比数列の和の公式に関する注意
　ⅲ）等差・等比数列は「初項と公差」「初項と公比」が基本
　ⅳ）3 つの数が等差・等比数列となる条件

第 2 講
　ⅰ）$\Sigma$ 記号
　ⅱ）部分分数展開の利用
　ⅲ）$S - rS$ 法
　ⅳ）$S_n$ と $a_n$ の関係
　ⅴ）階差数列

---

以上の項目を見ただけで，内容が反復できますか？　先に進む前にもう一度確認しておこう。

【閑話休題　ラグランジュの補間公式】

小学校からお馴染みの次のような問題「☐ の中に入る数を求めよ。」について考えよう。

①2, 4, 6, ☐, ……
②2, ☐, 8, 16, ……

①は 8, ②は 4 を入れるのが普通であろうが, はたして, 他の数を入れることはできないのであろうか？

一般項を $a_n$ とすると①では $a_n = 2n$ と考えるのが自然であろうが, $a_n = 2n + (n-1)(n-2)(n-3)$ であっても $a_1 = 2$, $a_2 = 4$, $a_3 = 6$ を満たすが, $a_4 = 14$ となる！

$a_n$ が $n$ の多項式で表せている以上, 規則にのっとっていると主張してもよかろう。

さらに, $a_n = 2n + k(n-1)(n-2)(n-3)$ とおいて $k$ の値を選ぶことにより, 第 4 項を任意の数に変更することが可能である。②では, $a_n = 2^n + k(n-1)(n-3)(n-4)$ とすることにより, ☐ の中には任意の数を入れることができる。

同様の考え方を少し工夫すると, 任意の 3 数 $A$, $B$, $C$ に対して $a_1 = A$, $a_2 = B$, $a_3 = C$ となる数列 $\{a_n\}$ の一般項を $n$ の式で表すことが可能である。

$$a_n = A \cdot \frac{(n-2)(n-3)}{(1-2)\cdot(1-3)} + B \cdot \frac{(n-1)(n-3)}{(2-1)(2-3)} + C \cdot \frac{(n-1)(n-2)}{(3-1)(3-2)}$$

とすればよい。

さらに一般化して, 任意の異なる 3 数 $a$, $b$, $c$ と任意の 3 数 $A$, $B$, $C$ に対し,

$$f(x) = A \cdot \frac{(x-b)(x-c)}{(a-b)(a-c)} + B \cdot \frac{(x-a)(a-c)}{(b-a)(b-c)} + C \cdot \frac{(x-a)(x-b)}{(c-a)(c-b)} \quad \cdots\cdots (*)$$

とおくと, $f(a) = A$, $f(b) = B$, $f(c) = C$ となる多項式 $f(x)$ が出来上がる。

数 I「2 次関数」で学習した「3 点を通る放物線 $y = f(x)$」の答えは上記の公式 (*) で得られる。

［問］　公式 (*) を用いて, 次の条件を満たす関数 $y = f(x)$ を 1 つ求めよ。

（1）$f(1) = 2$, $f(2) = 8$, $f(3) = 18$
（2）そのグラフが 3 点 $(0,1)$, $(1,1)$, $(-1,3)$ を通る。
（3）そのグラフが 3 点 $(10, -400)$, $(20, -100)$, $(30, 200)$ を通る。

一般に, $n$ 個の異なる値 $a_1$, $a_2$, ……, $a_n$ に対してそれぞれ $y = A_1$, $A_2$, ……, $A_n$ となる $n-1$ 次以下の関数 $y = f(x)$ は

$$f(x) = A_1 \cdot \frac{(x-a_2)(x-a_3)\cdots\cdots(x-a_n)}{(a_1-a_2)(a_1-a_3)\cdots\cdots(a_1-a_n)} + A_2 \cdot \frac{(x-a_1)(x-a_3)\cdots\cdots(x-a_n)}{(a_2-a_1)(a_2-a_3)\cdots\cdots(a_2-a_n)} + \cdots\cdots$$

$$\cdots\cdots + A_n \cdot \frac{(x-a_1)(x-a_2)\cdots\cdots(x-a_{n-1})}{(a_n-a_1)(a_n-a_2)\cdots\cdots(a_n-a_{n-1})} \quad \cdots\cdots (**)$$

公式 (**) をラグランジュの補間公式という。

# 第3講　数学的帰納法

ⅰ）漸化式
　→　第2章

ⅱ）数学的帰納法

**例11**　$n$ が自然数のとき，$2^{6n-5}+3^{2n}$ は 11 で割り切れることを示せ。　　　　［学習院大］

$2^{6n-5}+3^{2n}$ は 11 で割り切れる ……（＊）を数学的帰納法で証明する。

［Ⅰ］$n=1$ のとき

　$2^1+3^2=2+9=11$　　∴（＊）は成立

［Ⅱ］$n=k$ のとき（＊）が成立すると仮定すると

　$2^{6k-5}+3^{2k}=11l$　（$l$ は自然数）とおける。

このとき　　　　　　　　　　　　　〈別解〉

$3^{2k}=11l-2^{6k-5}$ より　　　　　　$2^{6k-5}=11l-3^{2k}$ より

$2^{6(k+1)-5}+3^{2(k+1)}$　　　　　　　$2^{6(k+1)-5}+3^{2(k+1)}$

$=2^{6k+1}+3^{2k}\cdot 9$　　　　　　　　$=2^{6k-5}\cdot 2^6+3^{2k}\cdot 9$

$=2^{6k+1}+9(11l-2^{6k-5})$　　　　　$=(11l-3^{2k})\cdot 2^6+3^{2k}\cdot 9$

$=2^{6k-5}\cdot(2^6-9)+11l\cdot 9$　　　$=11l\cdot 2^6-3^{2k}\cdot(2^6-9)$

$=2^{6k-5}\cdot 55+11l\cdot 9$　　　　　$=11l\cdot 2^6-3^{2k}\cdot 55$

$=11(2^{6k-5}\cdot 5+9l)$　　　　　　　$=11(2^6\cdot l-3^{2k}\cdot 5)$

∴　（＊）は $n=k+1$ のときも成立

［Ⅰ］［Ⅱ］より任意の自然数 $n$ に対して（＊）は成立（→基本反復練習12（1），（2））

（→指南4）

---

**例12**　正数 $a$，$b$，$x$，$y$ を考える。$a+b=1$ ならば，すべての自然数 $n$ に対して不等式

　　$(ax+by)^n \leqq ax^n+by^n$

が成立することを証明せよ。　　　　［慶応大］

$(ax+by)^n \leqq ax^n+by^n$ ……（＊）とおく

［Ⅰ］$n=1$ のとき

　$ax+by=ax+by$ より（＊）は成立

［Ⅱ］$n=k$ のとき（＊）が成立すると仮定すると

　　$(ax+by)^k \leqq ax^k+by^k$

　このとき，$ax+by>0$ だから，両辺に $ax+by$ をかけて

　　$(ax+by)^{k+1} \leqq (ax^k+by^k)(ax+by)$ ……①

ここで

$(ax^{k+1}+by^{k+1})-(ax^k+by^k)(ax+by)$

$=ax^{k+1}+by^{k+1}-a^2x^{k+1}-abx^ky-abxy^k-b^2x^{k+1}$

> 証明すべき事柄は
> 『$(ax+by)^{k+1} \leqq ax^{k+1}+by^{k+1}$』
> ↓
> $(ax^k+by^k)(ax+by) \leqq ax^{k+1}+by^{k+1}$
> を示せ。という問題を追加する。

$$= a(1-a)x^{k+1} + b(1-b)y^{k+1} - abx^k y - abxy^k$$
$$= ab(x^{k+1} + y^{k+1} - x^k y - xy^k) \quad (\because \ a+b=1)$$
$$= ab\{x^k(x-y) - y^k(x-y)\}$$
$$= ab(x-y)(x^k - y^k)$$

$x$, $y$ は正だから

$x \geqq y$ のとき $x^k \geqq y^k$ 　　　 $x < y$ のとき $x^k < y^k$

　　 $\therefore \ ab(x-y)(x^k - y^k) \geqq 0$

　　 $\therefore \ (ax^k + by^k)(ax + by) \leqq ax^{k+1} + by^{k+1}$ ……②

①②より

$$(ax+by)^{k+1} \leqq ax^{k+1} + by^{k+1}$$

よって，$n=k+1$ のときも（*）は成立

［Ⅰ］［Ⅱ］より任意の自然数 $n$ に対して（*）は成立　　（→ p.37【補遺1】数学的帰納法と不等式）

（→基本反復練習12（3））

---

**【閑話休題　帰納法と演繹法】**

　数学的帰納法を初めて習ったとき，「帰納法」って何だろうと思った人は多いのではないだろうか。一般に，帰納法と演繹法とは平たく言うと

　帰納法……実験・観察重視の考え方

　演繹法……理論重視の考え方

となる。

帰納法，演繹法の重要性を唱えた代表的な人物は，前者がフランシス・ベーコン（1561〜1626），後者がルネ・デカルト（1596〜1650）である（ちなみに数学的帰納法は典型的な演繹法です）。

今日ではその重要性が当たり前とされるこれらの考え方が，当時は何故斬新なことであったか？

中世のヨーロッパでは，教会の権威のもとに真の意味での学問の自由・発展はなかった。ガリレイがローマ教皇の迫害を受けながらも地動説を主張した話は有名であろう。当時，幅を利かせていたのはスコラ哲学で，教会の主張に反することは一切が認められなかった。そのような時代に「実際に実験した結果が重要！」と主張するのは，いかに勇気を必要とすることか。数学においてもギリシャ末期から発展はなく，「空白の1000年」と呼ばれる時代が続いていた。

ギリシャ数学が保存されていたのはイスラム社会においてである。イスラム社会ではインドの数学も取り入れ独自の発展を遂げていた。ヨーロッパでは十字軍以降徐々にその影響を受けていたが，それがルネッサンスとして花開く。ギリシャ末期の数学と16世紀以降の数学とは，1000年の空白がなかったかのようにピタッと繋がっている。メネラウスの定理とチェバの定理然り，ディオファントスとフェルマー然り。

17世紀前半に活躍したデカルト，パスカル，フェルマー以降，数学は飛躍的に発展し，17世紀後半にはニュートン，ライプニッツの微積分学の発見につながる。

○ 数学的帰納法には次のような変形バージョンがある。

イ) ［Ⅰ］$n=1,2$ のとき成立

［Ⅱ］$n=k,k+1$ のときの成立を仮定して，$n=k+2$ のときの成立を示す

※ ロ) ［Ⅰ］$n=1$ のとき成立

［Ⅱ］$n \leqq k$ のときの成立を仮定して，$n=k+1$ のときの成立を示す

---

例13 数列 $\{a_n\}$ が $a_1=\dfrac{1}{2}$，$a_2=\dfrac{1}{6}$，$\dfrac{a_n+a_{n+1}+a_{n+2}}{3}=\dfrac{1}{n(n+3)}$ $(n=1,2,3,\cdots\cdots)$
を満たしている。
(1) $a_3$，$a_4$ を求めよ。
(2) $a_n$ を推定し，それが正しいことを数学的帰納法を用いて証明せよ。 ［東北学院大］

---

(1) $\dfrac{a_1+a_2+a_3}{3}=\dfrac{1}{1\cdot 4}$ より $a_3=\dfrac{3}{4}-\dfrac{1}{2}-\dfrac{1}{6}=\dfrac{1}{12}$

$\dfrac{a_2+a_3+a_4}{3}=\dfrac{1}{2\cdot 5}$ より $a_4=\dfrac{3}{10}-\dfrac{1}{6}-\dfrac{1}{12}=\dfrac{1}{20}$

(2) $a_1=\dfrac{1}{1\cdot 2}$，$a_2=\dfrac{1}{2\cdot 3}$，$a_3=\dfrac{1}{3\cdot 4}$，$a_4=\dfrac{1}{4\cdot 5}$ より

$a_n=\dfrac{1}{n(n+1)}$ ……（∗）と推定できる。

［Ⅰ］$n=1,2$ のとき（∗）は成立

［Ⅱ］$n=k,k+1$ のとき（∗）が成立すると仮定すると

$a_k=\dfrac{1}{k(k+1)}$，$a_{k+1}=\dfrac{1}{(k+1)(k+2)}$

このとき

$\dfrac{a_{k+2}+a_{k+1}+a_k}{3}=\dfrac{1}{k(k+3)}$ より

$a_{k+2}=\dfrac{3}{k(k+3)}-\dfrac{1}{k(k+1)}-\dfrac{1}{(k+1)(k+2)}$

$=\dfrac{1}{k}-\dfrac{1}{k+3}-\dfrac{1}{k}+\dfrac{1}{k+1}-\dfrac{1}{k+1}+\dfrac{1}{k+2}$

$=\dfrac{1}{k+2}-\dfrac{1}{k+3}$

$=\dfrac{1}{(k+2)(k+3)}$

⟶ まともに通分するより，部分分数を利用する方が楽に計算できる。

∴ （∗）は $n=k+2$ のときも成立

［Ⅰ］［Ⅱ］より（∗）は任意の自然数 $n$ について成立（→基本反復練習12（4））

注) $n=k, k+1$ のときの成立を仮定して，$n=k+2$ のときの成立を示す形の帰納法では，$n=1$ だけでなく，$n=2$ のときも成立を示さなければならない。（→ 指南5）

---

※ 例14 次の条件で定められた数列 $\{a_n\}$ を考える。
$$a_1 = 1, \quad a_{n+1} = \frac{3}{n}(a_1 + a_2 + \cdots + a_n) \quad (n=1,2,3,\cdots\cdots)$$
（1）$a_2, a_3, a_4, a_5, a_6$ を求めて，一般項 $a_n$ を推定せよ。
（2）（1）で求めた一般項 $a_n$ が正しいことを数学的帰納法を用いて示せ。

[福井大(改)]

---

（1）$a_2 = 3a_1 = 3$

$a_3 = \frac{3}{2}(a_1 + a_2) = \frac{3}{2} \cdot 4 = 6$

$a_4 = \frac{3}{3}(a_1 + a_2 + a_3) = 10$

$a_5 = \frac{3}{4}(a_1 + a_2 + a_3 + a_4) = \frac{3}{4} \cdot 20 = 15$

$a_6 = \frac{3}{5}(a_1 + a_2 + a_3 + a_4 + a_5) = \frac{3}{5} \cdot 35 = 21$

$\{a_n\}: 1 \quad 3 \quad 6 \quad 10 \quad 15 \quad 21$
$\qquad\qquad 2 \quad 3 \quad 4 \quad 5 \quad 6$

階差数列の一般項が $n+1$ だから

$n \geqq 2$ のとき

$$a_n = 1 + \sum_{k=1}^{n-1}(k+1) = \frac{n(n+1)}{2} \quad (n=1 \text{ のときも成立})$$

∴ $a_n = \dfrac{n(n+1)}{2}$ ……（※）と推定できる。

（2）[Ⅰ] $n=1$ のとき（※）は成立

[Ⅱ] $n \leqq k$ のとき（※）が成立すると仮定する

このとき

$$a_{k+1} = \frac{3}{k}\sum_{l=1}^{k} a_l = \frac{3}{k}\sum_{l=1}^{k} \frac{l(l+1)}{2} = \frac{3}{2k}\sum_{l=1}^{k}(l^2 + l)$$
$$= \frac{3}{2k}\left\{\frac{k(k+1)(2k+1)}{6} + \frac{k(k+1)}{2}\right\}$$
$$= \frac{3}{2k} \cdot \frac{k(k+1)}{6}\{(2k+1)+3\}$$
$$= \frac{(k+1)(k+2)}{2}$$

∴ （※）は $n=k+1$ のときも成立

[Ⅰ][Ⅱ] より任意の自然数 $n$ について $a_n = \dfrac{n(n+1)}{2}$ （→基本反復練習13）

〈別解〉 $a_{n+1} = \dfrac{3}{n}(a_1 + a_2 + \cdots\cdots + a_n)$ より

$n \geqq 2$ のとき

$$\begin{aligned}na_{n+1} &= 3(a_1 + a_2 + \cdots + a_{n-1} + a_n) \\ -)\quad (n-1)a_n &= 3(a_1 + a_2 + \cdots + a_{n-1}) \\ \hline na_{n+1} - (n-1)a_n &= 3a_n\end{aligned}$$

∴ $na_{n+1} = (n+2)a_n$ ……① これは $n=1$ のときも成立

[Ⅰ] $n=1$ のとき（＊）は成立

[Ⅱ] $n=k$ のとき（＊）が成立すると仮定すると

$$a_k = \dfrac{k(k+1)}{2}$$

このとき，① より

$$a_{k+1} = \dfrac{k+2}{k}a_k = \dfrac{k+2}{k} \cdot \dfrac{k(k+1)}{2} = \dfrac{(k+1)(k+2)}{2}$$

∴ （＊）は $n=k+1$ のときも成立

[Ⅰ]，[Ⅱ] より任意の自然数 $n$ について $a_n = \dfrac{n(n+1)}{2}$

注）①の成立が示せたら「予想→帰納法」を用いなくても

$na_{n+1} = (n+2)a_n$ の両辺を $n(n+1)(n+2)$ で割ると（→「第2章 漸化式」参照）

$$\dfrac{a_{n+1}}{(n+1)(n+2)} = \dfrac{a_n}{n(n+1)}$$

∴ $\left\{\dfrac{a_n}{n(n+1)}\right\}$ は定数列

$\dfrac{a_1}{1 \cdot 2} = \dfrac{1}{2}$ より $\dfrac{a_n}{n(n+1)} = \dfrac{1}{2}$

∴ $a_n = \dfrac{n(n+1)}{2}$

## 第4講　群数列

ここで取り扱う，例15，基本反復練習14，演習問題のような問題を『**群数列**』の問題という。群数列については，項の値ではなく，項数で考える習慣をつけることが重要である。

> 群数列のココロ
> → 『値』ではなく、『項数』で考えよ。

例えば

$$1 \mid 4,\ 7 \mid 10,\ 13,\ 16 \mid 19,\ 22,\ 25,\ 29 \mid \cdots\cdots$$

という群数列において，298 は第何群の何番目か？と問われたときに

「298 は……」

と考えると難しくなる。（『**値で考えるな**』ということ）

まず，298 はもとの数列の第何項かを調べよう。

もとの数列の第 $n$ 項は $3n-2$

$3n-2=298$ より $n=100$。従って 298 はもとの数列の第 100 項

「第 100 項は……」

と考えるべきである。（『**項数で考えよ**』ということ）

よくある問いに対して，対策を整理しておこう。

○ > 『第 $n$ 群までの項数を求める』には……
> 第 $k$ 群の項数を求めて，$\sum_{k=1}^{n}$(第 $k$ 群の項数) とすればよい。

例えば

$$\bigcirc,\ \bigcirc \mid \bigcirc,\ \bigcirc,\ \bigcirc \mid \bigcirc,\ \bigcirc,\ \bigcirc,\ \bigcirc \mid \cdots\cdots$$

という形の群数列では

第 $k$ 群の項数は $k+1$ だから，第 $n$ 群までの項数は

$$\sum_{k=1}^{n}(k+1)=\frac{(n+1)(n+2)}{2}-1=\frac{n(n+3)}{2}$$

第 $k$ 群の項数は $\boxed{\phantom{xx}}$

∴ 第 $n$ 群までの項数は $\sum_{k=1}^{n}\boxed{\phantom{xx}}$

（例6と類似）

また

$$\bigcirc \mid \bigcirc,\ \bigcirc \mid \bigcirc,\ \bigcirc,\ \bigcirc,\ \bigcirc \mid \bigcirc,\ \bigcirc,\ \bigcirc,\ \bigcirc,\ \bigcirc,\ \bigcirc,\ \bigcirc,\ \bigcirc,\ \mid \cdots\cdots$$

という形ならば

第 $k$ 群の項数は $2^{k-1}$ だから，

第 $n$ 群までの項数は

$$\sum_{k=1}^{n}2^{k-1}=2^n-1$$

> 『第 $n$ 群までの項数は……』
> は群数列の答案における決まり文句である。
> （または『第 $n-1$ 群までの項数は……』）

○ 『もとの数列の第 100 項は第何群の何番目か』という問いには……
　　第 $n$ 群までの項数を求めて，100 をまたぐ $n$ を求めればよい。

1 つずれるとパァになるので図示して確実に！

例えば

　　○｜○, ○｜○, ○, ○｜……

という形の群数列では，第 $k$ 群の項数が $k$ だから

　　第 $n$ 群までの項数は $\displaystyle\sum_{k=1}^{n} k = \frac{n(n+1)}{2}$　（→注）

　　$\dfrac{13 \times 14}{2} = 91$　……第 13 群までの項数

　　$\dfrac{14 \times 15}{2} = 105$　……第 14 群までの項数

よって，もとの数列の第 100 項は第 14 群の 9 番目

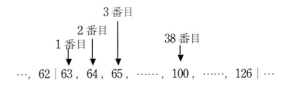

1 番目←92−91＝1
2 番目←93−91＝2
……
100−91＝9→100 は 9 番目

注) ここで，$\dfrac{(n-1)n}{2} < 100 \leqq \dfrac{n(n+1)}{2}$ として連立不等式を解きにいくと泥沼にはまる。

　　答案には 100 をはさむ 2 通りのみ記せばよい。（p.15 例 3 参照）

また，

　　○, ○｜○, ○, ○, ○｜○, ○, ○, ○, ○, ○, ○, ○｜……

という形の群数列では，第 $k$ 群の項数が $2^k$ だから

　　第 $n$ 群までの項数は $\displaystyle\sum_{k=1}^{n} 2^k = 2(2^n - 1)$

　　$2(2^5 - 1) = 62$　…第 5 群までの項数

　　$2(2^6 - 1) = 126$　…第 6 群までの項数

　　　　　　　　　　　　　　　　　　　3 番目
　　　　　　　　　　　　　　　2 番目
　　　　　　　　　　　　1 番目　　　　　　　38 番目
　　　　　　　　　　　　↓　↓　↓　　　　　↓
　　　　　　…, 62｜63, 64, 65, ……, 100, ……, 126｜…

よって，もとの数列の第 100 項は第 6 群の 38 番目

○ 『第 $n$ 群の初項を求めよ』という問いには……
　　もとの数列の (第 $n-1$ 群までの項数)＋1 番目の項である。

従って，第 $n-1$ 群までの項数を求めればよい。

　　○｜○, ○｜○, ○, ○, ○｜○, ○, ○, ○, ○, ○, ○｜……

という形の群数列では，第 $k$ 群の項数が $2k-1$ だから

　　第 $n-1$ 群までの項数は

　　$\displaystyle\sum_{k=1}^{n-1} (2k-1) = (n-1)^2$　（→第 2 講「ⅰ) $\sum$ 記号」参照）

∴　第 $n$ 群の初項はもとの数列の $(n-1)^2 + 1 = n^2 - 2n + 2$　（番目）

○『第 $n$ 群の和を求めよ』という問いには具体例で説明しよう。

例　$1\,|\,3,\ 5\,|\,7,\ 9,\ 11\,|\,\cdots\cdots$　の第 $n$ 群の和を求めよ。

〈解法1〉　**第 $n$ 群までの和から第 $n-1$ 群までの和を引く。**

第 $n$ 群までの項数は　$\displaystyle\sum_{k=1}^{n} k = \dfrac{n(n+1)}{2}$

∴　第 $n$ 群までの和は　$\displaystyle\sum_{k=1}^{\frac{n(n+1)}{2}}(2k-1) = \left\{\dfrac{n(n+1)}{2}\right\}^2$

∴　第 $n$ 群の和は　$\left\{\dfrac{n(n+1)}{2}\right\}^2 - \left\{\dfrac{(n-1)n}{2}\right\}^2 = \left(\dfrac{n^2+n}{2} + \dfrac{n^2-n}{2}\right)\left(\dfrac{n^2+n}{2} - \dfrac{n^2-n}{2}\right) = n^3$

注)　答えは確認する習慣をつけよう。

$n=1$ のとき　$1^3=1$　OK，
$n=2$ のとき　$3+5=8=2^3$　OK，
$n=3$ のとき　$7+9+11=27=3^3$　OK

〈解法2〉　**第 $n$ 群の初項（または，末項）を求め，第 $n$ 群の数列を確定させてその和を求める。**

第 $n-1$ 群までの項数は　$\displaystyle\sum_{k=1}^{n-1} k = \dfrac{n(n-1)}{2}$

第 $n$ 群の初項はもとの数列の第 $\dfrac{n(n-1)}{2}+1$ 項だから

$$2\left\{\dfrac{n(n-1)}{2}+1\right\}-1 = n^2-n+1$$

∴　第 $n$ 群は，初項 $n^2-n+1$，公差 $2$，項数 $n$ の等差数列
その和は

$$\dfrac{n\{2(n^2-n+1)+2(n-1)\}}{2} = n^3$$

（→基本反復練習14）

　第 1 章の目的は数列の基本事項を身につけることにあったから，今まで入試問題を演習する機会を設けなかったが，他の項目に先駆けて群数列をものにしてしまおう。
例題と演習問題を準備したので頑張ってくれたまえ。

例15 一般項が $a_k=2k-1$ である数列に，次のような規則で縦棒で仕切りを入れて区分けする。その規則とは，区分けされた $n$ 番目の部分（これを第 $n$ 群と呼ぶことにする）が $2n-1$ 個の項からなるように仕切るものである。

1 | 3, 5, 7 | 9, 11, 13, 15, 17 | 19, 21, 23, 25, 27, 29, 31 | 33, 35, 37, ……

このとき，例えば，第 3 群は，9，11，13，15，17 の 5 つの項からなるので，第 3 群の初項は 9，末項は 17，中央の項は 3 項目の 13 である。また，第 3 群の総和は $9+11+13+15+17=65$ であり，15 は第 3 群の第 4 項である。

(1) 第 $n$ 群の初項を $n$ の式で表せ。
(2) 第 $n$ 群の中央の項を $n$ の式で表せ。
(3) 第 $n$ 群の項の総和 $S(n)$ を $n$ の式で表せ。
(4) 第 1 群から第 $n$ 群までの中央の項の総和を $n$ の式で表せ。
(5) 2013 は第何群の第何項か。　　　　　　　　　　　　　　　　　　　　　　　　［早稲田大］

(1) 第 $n-1$ 群までの項数は
$$\sum_{k=1}^{n-1}(2k-1)=(n-1)^2=n^2-2n+1$$
∴ 第 $n$ 群の初項はもとの数列の第 $n^2-2n+2$ 番目の項
∴ $2(n^2-2n+2)-1=2n^2-4n+3$　（→注）

注）答えが出て，すぐに（2）に取り掛かるのは素人の仕事！
プロは確認を怠らない。
$n=1$ のとき　$2n^2-4n+3=1$　OK
$n=2$ のとき　$2n^2-4n+3=3$　OK
プロフェッショナルの技を身に付けよう！
(2)〜(4)も同様。

(2) 第 $n$ 群の中央の項は，もとの数列の
第 $(n^2-2n+1)+n=n^2-n+1$（番目）→「項数で考えよ」
∴ $2(n^2-n+1)-1=2n^2-2n+1$

(3) 第 $n$ 群は初項 $2n^2-4n+3$，公差 2，項数 $2n-1$ の等差数列
よって，その総和は
$$\frac{(2n-1)\{2(2n^2-4n+3)+2(2n-2)\}}{2}=(2n-1)(2n^2-2n+1)$$

〈別解〉（2）より，第 $n$ 群の平均は $2n^2-2n+1$，第 $n$ 群の項数は $2n-1$ よってその和は
$(2n-1)(2n^2-2n+1)$

(4) (2) より
$$\sum_{k=1}^{n}(2k^2-2k+1)=2\times\frac{n(n+1)(2n+1)}{6}-2\times\frac{n(n+1)}{2}+n$$
$$=\frac{1}{3}n\{(n+1)(2n+1)-3(n+1)+3\}=\frac{1}{3}n(2n^2+1)$$

(5) $2013=2k-1$ とおくと，$k=1007$　よって，2013 はもとの数列の第 1007 項
(1) より，第 $n$ 項までの項数は $n^2$
$31^2=961$，$32^2=1024$ より，第 32 群の第 46 項
（→基本反復練習14）

〈演習問題〉

【1】次の数列の第 $n$ 項を $a_n$ とする。
　　1, 1, 2, 1, 2, 3, 1, 2, 3, 4, 1, 2, 3, 4, 5, 1, …
このとき，$a_{450} = \boxed{ア}$ である。また，自然数 $m$ に対して，$a_n = m$ となる最小の自然数 $n$ を $m$ を用いて表すと $n = \boxed{イ}$ である。　　　　　　　　　　　　　　　［慶応大］

【2】初項 1，公差 3 の等差数列 $\{a_n\}$ を次のように 1 個，2 個，$2^2$ 個，$2^3$ 個，…… と群に分ける。
　　$|a_1|a_2\ a_3|a_4\ a_5\ a_6\ a_7|a_8\ \cdots$
（1）第 $n$ 群の初項を求めよ。
（2）第 $n$ 群の和を求めよ。
（3）400 は第何群の何番目の項か。

【3】$xy$ 平面で，$x$ 座標，$y$ 座標ともに整数である点を格子点とよぶ。$x \geqq 0$，$y \geqq 0$ の範囲にあるすべての格子点 $(m, n)$ に，右図のような規則で番号をふる。ただし，右図において，○の中の数字がその格子点の番号である。

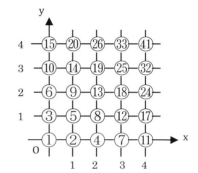

（1）格子点 $(0, n)$ の番号を $n$ を用いて表せ。
※（2）格子点 $(2, 25)$ の番号を求めよ。
※（3）（3）格子点 $(m, n)$ の番号を $m$，$n$ を用いて表せ。　［高知大］

【4】1, 3, $3^2$, …, $3^k$ $(k = 1, 2, 3, \cdots)$ を順番に並べて得られる数列
　　1, 3, 1, 3, $3^2$, 1, 3, $3^2$, $3^3$, 1, 3, $3^2$, $3^3$, $3^4$, …
について，次の問いに答えよ。
（1）21 回目に現れる 1 は第何項か。
（2）初項から第 $n$ 項までの和を $S_n$ とするとき，$S_n \leqq 555$ を満たす最大の $n$ を求めよ。　　　　　　　　　　　　　　　［埼玉大］

※【5】数列 $-2, 4, 4, -8, -8, -8, 16, 16, 16, 16, -32, \cdots$ の第 2004 項は $(-2)^{\boxed{ア}}$ である。また，第 2004 項までの和は $\dfrac{\boxed{イ} \times (-2)^{\boxed{ア}} - 2}{9}$ である。　［明治大］

## 【補遺１】数学的帰納法と不等式

数学的帰納法を学習すると，「等式だったらできるけど，不等式ができない」という人が続出するようである。次の例と本文例12（p.27）で，不等式に関する数学的帰納法をものにしよう。

> 例　すべての自然数 $n$ について $3^n > 2n$ が成り立つことを証明せよ。

とりあえず，数学的帰納法の形式に従って，答案を作っていこう。

『　$3^n > 2n$ …… (∗) を示す。
　[ I ] $n = 1$ のとき
　　　(∗) の左辺 = 3
　　　(∗) の右辺 = 2
　　∴　$n = 1$ のとき (∗) は成立する。
　[ II ] $n = k$ のとき (∗) が成立すると仮定すると
　　　$3^k > 2k$ …… (A)　　　　　　　　』

と，ここまではできるはず。まずは示すべき事柄を確認しよう。

　　示すべき事柄： $3^{k+1} > 2(k+1)$ …… (B)

(A) から (B) を導き出そうとすると，(A) の両辺に 3 をかければよいのではないか，と気付く。やってみよう。

『(A) の両辺に 3 をかけて
　　$3^{k+1} > 6k$ …… ①　　　　』

これが等式証明ならば右辺を計算していくとほぼ自動的に証明完了してメデタシメデタシとなるのだが，不等式の場合はそうはいかない。そこでどうするか？

① と示すべき事柄 (B) を較べてみると
$6k > 2(k+1)$ であれば都合がよいことがわかる。（右図参照）
そこで
　　「$6k > 2(k+1)$ を示せ」
という問題を自分で追加して証明を試みる

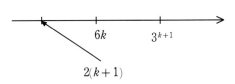

『　$6k - 2(k+1) = 4k - 2 > 0$ （∵　$k \geq 1$）
　∴　$6k > 2(k+1)$ …… ②
　①② より
　　$3^{k+1} > 2(k+1)$　　　よって (∗) は $n = k+1$ のときも成立する』

あとは

『［Ⅰ］［Ⅱ］より任意の自然数 $n$ に対して（＊）は成立』

とお決まりの文章をかいて，答案の出来上がり！

証明すべき1問「$6k>2(k+1)$ を示せ」を追加するところがミソである。

以上の考察を振り返ってみると，帰納法の仮定(A)と示すべき事柄(B)を較べたときに，左辺に着目して「両辺×3」に気付いたことがわかる。

改めて(A)と(B)を今度は右辺に着目して較べてみると，(A)の両辺に2を加えてもよいのではないかと気付くだろう。やってみよう。

『(A)の両辺に2を加えると

$3^k+2>2(k+1)$ ……①'』

先ほどと同様に，①'と示すべき事柄(B)を較べてみると

$3^{k+1}>3^k+2$ であれば都合がよいことがわかる。

そこで

「$3^{k+1}>3^k+2$ を示せ」

という問題を自分で追加して証明を試みる

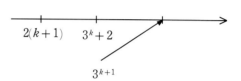

『$3^{k+1}-(3^k+2)=3^k(3-1)-2$
$\qquad\qquad\qquad =2(3^k-1)$
$\qquad\qquad\qquad >0 \quad (\because\ k\geqq 1)$

$\therefore\ 3^{k+1}>3^k+2$ ……②'

①' ②' より

$3^{k+1}>2(k+1) \qquad \therefore\ $（＊）は $n=k+1$ のときも成立』

これで，別解の出来上がり。やはり，証明すべき1問「$3^{k+1}>3^k+2$ を示せ」を追加するところがポイントであった。多くの問題は，どちらのコースでも正解に至ることができるのでやり易い方を選べばよいが，シビアな問題であれば片方のみが正解に至る道であることもある。出来るだけ，両方の練習をしておくのがよいだろう。

以上の考察を次ページに図示しておくので，よく整理しておくように。

補遺1 数学的帰納法と不等式　39

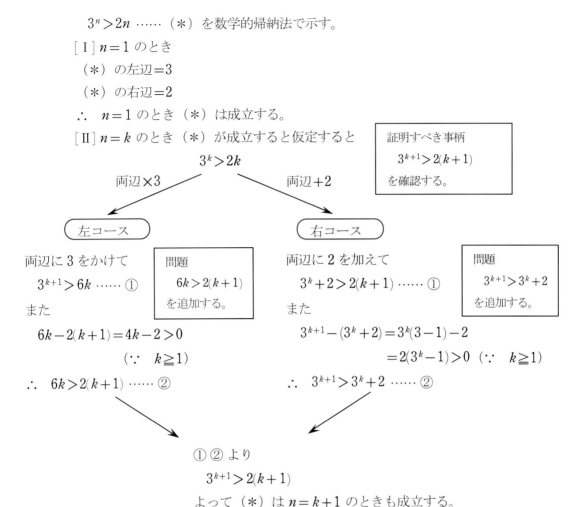

## 【補遺2】 Σ 公式の証明

$\sum_{k=1}^{n} k = \dfrac{n(n+1)}{2}$ の証明

**0** $\sum_{k=1}^{n} k$ は初項 1 ,（公差 1），末項 $n$ ,

項数 $n$ の等差数列の和

等差数列の和の公式より

$$\sum_{k=1}^{n} k = \dfrac{n(n+1)}{2}$$

**0′** $\sum_{k=1}^{n} k = S$ とおくと

$$\begin{array}{r} S = 1\ \ \ + 2\ \ \ \ \ +3 + \cdots\cdots + n \\ +)\ \ S = n + (n-1) + (n-2) + \cdots\cdots + 1 \\ \hline 2S = (n+1) \times n \end{array}$$

$\therefore\ S = \dfrac{n(n+1)}{2}$

注) **0′** は等差数列の和の公式の証明を再現したものである。従って，**0** と **0′** は見かけは異なるが，本質的には同じ証明である。

**1** 恒等式 $k(k+1) - (k-1)k = 2k$ 利用

$k = 1, 2, 3, \cdots, n$ として，辺々加えると

$$\begin{array}{r} 1 \times 2 - 0 \times 1 = 2 \times 1 \\ 2 \times 3 - 1 \times 2 = 2 \times 2 \\ 3 \times 4 - 2 \times 3 = 2 \times 3 \\ \cdots\cdots \\ \cdots\cdots \\ +)\ \ n(n+1) - (n-1)n = 2 \times n \\ \hline n(n+1) = 2\sum_{k=1}^{n} k \end{array}$$

$\therefore\ \sum_{k=1}^{n} k = \dfrac{n(n+1)}{2}$

**2** 恒等式 $(k+1)^2 - k^2 = 2k+1$ 利用

$k = 1, 2, 3, \cdots, n$ として，辺々加えると

$$\begin{array}{r} 2^2 - 1^2 = 2 \times 1 + 1 \\ 3^2 - 2^2 = 2 \times 2 + 1 \\ 4^2 - 3^2 = 2 \times 3 + 1 \\ \cdots\cdots \\ \cdots\cdots \\ +)\ \ (n+1)^2 - n^2 = 2 \times n + 1 \\ \hline (n+1)^2 - 1 = 2\sum_{k=1}^{n} k + n \end{array}$$

$\therefore\ 2\sum_{k=1}^{n} k = (n+1)^2 - (n+1)$
$\qquad\qquad = n(n+1)$

$\therefore\ \sum_{k=1}^{n} k = \dfrac{n(n+1)}{2}$

$\sum_{k=1}^{n} k^2 = \dfrac{n(n+1)(2n+1)}{6}$ の証明 ($\sum_{k=1}^{n} k$ の証明を参考にして，証明を完成させよう)

**1** 恒等式 $k(k+1)(k+2)-(k-1)k(k+1)=3k(k+1)$ 利用

$k=1,2,3,\cdots,n$ として辺々加えると

$$\begin{array}{r}
1\times 2\times 3 - 0\times 1\times 2 = 3\times(1\times 2)\\
2\times 3\times 4 - 1\times 2\times 3 = 3\times(2\times 3)\\
3\times 4\times 5 - 2\times 3\times 4 = 3\times(3\times 4)\\
\cdots\cdots\\
\cdots\cdots\\
+)\quad n(n+1)(n+2)-(n-1)n(n+1)=3n(n+1)\\
\hline
n(n+1)(n+2) = 3\sum_{k=1}^{n} k(k+1)
\end{array}$$

$$n(n+1)(n+2) = 3\sum_{k=1}^{n}(k^2+k)$$
$$= 3\sum_{k=1}^{n} k^2 + 3\sum_{k=1}^{n} k$$
$$= 3\sum_{k=1}^{n} k^2 + 3\times \dfrac{n(n+1)}{2}$$

∴ $3\sum_{k=1}^{n} k^2 =$

**2** 恒等式 $(k+1)^3 - k^3 = 3k^2 + 3k + 1$ 利用

$k=1,2,3,\cdots,n$ として辺々加えると

∴ $\sum_{k=1}^{n} k^2 = \dfrac{n(n+1)(2n+1)}{6}$

注) $\sum_{k=1}^{n} k(k+1) = \dfrac{n(n+1)(n+2)}{3}$ （準公式）

$\sum_{k=1}^{n} k^3 = \left\{\dfrac{n(n+1)}{2}\right\}^2$ の証明 ($\sum_{k=1}^{n} k$, $\sum_{k=1}^{n} k^2$ の証明を参考にして，証明を完成させよう)

$\boxed{1}$ 恒等式 $k(k+1)(k+2)(k+3)-(k-1)k(k+1)(k+2)=4k(k+1)(k+2)$ 利用

$k=1,2,3,\cdots,n$ として辺々加えると

注) $\sum_{k=1}^{n} k(k+1)(k+2) = \dfrac{n(n+1)(n+2)(n+3)}{4}$ は準公式として用いてよい。

$\sum_{k=1}^{n} k(k+1)(k+2)(k+3)$, $\sum_{k=1}^{n} k(k+1)(k+2)(k+3)(k+4)$, …… についても，自分で公式を導き出してみよう。(それぞれ $\dfrac{n(n+1)(n+2)(n+3)(n+4)}{5}$, $\dfrac{n(n+1)(n+2)(n+3)(n+4)(n+5)}{6}$)

2  恒等式  $(k+1)^4 - k^4 = 4k^3 + 6k^2 + 4k + 1$  利用

$k=1,2,3,\cdots,n$ として辺々加えると

注) $\displaystyle\sum_{k=1}^{n} k = \frac{n(n+1)}{2}$ , $\displaystyle\sum_{k=1}^{n} k^2 = \frac{n(n+1)(2n+1)}{6}$ , $\displaystyle\sum_{k=1}^{n} k^3 = \left\{\frac{n(n+1)}{2}\right\}^2$ と結果がわかっている場合は，数学的帰納法で証明すればよい。

# 第 2 章

# 漸 化 式

## 第1-0講　漸化式の基本

漸化式が分からない，という人の多くは基本的なところでつまずいているようである。

$$a_{n+2} - 2a_{n+1} = 3(a_{n+1} - 2a_n) \quad \cdots\cdots ①$$

$$\frac{1}{a_{n+1}} = \frac{1}{a_n} + 2 \quad \cdots\cdots ②$$

$$\frac{a_{n+1}}{2^{n+1}} - \frac{a_n}{2^n} = 2n+1 \quad \cdots\cdots ③$$

という式を見て，それぞれ，等比数列，等差数列，階差数列が見えますか？
「見えない」人は，「【補遺】漸化式がサッパリわからない人へ」（p.96）を学習してから以下に進むこと。

①は　数列 $\{a_{n+1} - 2a_n\}$ が公比3の等比数列

②は　数列 $\{\dfrac{1}{a_n}\}$ が公差2の等差数列

③は　数列 $\{\dfrac{a_n}{2^n}\}$ の階差数列の一般項が $2n+1$

であることを表している。

漸化式の解法を説明する前に，初期条件に関する注意をしておこう。
隣接2項間の漸化式 $[a_{n+1} = (a_n \text{の式})]$ では，初項 $a_1$ の値が与えられると数列 $\{a_n\}$ の各項が決定する。例えば

$$a_{n+1} = 2a_n + 1$$

という漸化式だけでは数列 $\{a_n\}$ は決まらず，$a_1 = 1$ というふうに初項の値を決めると，$a_2 = 2a_1 + 1 = 3$ と $a_2$ の値が決まり，更に $a_3 = 2a_2 + 1 = 7$ と $a_3$ の値が決まる。
以下 $a_4 = 2a_3 + 1 = 15$，$a_5 = 2a_4 + 1 = 31$，……と数列 $\{a_n\}$ の各項が決定する。
ここで「$a_1 = 1$」を初期条件という。

また、隣接3項間の漸化式 $[a_{n+2} = (a_{n+1} \text{と} a_n \text{の式})]$ では，例えば

$$a_{n+2} = a_{n+1} + a_n, \quad a_1 = 1$$

というふうに，漸化式と初項だけでは $a_2$，$a_3$，$a_4$，…… の値は決まらず

$$a_{n+2} = a_{n+1} + a_n, \quad a_1 = 1, \quad a_2 = 2$$

と更に $a_2$ の値を決めて初めて，$a_3 = a_2 + a_1 = 3$，$a_4 = a_3 + a_2 = 5$，……と数列 $\{a_n\}$ の各項が決定する。この場合「$a_1 = 1$，$a_2 = 2$」が初期条件である。

滅多に出てこないが，隣接4項間の漸化式 $a_{n+3}+2a_{n+2}+3a_{n+1}+4a_n=0$ などでは数列 $\{a_n\}$ の各項が決定するためには $a_1$，$a_2$，$a_3$ の3つの値を決めておく必要がある。

与えられた漸化式および初期条件から一般項を求めることを「漸化式を解く」という。
第1－1講では $a_{n+1}=pa_n+q$，$a_{n+2}+pa_{n+1}+qa_n=0$ の2つのタイプの漸化式の解法を解説するが，次のことがらはよく理解しておくこと。

> 隣接2項間　$a_{n+1}=pa_n+q$　　　　　→ $a_1$ の値が決まると数列 $\{a_n\}$ が決定
> 隣接3項間　$a_{n+2}+pa_{n+1}+qa_n=0$　→ $a_1$ と $a_2$ の値が決まると数列 $\{a_n\}$ が決定

　正直，この2つのタイプの漸化式は学校の授業だけでマスターしておいてほしいものだが，「よくわからない」とか「頑張って解法を憶えたから答えを出すことはできるが，何かしっくりこない」という人は次ページからの解説をじっくり読むべし。
また，1つのタイプの漸化式を学習したら，【基本反復練習】（p.8）で確認すること。この基本反復練習は繰り返し練習することにより，漸化式の解法を身に付けてもらいたい。たった1ページで一通りの復習が可能である。

注）隣接2項間の漸化式　$a_{n+1}=pa_n+q$　においては　$p\neq 0,1$　および　$q\neq 0$ と注意書きすべきところである。実際 $p=0$ のときは第2項以降が常に $q$（定数），$p=1$ のときは公差 $q$ の等差数列，$q=0$ のときは公比 $p$ の等比数列となりいずれもtrivial。以下この種の注意はいちいち行わない。

では，漸化式解法の学習に取り掛かろう。

# 第1-1講　$a_{n+1}=pa_n+q$ と $a_{n+2}+pa_{n+1}+qa_n=0$

○ 隣接2項間　$a_{n+1}=pa_n+q$　の解法

例1　$a_{n+1}=3a_n+4$ , $a_1=1$

☆右のトラの巻に従って（→ 指南1）
　$x=3x+4$　を解くと　$x=-2$
→　数列 $\{a_n+2\}$ を考える。

〈解1〉 $a_{n+1}+2=(3a_n+4)+2$ （→ 解説 ①）
　　　　　　$=3a_n+6$
　　　　　　$=3(a_n+2)$ ……（＊）（→ 解説 ②）

∴ $\{a_n+2\}$ は公比 3 の等比数列
　初項は　$a_1+2=3$　（→ 解説 ③）
∴　$a_n+2=3\cdot 3^{n-1}=3^n$
∴　$a_n=3^n-2$

> **トラの巻**
>
> $a_{n+1}=pa_n+q$
>
> $a_{n+1}$ と $a_n$ の所を $x$ に置き換えてできる方程式
> 　$x=px+q$ （特性方程式）
> の解が $\alpha$ （特性解）
> → 数列 $\{a_n-\alpha\}$ を考える

与えられた漸化式
　「$a_{n+1}=2a_n+1$」
を用いて計算していくと数列 $\{a_n+1\}$ が公比 2 の等比数列であることが「見える」！

（解1への解説）

① 「$a_{n+1}+2=$ 」という書き出しについて。

　一般に数列の性質を調べる際,

**「第 $n$ 項と（その次の）第 $n+1$ 項との間にはどのような関係があるか？」**

という考え方が基本となる。

トラの巻に従って，数列 $\{a_n+2\}$ を考えることだけ押さえておけば，この数列の第 $n+1$ 項がどうなるか？　と考えると「$a_{n+1}+2=$ 」という書き出しは極めて自然なのである。
**この考え方は，第 4 講まで継続して用いる。**

② 与漸化式 $a_{n+1}=3a_n+4$ を用いて $a_{n+1}+2$ を計算すると，（＊）の所で，数列 $\{a_n+2\}$ が公比 3 の等比数列となることが自動的にわかる。ここで，「等比数列が見えた！」という小さな喜びを感じてほしい。
　（$a_{n+1}=pa_n+q$ に対して $\{a_n-\alpha\}$ が公比 $p$ の等比数列になることを憶えていなくても OK！）

③ 数列 $\{a_n+2\}$ の初項 $a_1+2$ を求めれば，数列 $\{a_n+2\}$ の一般項がわかる。
　ここで，数列 $\{a_n\}$ の初項を用いるという間違いをしないように。あとは 2 を移項するだけ。

注）答えは次のように確認する習慣をつけよう。

〈確認〉答え  $a_n = 3^n - 2$  $[a_{n+1} = 3a_n + 4 , a_1 = 1]$
　　$n=1$ のとき　　　　　　　　$n=2$ のとき
　　　$a_1 = 3^1 - 2 = 1$　OK!　　　$a_2 = 3^2 - 2 = 7$
　　　　　　　　　　　　　　　　$a_2 = 3a_1 + 4 = 7$　OK!

慣れてくれば次の〈解2〉のようにアッサリやればよいが、まずは〈解1〉の方法でじっくり練習することを勧める。このような習慣をつけておけば，計算ミスの防止にもなる。

〈解2〉 $a_{n+1} + 2 = 3(a_n + 2)$ ,  $a_1 + 2 = 3$
∴　$\{a_n + 2\}$ は初項 3，公比 3 の等比数列
∴　$a_n + 2 = 3^n$
∴　$a_n = 3^n - 2$


**練習1**　一般項 $a_n$ を求めよ。
　（1）$a_{n+1} = 5a_n - 8$ , $a_1 = -1$
　（2）$a_{n+1} = \dfrac{2a_n + 1}{3}$ , $a_1 = 2$
　（3）$2a_{n+1} + 3a_n + 1 = 0$ , $a_1 = 0$
　（4）$a_{n+1} + 2a_{n+1}a_n - 3a_n = 0$ , $a_1 = \dfrac{3}{2}$ （ヒント：両辺 $\div a_n a_{n+1} \to \dfrac{1}{a_n} = b_n$ とおく）
※（5）$a_{n+1} = pa_n + 1$ , $a_1 = 1$ （$p$ は定数）
　　　（→基本反復練習1）

一般に、$a_{n+1} = pa_n + q$ の特性解 $\alpha$ に対して $\{a_n - \alpha\}$ が公比 $p$ の等比数列になることは次のように簡単に証明できる。（→指南2）

$$\begin{array}{r} a_{n+1} = pa_n + q \\ -) \quad \alpha = p\alpha + q \\ \hline a_{n+1} - \alpha = p(a_n - \alpha) \end{array}$$

## 第2章　漸化式

○　隣接3項間　$a_{n+2}+pa_{n+1}+qa_n=0$　の解法

例2　$a_{n+2}+a_{n+1}-6a_n=0$　,　$a_1=a_2=1$

---

**トラの巻**

$a_{n+2}+pa_{n+1}+qa_n=0$

$a_{n+2}\to x^2$, $a_{n+1}\to x$, $a_n\to 1$
と置き換えてできる方程式
$x^2+px+q=0$　（特性方程式）
の2解を$\alpha$, $\beta$（特性解）
$\to$ 数列 $\{a_{n+1}-\alpha a_n\}$
　　　$\{a_{n+1}-\beta a_n\}$
を考える

---

☆　例1の解1と同じような考え方で解いてみよう。

右のトラの巻より
　$x^2+x-6=0$ を解くと
　$(x-2)(x+3)=0$　∴　$x=2,\ -3$
$\to$　数列 $\{a_{n+1}-2a_n\}$ , $\{a_{n+1}+3a_n\}$ を考える

まず数列 $\{a_{n+1}-2a_n\}$ の第 $n+1$ 項 $a_{n+2}-2a_{n+1}$ に与漸化式を変形した $a_{n+2}=-a_{n+1}+6a_n$ を代入する。

〈解〉$a_{n+2}-2a_{n+1}$
　　　$=(-a_{n+1}+6a_n)-2a_{n+1}$
　　　$=-3a_{n+1}+6a_n$
　　　$=-3(a_{n+1}-2a_n)$　$\to \{a_{n+1}-2a_n\}$ が公比 $-3$ の等比数列であることが分かった
　また　$a_2-2a_1=-1$
∴　$\{a_{n+1}-2a_n\}$ は初項 $-1$, 公比 $-3$ の等比数列
∴　$a_{n+1}-2a_n=-(-3)^{n-1}$ ……①　　$\to$片方の一般項が求まれば，他方に移る

$a_{n+2}+3a_{n+1}=(-a_{n+1}+6a_n)+3a_{n+1}$
　　　　　　　$=2a_{n+1}+6a_n$
　　　　　　　$=2(a_{n+1}+3a_n)$　　$\to \{a_{n+1}+3a_n\}$ が公比 $2$ の等比数列であることが分かった
　また　$a_2+3a_1=4$
∴　$\{a_{n+1}+3a_n\}$ は初項 $4$, 公比 $2$ の等比数列
∴　$a_{n+1}+3a_n=4\cdot 2^{n-1}$ ……②
②$-$①より
　$5a_n=4\cdot 2^{n-1}+(-3)^{n-1}$
∴　$a_n=\dfrac{1}{5}\{4\cdot 2^{n-1}+(-3)^{n-1}\}$

特性解の一つが 1 である場合は階差数列を利用することができるが，例 2 と同じように解く方が楽だろう。確認してみよう。

> 例 3　$a_{n+2} = \dfrac{2a_{n+1} + a_n}{3}$ ，$a_1 = 0$ ，$a_2 = 1$

まず，例 2 と同じように解いてみよう。

$$a_{n+2} - a_{n+1} = \dfrac{2a_{n+1} + a_n}{3} - a_{n+1}$$
$$= \dfrac{-a_{n+1} + a_n}{3}$$
$$= -\dfrac{1}{3}(a_{n+1} - a_n)$$

また　$a_2 - a_1 = 1$

∴　$\{a_{n+1} - a_n\}$ は初項 1，公比 $-\dfrac{1}{3}$ の等比数列

∴　$a_{n+1} - a_n = \left(-\dfrac{1}{3}\right)^{n-1}$ ……①　　→〈別解〉

$$a_{n+2} + \dfrac{1}{3}a_{n+1} = \dfrac{2a_{n+1} + a_n}{3} + \dfrac{1}{3}a_n$$
$$= a_{n+1} + \dfrac{1}{3}a_n$$

∴　$\left\{a_{n+1} + \dfrac{1}{3}a_n\right\}$ は定数列（公比 1 の等比数列）

$a_2 + \dfrac{1}{3}a_1 = 1$　より　$a_{n+1} + \dfrac{1}{3}a_n = 1$ ……②

② − ① より

$$\dfrac{4}{3}a_n = 1 - \left(-\dfrac{1}{3}\right)^{n-1}$$

∴　$a_n = \dfrac{3}{4}\left\{1 - \left(-\dfrac{1}{3}\right)^{n-1}\right\}$

$x^2 = \dfrac{2x+1}{3}$　より

$3x^2 - 2x - 1 = 0$

$(x-1)(3x+1) = 0$

∴　$x = 1, -\dfrac{1}{3}$

→$\{a_{n+1} - a_n\}$

　$\left\{a_{n+1} + \dfrac{1}{3}a_n\right\}$

を考える

〈別解〉①より $\{a_n\}$ の階差数列の一般項が $\left(-\dfrac{1}{3}\right)^{n-1}$ だから

$n \geqq 2$ のとき

$$\begin{aligned}a_n &= a_1 + \sum_{k=1}^{n-1}\left(-\frac{1}{3}\right)^{k-1} \\ &= \frac{1-\left(-\dfrac{1}{3}\right)^{n-1}}{1+\dfrac{1}{3}} \\ &= \frac{3}{4}\left\{1-\left(-\frac{1}{3}\right)^{n-1}\right\}\end{aligned}$$

これは $n=1$ のときも成立

$\therefore \quad a_n = \dfrac{3}{4}\left\{1-\left(-\dfrac{1}{3}\right)^{n-1}\right\}$

> $\Sigma$ 計算を確実に！
>
> $\displaystyle\sum_{k=1}^{n-1}\left(-\frac{1}{3}\right)^{k-1}$ は
>
> 初項 $\left(-\dfrac{1}{3}\right)^0 = 1$，公比 $-\dfrac{1}{3}$，項数 $n-1$
>
> の等比数列の和
>
> → 第1章 例2（p.14）

気付いただろうか？

例2 では

$\qquad \{a_{n+1}-2a_n\} \qquad (x=2) \qquad \to$ 公比 $-3$

$\qquad \{a_{n+1}+3a_n\} \qquad (x=-3) \qquad \to$ 公比 $2$

例3 では

$\qquad \{a_{n+1}-a_n\} \qquad (x=1) \qquad \to$ 公比 $-\dfrac{1}{3}$

$\qquad \left\{a_{n+1}+\dfrac{1}{3}a_n\right\} \quad \left(x=-\dfrac{1}{3}\right) \quad \to$ 公比 $1$

となり特性解 $\alpha$，$\beta$ に対して等比数列 $\{a_{n+1}-\alpha a_n\}$ の公比が $\beta$，$\{a_{n+1}-\beta a_n\}$ の公比が $\alpha$ となっている。

このことは一般的に成り立ち，次のように証明できる。

$\qquad x^2 + px + q = 0$ の2解が $\alpha$，$\beta$ だから解と係数の関係より

$\qquad\qquad \alpha + \beta = -p, \quad \alpha\beta = q$

従って $a_{n+2} + pa_{n+1} + qa_n = 0$ より $a_{n+2} - (\alpha+\beta)a_{n+1} + \alpha\beta a_n = 0$

$\qquad \therefore \quad a_{n+2} - \alpha a_{n+1} = \beta a_{n+1} - \alpha\beta a_n = \beta(a_{n+1} - \alpha a_n)$

よって $\{a_{n+1} - \alpha a_n\}$ は公比 $\beta$ の等比数列

同様に，$\{a_{n+1} - \beta a_n\}$ は公比 $\alpha$ の等比数列

> $\{a_{n+1} - \alpha a_n\} \quad \to \quad$ 公比 $\beta$
>
> $\{a_{n+1} - \beta a_n\} \quad \to \quad$ 公比 $\alpha$

慣れてくれば次のようにアッサリやればよい。

例2（再） $a_{n+2}+a_{n+1}-6a_n=0$ ， $a_1=a_2=1$

〈解2〉 $a_{n+2}-2a_{n+1}=-3(a_{n+1}-2a_n)$， $a_2-2a_1=-1$ より

$\{a_{n+1}-2a_n\}$ は初項 $-1$，公比 $-3$ の等比数列

∴ $a_{n+1}-2a_n=-(-3)^{n-1}$ …… ①

$a_{n+2}+3a_{n+1}=2(a_{n+1}+3a_n)$， $a_2+3a_1=4$ より

$\{a_{n+1}+3a_n\}$ は初項 $4$，公比 $2$ の等比数列

∴ $a_{n+1}+3a_n=4\cdot 2^{n-1}$ …… ②

① ② より

$a_n=\dfrac{1}{5}\{4\cdot 2^{n-1}+(-3)^{n-1}\}$

$x^2+x-6=0$ より
$(x-2)(x+3)=0$
$x=2,-3$
→ $\{a_{n+1}-2a_n\}$，$\{a_{n+1}+3a_n\}$

注） $a_{n+2}-2a_{n+1}=-3(a_{n+1}-2a_n)$ を変形すると $a_{n+2}+a_{n+1}-6a_n=0$ になることは確認する習慣をつけよう。

特性方程式が2解をもつ場合はこれで解決する。重解をもつ場合は次の第1−2講で取り扱おう。ただし，1を重解にもつ場合は次の通り簡単である。

例4　$a_{n+2}-2a_{n+1}+a_n=0$ ， $a_1=1$ ， $a_2=3$

〈解〉 $a_{n+2}-a_{n+1}=a_{n+1}-a_n$

∴ $\{a_{n+1}-a_n\}$ は定数列

$a_2-a_1=2$ より $a_{n+1}-a_n=2$

∴ $\{a_n\}$ は初項 $1$，公差 $2$ の等差数列

∴ $a_n=1+2(n-1)=2n-1$

$x^2-2x+1=0$ より
$(x-1)^2=0$
∴ $x=1$ （重解）
→ $\{a_{n+1}-a_n\}$ を考える

$a_{n+1}=pa_n+q$， $a_{n+2}+pa_{n+1}+qa_n=0$ の2つのタイプの問題は漸化式の基本中の基本である。目をつぶっていても解けるようになろう。

**練習2**　一般項 $a_n$ を求めよ。

（1）$a_1=0$，$a_2=1$，$a_{n+2}-a_{n+1}-6a_n=0$

（2）$a_1=0$，$a_2=1$，$a_{n+2}-6a_{n+1}+5a_n=0$

（3）$a_1=1$，$a_2=2$，$a_{n+2}=2a_{n+1}+a_n$

（4）$a_1=0$，$a_2=1$，$a_{n+2}-(p+1)a_{n+1}+pa_n=0$

なお，例 18（p.75）の解 1 でも隣接 3 項間の練習ができる。とりあえず連立型の漸化式が解けるようになりたい人にはお勧め。隣接 3 項間の漸化式の練習もできて一石二鳥！
（指数の計算練習にもなり，一石三鳥？）
ここらへんで一度足を止めて，じっくり練習してみよう。
（→基本反復練習 2，5，9）

【閑話休題　ロバの橋】

　人類史上聖書に次ぐロングセラー，B.C. 3 C頃にアレクサンドリアのユークリッドが書いたとされる『原論』は，厳密な理論体系で貫かれている。この本が後世に与えた影響は計り知れないほど大きい。世界史で，西洋史における2本の柱は「キリスト教」と「ギリシャ的精神」であると習ったはずだ。『原論』は，このギリシャ的精神を代表するものといえるだろう。『原論』は全13巻からなるが，そのうち，幾何の部分が有名で，昔は「幾何原本」などと訳されていた。第1巻の最後には三平方の定理とその逆が第47，48命題として記載されている。

　『原論』はヨーロッパにおいて，長い間教科書として使われた。特にイギリスでは19Cまで使われていたらしい。『原論』で学習する人の多くがつまずき，愚か者（＝ロバ）は渡ることができないため，「ロバの橋」と呼ばれていた命題がある。

　　第5命題：二等辺三角形の底角は等しい。

　中学の幾何において，この定理でつまずいた人は少ないと思うが，復習しておこう。
証明1から証明3はすべて $\triangle ABD$ と $\triangle ACD$ の合同から $\angle ABD = \angle ACD$ を導き出す。
補助線の引き方によって，合同条件が変わることに注意。

〈証明1〉 $\angle A$ の二等分線を引き，辺 $BC$ との交点を $D$ とする。
　　合同条件は「二辺夾角相等」

〈証明2〉 辺 $BC$ の中点を $D$ とする。
　　合同条件は「三辺相等」

〈証明3〉 頂点 $A$ から辺 $BC$ に垂線 $AD$ を引く。
　　合同条件は「直角三角形の斜辺と他の一辺相等」

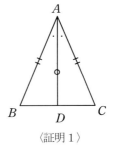
〈証明1〉

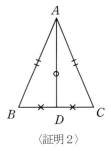
〈証明2〉

〈証明4〉 補助線はなし。
　　$\triangle ABC$ と $\triangle ACB$ において
　　$AB = AC$，$AC = AB$，$\angle A$ 共通より
　　$\triangle ABC \equiv \triangle ACB$
∴　$\angle B = \angle C$
　　合同条件は「二辺夾角相等」

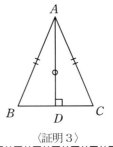
〈証明3〉

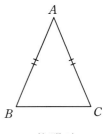
〈証明4〉

『原論』にある証明を見てみよう。

〈証明5〉（＝ロバの橋）

『原論』においては「任意の線分を延長することが出来る」と公理に記されている。
辺 $AB$ の $B$ を越えた延長上に点 $D$ をとり，辺 $AC$ の $C$ を越えた延長上に $CE=BD$ なる点 $E$ をとる。
このとき，$\triangle ABE$ と $\triangle ACD$ において
　　$AB=AC$，$AE=AD$，$\angle A$ 共通より
$\triangle ABE \equiv \triangle ACD$ ……①
次に，$\triangle BCD$ と $\triangle CBE$ において
　　$BD=CE$，①より $CD=BE$，$\angle E=\angle D$
$\therefore \triangle BCD \equiv \triangle CBE$ ……②
①②より
　　$\angle ABE=\angle ACD$，$\angle CBE=\angle BCD$
辺々引いて，$\angle ABC=\angle ACB$ を得る。

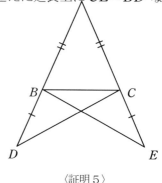

〈証明5〉

　これでは，ロバの橋といわれるのも無理がないといえようが，『原論』における証明がこのようになったことには理由がある。証明5では合同条件として二辺夾角相等しか用いていないことに注意しよう。②の証明で，$BC=CB$ を用いて三辺相等とすることができそうだが，それは許されない。

　中学数学では三角形の合同条件「二辺夾角相等」「三辺相等」「一辺両端角相等」は証明せずに認める，すなわち公理扱いとされているが，『原論』の立場ではこれらはすべて証明を要する定理なのである。「ロバの橋」以前にある合同定理は二辺夾角相等のみ。さらに，三辺相等の合同定理を証明するのに二等辺三角形の底角が等しいことを利用しているので，ロバの橋を渡るのに三辺相等の合同定理を用いるわけにはいかない。

　このような理由で証明2は『原論』においては失格である。証明3に到ってはなおさらである。直角三角形の斜辺と他の一辺相等の合同条件はどのように導き出されたかは復習しておくとよいだろう。実は，証明1から証明4までの中で，『原論』の立場で許されるのは，証明4だけなのである。証明4はギリシャ後期の数学者パップス（A.D.4C前半）による証明とされている。

［問1］　証明1が『原論』の立場で許されないのは何故か。
（ヒント：『原論』では，「任意の点を中心として　任意の半径で円をかくことができる。」と公理に記されている。証明5の1行目もヒントになる）

学校の図書室に『原論』（日本語訳）は置かれているだろうから，実際に手にとって見てほしい。ロバの橋が渡れるかどうか試してみるのも面白いだろう。

『原論』は幾何の本だと考えている人も多いようだが，例えば第7～9巻は整数論である。第9巻から素数が無限個あることの証明を紹介しよう。

証明は背理法による。

もし，素数が有限個しかないと仮定すると，すべての素数に番号をつけて

$p_1, p_2, p_3, \ldots\ldots, p_n$

とすることができる。（$p_1=2$，$p_2=3$，$p_3=5$，……と思えばよい。$n$ は恐らく非常に大きい自然数になるだろうが，有限である）

ここで，

$A = p_1 \cdot p_2 \cdot p_3 \cdot \ldots\ldots \cdot p_n + 1$

という自然数 $A$ を考えると，次のいずれかが成り立つ。

ⅰ）$A$ は素数である。

ⅱ）$A$ は素数ではない。

ⅰ）の場合，すべての素数と仮定した $p_1, p_2, p_3, \ldots\ldots, p_n$ 以外に $A$ をいう素数が存在することになり矛盾。

ⅱ）の場合，$A$ を割り切る素数 $p$ が存在する（存在しなければ $A$ は素数である）。

ところが，$A$ を $p_1, p_2, p_3, \ldots\ldots, p_n$ で割るといずれも余りが1となるので，$p$ はこの $n$ 個の素数のいずれとも等しくない。従って，この場合もまた，すべての素数と仮定した $p_1, p_2, p_3, \ldots\ldots, p_n$ 以外に $p$ をいう素数が存在することになり矛盾。

ⅰ）ⅱ）より，素数は有限個ではありえない。

［問2］$p_1=2$，自然数 $n$ に対し，$A_n = p_1 \cdot p_2 \cdot p_3 \cdot \ldots\ldots \cdot p_n + 1$，

$A_n$ が素数であれば $p_{n+1} = A_n$

$A_n$ が素数でなければ，$A_n$ を割り切る最小の素数を $p_{n+1}$

とするとき，$p_2 \sim p_5$ を求めよ。

（問の正解は「指南の書」最終ページ〈p.143〉）

## 第1-2講　$a_{n+1} = pa_n + q_n$

隣接2項間の漸化式で
$$a_{n+1} = pa_n + q_n$$
と、$q_n$ が定数でない場合について学習しよう。

一般的解法は『**両辺を $p^{n+1}$ で割る**』

$a_{n+1} = pa_n + q_n$ の両辺を $p^{n+1}$ で割ると
$$\frac{a_{n+1}}{p^{n+1}} = \frac{a_n}{p^n} + \frac{q_n}{p^{n+1}}$$

ここで $\dfrac{q_n}{p^{n+1}} = b_n$ とおくと
$$\frac{a_{n+1}}{p^{n+1}} - \frac{a_n}{p^n} = b_n$$

∴ 数列 $\left\{\dfrac{a_n}{p^n}\right\}$ の階差数列の一般項が $b_n$

∴ $n \geqq 2$ のとき
$$\frac{a_n}{p^n} = \frac{a_1}{p} + \sum_{k=1}^{n-1} b_k$$

右辺を計算し，両辺に $p^n$ をかけて $\{a_n\}$ の一般項を得る。

> **トラの巻**
>
> $\boxed{a_{n+1} = pa_n + q_n}$
>
> → 両辺を $p^{n+1}$ で割る

具体例でやってみよう。

**例5** $a_{n+1} = 2a_n + 3^n + 1$ , $a_1 = 1$

〈解〉両辺を $2^{n+1}$ で割ると
$$\frac{a_{n+1}}{2^{n+1}} = \frac{a_n}{2^n} + \frac{3^n}{2^{n+1}} + \frac{1}{2^{n+1}}$$

∴ $\dfrac{a_{n+1}}{2^{n+1}} - \dfrac{a_n}{2^n} = \dfrac{1}{2}\left(\dfrac{3}{2}\right)^n + \dfrac{1}{2^{n+1}}$ → $\left\{\dfrac{a_n}{2^n}\right\}$ の階差数列の一般項が $\dfrac{1}{2}\left(\dfrac{3}{2}\right)^n + \dfrac{1}{2^{n+1}}$

∴ $n \geqq 2$ のとき
$$\frac{a_n}{2^n} = \frac{a_1}{2} + \sum_{k=1}^{n-1}\left\{\frac{1}{2}\left(\frac{3}{2}\right)^k + \frac{1}{2^{k+1}}\right\}$$
$$= \frac{1}{2} + \frac{\frac{3}{4}\left\{\left(\frac{3}{2}\right)^{n-1} - 1\right\}}{\frac{3}{2} - 1} + \frac{\frac{1}{4}\left\{1 - \left(\frac{1}{2}\right)^{n-1}\right\}}{1 - \frac{1}{2}}$$

$$= \frac{1}{2} + \frac{3}{2}\left\{\left(\frac{3}{2}\right)^{n-1} - 1\right\} + \frac{1}{2}\left\{1 - \left(\frac{1}{2}\right)^{n-1}\right\}$$
$$= \left(\frac{3}{2}\right)^n - \left(\frac{1}{2}\right)^n - \frac{1}{2}$$

$\therefore \quad a_n = 3^n - 2^{n-1} - 1$　これは $n=1$ のときも成り立つ。

$\therefore \quad a_n = 3^n - 2^{n-1} - 1$

$\sum_{k=1}^{n-1} \frac{1}{2}\left(\frac{3}{2}\right)^k$ は

　　初項 $\frac{1}{2} \cdot \frac{3}{2} = \frac{3}{4}$，公比 $\frac{3}{2}$，項数 $n-1$

$\sum_{k=1}^{n-1} \frac{1}{2^{k+1}}$ は

　　初項 $\frac{1}{2^2} = \frac{1}{4}$，公比 $\frac{1}{2}$，項数 $n-1$

の等比数列の和

注）与漸化式の両辺を $2^{n+1}$ で割る代わりに $2^n$ で割って数列 $\left\{\dfrac{a_n}{2^{n-1}}\right\}$ に着目してもよい。

$a_{n+1} = pa_n + q_n$ の形の漸化式において，$q_n$ が $A \cdot B^n$ の形の場合、両辺を $p^{n+1}$ ではなく $B^{n+1}$ で割ってもよい。

例6　$a_{n+1} = 3a_n + 2 \cdot 4^n$，$a_1 = 1$

〈解1〉 与漸化式の両辺を $4^{n+1}$ で割ると

$$\frac{a_{n+1}}{4^{n+1}} = \frac{3a_n}{4^{n+1}} + \frac{1}{2}$$
$$= \frac{3}{4} \cdot \frac{a_n}{4^n} + \frac{1}{2}$$

$\dfrac{a_n}{4^n} = b_n$ とおくと

$b_{n+1} = \dfrac{3}{4} b_n + \dfrac{1}{2}$，$b_1 = \dfrac{1}{4}$

$b_{n+1} - 2 = \dfrac{3}{4}(b_n - 2)$，$b_1 - 2 = -\dfrac{7}{4}$

$\therefore$ $\{b_n - 2\}$ は初項 $-\dfrac{7}{4}$，公比 $\dfrac{3}{4}$ の等比数列

$\therefore \quad b_n - 2 = -\dfrac{7}{4} \cdot \left(\dfrac{3}{4}\right)^{n-1}$

$\therefore \quad b_n = 2 - \dfrac{7 \cdot 3^{n-1}}{4^n}$

$\therefore \quad a_n = 4^n b_n = 2 \cdot 4^n - 7 \cdot 3^{n-1}$

> **トラの巻**
>
> $\boxed{a_{n+1} = pa_n + A \cdot B^n}$
>
> → 両辺を $p^{n+1}$ または $B^{n+1}$ で割る

注）両辺を $4^n$ で割ると $b_n = \dfrac{a_n}{4^{n-1}}$ とおき，$b_{n+1} = \dfrac{3}{4} b_n + 2$，$b_1 = 1$ となる。

〈解2〉 （例5と同様の一般的解法）

与漸化式 の両辺を $3^{n+1}$ で割ると

$$\frac{a_{n+1}}{3^{n+1}} = \frac{a_n}{3^n} + \frac{2}{3} \cdot \left(\frac{4}{3}\right)^n$$

∴ $n \geqq 2$ のとき

$$\begin{aligned}\frac{a_n}{3^n} &= \frac{a_1}{3} + \sum_{k=1}^{n-1} \frac{2}{3} \cdot \left(\frac{4}{3}\right)^k \\ &= \frac{1}{3} + \frac{\frac{8}{9}\left\{\left(\frac{4}{3}\right)^{n-1} - 1\right\}}{\frac{4}{3} - 1} \\ &= \frac{1}{3} + \frac{8}{3}\left\{\left(\frac{4}{3}\right)^{n-1} - 1\right\} \\ &= 2 \cdot \left(\frac{4}{3}\right)^n - \frac{7}{3}\end{aligned}$$

→数列 $\left\{\dfrac{a_n}{3^n}\right\}$ の階差数列の一般項が $\dfrac{2}{3} \cdot \left(\dfrac{4}{3}\right)^n$

$\sum\limits_{k=1}^{n-1} \dfrac{2}{3} \cdot \left(\dfrac{4}{3}\right)^k$ は

初項 $\dfrac{2}{3} \times \dfrac{4}{3} = \dfrac{8}{9}$ ，公比 $\dfrac{4}{3}$ ，項数 $n-1$

の等比数列の和

∴ $a_n = 2 \cdot 4^n - 7 \cdot 3^{n-1}$　　これは $n=1$ のときも成り立つ。

∴ $a_n = 2 \cdot 4^n - 7 \cdot 3^{n-1}$


（→ 指南3）



**練習3**　一般項を求めよ。

（1） $a_1 = 1$ , $a_{n+1} = 2a_n + 3^n$

（2） $a_1 = 4$ , $a_{n+1} = 4a_n - 2^{n+1}$

（3） $a_1 = 36$ , $a_{n+1} = 2a_n + 2^{n+3}n - 17 \cdot 2^{n+1}$

注）例5，例6の方法を用いると，例2の解答において①（または②）のみから一般項を求めることもできる。

例2の ① より $a_{n+1}=2a_n-(-3)^{n-1}$ $[a_1=1]$

両辺を $(-3)^{n+1}$ で割ると（または，両辺を $2^{n+1}$ で割る）

$$\frac{a_{n+1}}{(-3)^{n+1}}=\frac{2a_n}{(-3)^{n+1}}-\frac{(-3)^{n-1}}{(-3)^{n+1}}=-\frac{2}{3}\cdot\frac{a_n}{(-3)^n}-\frac{1}{9}$$

$\dfrac{a_n}{(-3)^n}=b_n$ とおくと $b_{n+1}=-\dfrac{2}{3}b_n-\dfrac{1}{9}$ ，$b_1=-\dfrac{1}{3}$

$b_{n+1}+\dfrac{1}{15}=-\dfrac{2}{3}\left(b_n+\dfrac{1}{15}\right)$ ，$b_1+\dfrac{1}{15}=-\dfrac{4}{15}$ より

$\left\{b_n+\dfrac{1}{15}\right\}$ は初項 $-\dfrac{4}{15}$ ，公比 $-\dfrac{2}{3}$ の等比数列

∴ $b_n+\dfrac{1}{15}=-\dfrac{4}{15}\cdot\left(-\dfrac{2}{3}\right)^{n-1}$ ∴ $b_n=-\dfrac{1}{15}\left\{1+\dfrac{4\cdot 2^{n-1}}{(-3)^{n-1}}\right\}$

$a_n=b_n\cdot(-3)^n=\dfrac{1}{5}\{(-3)^{n-1}+4\cdot 2^{n-1}\}$

では、隣接3項間の漸化式 $a_{n+2}+pa_{n+1}+qa_n=0$ の特性方程式が重解をもつ場合を片づけよう。

例7 $a_{n+2}+6a_{n+1}+9a_n=0$ ，$a_1=0$ ，$a_2=1$

〈解〉 $a_{n+2}+3a_{n+1}=-3(a_{n+1}+3a_n)$ ，$a_2+3a_1=1$

より $\{a_{n+1}+3a_n\}$ は初項 $1$ ，公比 $-3$ の等比数列

∴ $a_{n+1}+3a_n=(-3)^{n-1}$

両辺÷$(-3)^{n+1}$　→ 例6のどちらの方法でも同じ

$\dfrac{a_{n+1}}{(-3)^{n+1}}-\dfrac{a_n}{(-3)^n}=\dfrac{1}{9}$ ，$\dfrac{a_1}{-3}=0$

∴ $\left\{\dfrac{a_n}{(-3)^n}\right\}$ は初項 $0$ ，公差 $\dfrac{1}{9}$ の等差数列

∴ $\dfrac{a_n}{(-3)^n}=\dfrac{1}{9}(n-1)$　∴ $a_n=(n-1)\cdot(-3)^{n-2}$

$x^2+6x+9=0$ より
$(x+3)^2=0$
∴ $x=-3$（重解）
→$\{a_{n+1}+3a_n\}$

**練習4** 一般項を求めよ。

$a_1=1$ ，$a_2=6$ ，$a_{n+2}=6a_{n+1}-9a_n$

（→基本反復練習3）

## 第1-3講　$a_{n+1} = pa_n + an + b$

前講で扱った隣接2項間の漸化式 $a_{n+1} = pa_n + q_n$ において $q_n$ が $n$ の1次式である場合は，階差数列を考えればよい。

例8　$a_{n+1} = 3a_n + 2n + 1$ ，$a_1 = 1$

〈解〉
$$a_{n+2} = 3a_{n+1} + 2(n+1) + 1$$
$$-)\quad a_{n+1} = 3a_n + 2n + 1$$
$$\overline{a_{n+2} - a_{n+1} = 3(a_{n+1} - a_n) + 2}$$

**トラの巻**

$a_{n+1} = pa_n + An + B$

→ 階差数列を考えよ

$a_{n+1} - a_n = b_n$ とおくと　（$\{b_n\}$ は $\{a_n\}$ の階差数列）
$\quad b_{n+1} = 3b_n + 2$
$a_2 = 3a_1 + 2 + 1 = 6$　より　$b_1 = a_2 - a_1 = 5$
$b_{n+1} + 1 = 3(b_n + 1)$ ，$b_1 + 1 = 6$　より　$\{b_n + 1\}$ は初項 6，公比 3 の等比数列
∴　$b_n + 1 = 6 \cdot 3^{n-1} = 2 \cdot 3^n$
∴　$b_n = 2 \cdot 3^n - 1$

$n \geqq 2$ のとき
$$a_n = a_1 + \sum_{k=1}^{n-1}(2 \cdot 3^k - 1)$$
$$= 1 + \frac{6(3^{n-1} - 1)}{3 - 1} - (n - 1)$$
$$= 3^n - n - 1$$

これは $n = 1$ のときも成立
∴　$a_n = 3^n - n - 1$

**練習5**　一般項を求めよ。
（1）$a_1 = 2$，$a_{n+1} = 2a_n + n$　　　（2）$a_1 = 8$，$a_{n+1} = 5a_n - 12n + 3$

ここまでを「漸化式解法の基本」としてよいだろう。念のため，基本反復練習1～4番で確認しておこう。

注) 例8のように，隣接2項間の漸化式 $a_{n+1}=pa_n+q_n$ で $q_n$ が $n$ の1次式の場合，第1-2講で解説した両辺 $\div p^{n+1}$ という一般的解法を適用すると $\Sigma$ の計算が面倒である。従って漸化式の解法としては不適切であるが，「できない」と言うのもシャクなので別解として示しておこう。

〈別解〉 $a_{n+1}=3a_n+2n+1$ の両辺を $3^{n+1}$ で割ると

$$\frac{a_{n+1}}{3^{n+1}}=\frac{a_n}{3^n}+\frac{2n+1}{3^{n+1}}, \quad \frac{a_1}{3}=\frac{1}{3}$$

$\Sigma$ ｛等差×等比｝

$\therefore \ n\geqq 2$ のとき

$\to \ S-rS$ 法

$$\frac{a_n}{3^n}=\frac{1}{3}+\sum_{k=1}^{n-1}\frac{2k+1}{3^{k+1}}$$

（→「第1章 数列の基本」）

ここで $\displaystyle\sum_{k=1}^{n-1}\frac{2k+1}{3^{k+1}}=S$ とおくと

$$3S=\frac{3}{3}+\frac{5}{3^2}+\frac{7}{3^3}+\cdots\cdots+\frac{2n-1}{3^{n-1}}$$

$$-)\quad S=\quad\ \ \frac{3}{3^2}+\frac{5}{3^3}+\cdots\cdots+\frac{2n-3}{3^{n-1}}+\frac{2n-1}{3^n}$$

$$2S=\left(\frac{1}{3}+\frac{2}{3}\right)+\frac{2}{3^2}+\frac{2}{3^3}+\cdots\cdots+\frac{2}{3^{n-1}}-\frac{2n-1}{3^n}$$

$$=\frac{1}{3}+\frac{\frac{2}{3}\left\{1-\left(\frac{1}{3}\right)^{n-1}\right\}}{1-\frac{1}{3}}-\frac{2n-1}{3^n}$$

$$=\frac{4}{3}-\frac{2n+2}{3^n}$$

$\therefore \ S=\dfrac{2}{3}-\dfrac{n+1}{3^n}$

$\therefore \ \dfrac{a_n}{3^n}=\dfrac{1}{3}+\left(\dfrac{2}{3}-\dfrac{n+1}{3^n}\right)=1-\dfrac{n+1}{3^n}$

$\therefore \ a_n=3^n-n-1$

これは $n=1$ のときも成立

$\therefore \ a_n=3^n-n-1$

隣接2項間 $a_{n+1}=pa_n+q_n$ において、$q_n$ が $n$ の2次式である場合は2階の階差数列を考えればよい（第4講参照）。

※ 例9　$a_{n+1}=3a_n-2n^2$, $a_1=6$

〈解〉

$$
\begin{array}{r}
a_{n+2}=3a_{n+1}-2(n+1)^2 \\
-)\ a_{n+1}=3a_n-2n^2 \\
\hline
a_{n+2}-a_{n+1}=3(a_{n+1}-a_n)-4n-2
\end{array}
$$

$a_{n+1}-a_n=b_n$ とおくと　$b_{n+1}=3b_n-4n-2$
また　$a_2=3a_1-2=16$ より　$b_1=a_2-a_1=10$

$$
\begin{array}{r}
b_{n+2}=3b_{n+1}-4(n+1)-2 \\
-)\ b_{n+1}=3b_n-4n-2 \\
\hline
b_{n+2}-b_{n+1}=3(b_{n+1}-b_n)-4
\end{array}
$$

$b_{n+1}-b_n=c_n$ とおくと　$c_{n+1}=3c_n-4$ ……①
また　$b_2=3b_1-6=24$ より　$c_1=b_2-b_1=14$

①より　$c_{n+1}-2=3(c_n-2)$, $c_1-2=12$
　∴　$c_n-2=12\cdot 3^{n-1}=4\cdot 3^n$　∴　$c_n=4\cdot 3^n+2$

∴　$n\geqq 2$ のとき
　$b_n=b_1+\sum_{k=1}^{n-1}(4\cdot 3^k+2)$
　　$=10+\dfrac{12(3^{n-1}-1)}{3-1}+2(n-1)$
　　$=2\cdot 3^n+2n+2$
　$b_1=10$ より，これは $n=1$ のときも成立する
∴　$n\geqq 2$ のとき
　$a_n=a_1+\sum_{k=1}^{n-1}(2\cdot 3^k+2k+2)$
　　$=6+\dfrac{6(3^{n-1}-1)}{3-1}+2\cdot\dfrac{(n-1)n}{2}+2(n-1)$

$$= 3^n + n^2 + n + 1$$

$a_1 = 6$ より，これは $n=1$ のときも成立

∴ $a_n = 3^n + n^2 + n + 1$

**練習6** 次の条件によって定まる数列 $\{a_n\}$, $\{b_n\}$, $\{c_n\}$ の一般項を求めよ。
（1） $a_1 = 3$, $a_{n+1} = 2a_n + 1$ $(n=1,2,3,\cdots\cdots)$
（2） $b_1 = 2$, $b_{n+1} = 2b_n + n$ $(n=1,2,3,\cdots\cdots)$
（3） $c_1 = 2$, $c_{n+1} = 2c_n + \dfrac{1}{2}n(n-1)$ $(n=1,2,3,\cdots\cdots)$ ［同志社大］

注）第1-2，3講で扱った $a_{n+1} = pa_n + q_n$ の形の漸化式は第4講で別解を提示する。

## 第2講　種々の漸化式

いろいろなタイプの漸化式の解法を学習しよう。

例10　$\begin{cases} a_{n+1}=2a_n+3b_n \\ b_{n+1}=3a_n+2b_n \end{cases}$ , $\begin{cases} a_1=2 \\ b_1=1 \end{cases}$

☆　連立型の漸化式の解法は第3講で詳しく解説するが，係数がタスキに等しい場合は簡単である。

〈解〉　$a_{n+1}=2a_n+3b_n$ ……①
　　　$b_{n+1}=3a_n+2b_n$ ……②

①＋② より
　　$a_{n+1}+b_{n+1}=5(a_n+b_n)$ , $a_1+b_1=3$
∴　$\{a_n+b_n\}$ は初項3，公比5の等比数列
∴　$a_n+b_n=3\cdot 5^{n-1}$ ……③

①－② より
　　$a_{n+1}-b_{n+1}=-(a_n-b_n)$ , $a_1-b_1=1$
∴　$\{a_n-b_n\}$ は初項1，公比 $-1$ の等比数列
∴　$a_n-b_n=(-1)^{n-1}$ ……④

③④より
　　$a_n=\dfrac{1}{2}\{3\cdot 5^{n-1}+(-1)^{n-1}\}$ , $b_n=\dfrac{1}{2}\{3\cdot 5^{n-1}-(-1)^{n-1}\}$　　　　（→基本反復練習5）

**トラの巻**

$\begin{cases} a_{n+1}=\bigcirc a_n+\triangle b_n \cdots ① \\ b_{n+1}=\triangle a_n+\bigcirc a_n \cdots ② \end{cases}$

→　①＋②，①－②

例11　$a_{n+1}=\dfrac{a_n}{a_n-2}$ , $a_1=1$

☆　分数型の漸化式も第3講で解説するが，逆数をとるだけで解けるものがある。

〈解〉　$a_n \neq 0$ より両辺の逆数をとると

$\dfrac{1}{a_{n+1}}=\dfrac{a_n-2}{a_n}=1-\dfrac{2}{a_n}$

$b_n=\dfrac{1}{a_n}$ とおくと　$b_{n+1}=-2b_n+1$ , $b_1=1$

$b_{n+1}-\dfrac{1}{3}=-2\left(b_n-\dfrac{1}{3}\right)$ , $b_1-\dfrac{1}{3}=\dfrac{2}{3}$ より

**トラの巻**

逆数をとってみよう

$\{b_n - \frac{1}{3}\}$ は初項 $\frac{2}{3}$，公比 $-2$ の等比数列

$\therefore \quad b_n - \frac{1}{3} = \frac{2}{3} \cdot (-2)^{n-1} = -\frac{(-2)^n}{3}$

$\therefore \quad b_n = \frac{1-(-2)^n}{3} \quad \therefore \quad a_n = \frac{3}{1-(-2)^n}$ 　　　　　（→基本反復練習 6）

注）逆数をとるときは，それが 0 ではないことを確かめるべきである。

本問では，$a_1 \neq 0$ ，$a_{n+1} = \dfrac{a_n}{a_n - 2}$ より任意の自然数について

$a_n \neq 0$（厳密には数学的帰納法）

---

例12　$a_{n+1} = \dfrac{1}{2-a_n}$ ，$a_1 = 0$

☆　これは逆数をとってもうまくいかない。

分数型に限らず，**困った時は「予想」→「数学的帰納法」**！

〈解〉$a_1 = 0$ ，$a_2 = \dfrac{1}{2}$ ，$a_3 = \dfrac{1}{2-\frac{1}{2}} = \dfrac{2}{3}$ ，$a_4 = \dfrac{1}{2-\frac{2}{3}} = \dfrac{3}{4}$ ，……

従って　$a_n = \dfrac{n-1}{n}$ ……（＊）と予想できる。

ⅰ）$n=1$ のとき（＊）は成立

ⅱ）$n=k$ のとき（＊）が成立すると仮定すると

$\quad a_k = \dfrac{k-1}{k}$

このとき

$\quad a_{k+1} = \dfrac{1}{2-a_k} = \dfrac{1}{2-\frac{k-1}{k}}$

$\qquad = \dfrac{k}{2k-(k-1)} = \dfrac{(k+1)-1}{k+1}$

$\therefore$ （＊）は $n=k+1$ のときも成立

$\therefore$ 任意の自然数 $n$ に対して　$a_n = \dfrac{n-1}{n}$

---

**トラの巻**

「予想」→「数学的帰納法」

は最終兵器！！

**練習7** 一般項を求めよ。

(1) $\begin{cases} x_{n+1} = 2x_n + y_n \\ y_{n+1} = x_n + 2y_n \end{cases}$ , $\begin{cases} x_1 = 2 \\ y_1 = 1 \end{cases}$

(2) $a_1 = \dfrac{1}{4}$ , $a_{n+1} = \dfrac{a_n}{3a_n + 1}$

(3) $a_1 = 1$ , $a_{n+1} = \dfrac{a_n}{a_n + 2}$

(4) $a_1 = 3$ , $a_{n+1} = \dfrac{3a_n - 4}{a_n - 1}$

(5) $a_1 = c + 1$ , $a_{n+1} = \dfrac{n}{n+1} a_n + 1$ （$c$ は定数）

**練習8** 一般項を求めよ。

(1) $a_1 = 8$ , $a_n = \dfrac{a_{n-1}}{(n-1)a_{n-1} + 1}$  $(n = 2, 3, 4, \cdots\cdots)$  　　［津田塾大］

(2) $p_{n+1} = \dfrac{p_n}{1 - q_n^2}$ , $q_{n+1} = p_{n+1} q_n$ , $p_1 = q_1 = \dfrac{1}{2}$

数列 $\{a_n\}$ の初項から第 $n$ 項までの和を $S_n$ とする。

$S_n$ と $a_n$ のまざった漸化式では，公式 $S_n - S_{n-1} = a_n$ （$n \geqq 2$）を用いて $a_n$ のみ（または $S_n$ のみ）の漸化式に直す。

---

**例13** $S_n = -a_n + 3n + 2$ （ただし、$S_n$ は $\{a_n\}$ の初項から第 $n$ 項までの和）

---

〈解〉 $S_1 = a_1$ より $a_1 = -a_1 + 5$  ∴ $a_1 = \dfrac{5}{2}$

$$\begin{array}{r} S_{n+1} = -a_{n+1} + 3(n+1) + 2 \\ -) \quad S_n = -a_n + 3n + 2 \\ \hline a_{n+1} = -a_{n+1} + a_n + 3 \end{array}$$

∴ $a_{n+1} = \dfrac{a_n + 3}{2}$

$a_{n+1} - 3 = \dfrac{1}{2}(a_n - 3)$ ，$a_1 - 3 = -\dfrac{1}{2}$ より

$\{a_n - 3\}$ は初項 $-\dfrac{1}{2}$，公比 $\dfrac{1}{2}$ の等比数列

∴ $a_n - 3 = -\left(\dfrac{1}{2}\right)^n$  ∴ $a_n = 3 - \dfrac{1}{2^n}$

$$\boxed{\begin{array}{l} S_1 = a_1 \\ S_n - S_{n-1} = a_n \quad (n \geqq 2) \end{array}}$$

↓ 当たり前！！

$$\begin{array}{r} S_n = a_1 + a_2 + \cdots + a_{n-1} + a_n \\ -) \quad S_{n-1} = a_1 + a_2 + \cdots + a_{n-1} \\ \hline S_n - S_{n-1} = \qquad\qquad\qquad a_n \end{array}$$

**練習9** 一般項を求めよ。ただし，$S_n$ は $\{a_n\}$ の初項から第 $n$ 項までの和とする。

（1） $S_n = \dfrac{3}{2}a_n + 3 - 4n$

（2） $a_1 = 2$，$a_{n+1} = 4a_n - S_n$  ［大分大］

（3） $S_1 = 2$，$S_{n+1} = 2S_n + 3^{n+1} - 1$

次の例は，基本反復演習8番とあわせて十分にトレーニングしよう。（→ 指南4）

> 例14 （1） $a_{n+1}=\left(1+\dfrac{1}{n}\right)a_n$ , $a_1=1$
> 
> （2） $n(n+2)a_{n+1}=(n+1)(n+2)a_n+2$ , $a_1=\dfrac{1}{2}$
> 
> （3） $na_{n+1}=(n+2)a_n+n(n+1)(n+2)$ , $a_1=4$

〈解〉 （1） $a_{n+1}=\dfrac{n+1}{n}a_n$ より

$$\dfrac{a_{n+1}}{n+1}=\dfrac{a_n}{n}$$

∴ $\left\{\dfrac{a_n}{n}\right\}$ は定数列

∴ $\dfrac{a_n}{n}=\dfrac{a_1}{1}=1$ ∴ $a_n=n$

〈別解〉 $a_{n+1}=\left(1+\dfrac{1}{n}\right)a_n=\dfrac{n+1}{n}a_n$ より

$n\geqq 2$ のとき

$$\begin{aligned}a_n&=\dfrac{n}{n-1}a_{n-1}\\&=\dfrac{n}{n-1}\times\dfrac{n-1}{n-2}\times a_{n-2}\\&=\cdots\cdots\\&=\dfrac{n}{\cancel{n-1}}\times\dfrac{\cancel{n-1}}{\cancel{n-2}}\times\dfrac{\cancel{n-2}}{\cancel{n-3}}\times\cdots\cdots\times\dfrac{2}{1}\times a_1\end{aligned}$$

∴ $a_n=na_1=n$

$a_1=1$ より，これは $n=1$ のときも成立

∴ $a_n=n$

> 2つの代表的な形
> 
> $a_{n+1}=\dfrac{n+1}{n}a_n \to \dfrac{a_{n+1}}{n+1}=\dfrac{a_n}{n}$
> 
> $\to \left\{\dfrac{a_n}{n}\right\}$ が定数列
> 
> $a_{n+1}=\dfrac{n}{n+1}a_n \to (n+1)a_{n+1}=na_n$
> 
> $\to \{na_n\}$ が定数列

（2） $n(n+2)a_{n+1}-(n+1)(n+2)a_n=2$

両辺を $n(n+1)(n+2)$ で割ると

$$\dfrac{a_{n+1}}{n+1}-\dfrac{a_n}{n}=\dfrac{2}{n(n+1)(n+2)}$$

→ 数列 $\left\{\dfrac{a_n}{n}\right\}$ の階差数列が $\left\{\dfrac{2}{n(n+1)(n+2)}\right\}$

∴ $n\geqq 2$ のとき

$$\begin{aligned}\dfrac{a_n}{n}&=\dfrac{a_1}{1}+\sum_{k=1}^{n-1}\dfrac{2}{k(k+1)(k+2)}\\&=\dfrac{1}{2}+\sum_{k=1}^{n-1}\left(\dfrac{1}{k(k+1)}-\dfrac{1}{(k+1)(k+2)}\right)\end{aligned}$$

注) $\sum\dfrac{1}{k(k+1)}$ , $\sum\dfrac{1}{k(k+1)(k+2)}$

→ 第1章 数列の基本

$$= \frac{1}{2} + \left(\frac{1}{1\cdot 2} - \frac{1}{2\cdot 3}\right) + \left(\frac{1}{2\cdot 3} - \frac{1}{3\cdot 4}\right) + \cdots\cdots + \left(\frac{1}{(n-1)n} - \frac{1}{n(n+1)}\right)$$
$$= 1 - \frac{1}{n(n+1)}$$
$$= \frac{n^2 + n - 1}{n(n+1)}$$

∴ $a_n = \dfrac{n^2 + n - 1}{n + 1}$

$a_1 = \dfrac{1}{2}$ より これは $n = 1$ のときも成立

∴ $a_n = \dfrac{n^2 + n - 1}{n + 1}$

(3) $na_{n+1} = (n+2)a_n + n(n+1)(n+2)$

両辺を $n(n+1)(n+2)$ で割ると

$$\frac{a_{n+1}}{(n+1)(n+2)} = \frac{a_n}{n(n+1)} + 1 \quad , \quad \frac{a_1}{1\cdot 2} = \frac{4}{2} = 2$$

∴ $\left\{\dfrac{a_n}{n(n+1)}\right\}$ は初項 $2$ ,公差 $1$ の等差数列

∴ $\dfrac{a_n}{n(n+1)} = 2 + (n-1) = n + 1$

∴ $a_n = n(n+1)^2$

**練習 10** 一般項を求めよ。（ただし，$S_n$ は $\{a_n\}$ の初項から第 $n$ 項までの和とする）

(1) $a_1 = 1$ , $na_{n+1} = 2(n+1)a_n$ 〔関西大〕

(2) $a_1 = 1$ , $(n+2)a_{n+1} - na_n = 1$

(3) $a_1 = 1$ , $na_{n+1} = 2(n+1)a_n + 3n(n+1)$

(4) $a_1 = 1$ , $2a_n a_{n+1} + 3a_{n+1} - a_n = 0$

(5) $S_n + na_n = 1$ 〔香川大〕

(6) $S_n = 1 - \dfrac{1}{n}a_n$

**例15** $2a_{n+1}^3 = a_n^4$ , $a_1 = 1$ ただし、$a_n > 0$ $(n = 1, 2, 3, \cdots)$

〈解〉 $2a_{n+1}^3 = a_n^4$

各項正より，2を底とする対数をとると

$\log_2 2a_{n+1}^3 = \log_2 a_n^4$

∴ $1 + 3\log_2 a_{n+1} = 4\log_2 a_n$

$\log_2 a_n = b_n$ とおくと

$1 + 3b_{n+1} = 4b_n$ , $b_1 = \log_2 a_1 = 0$

$b_{n+1} - 1 = \dfrac{4}{3}(b_n - 1)$ , $b_1 - 1 = -1$ より $\{b_n - 1\}$ は初項 $-1$，公比 $\dfrac{4}{3}$ の等比数列

∴ $b_n - 1 = -\left(\dfrac{4}{3}\right)^{n-1}$

∴ $b_n = 1 - \left(\dfrac{4}{3}\right)^{n-1}$

$a_n = 2^{b_n} = 2^{1-\left(\frac{4}{3}\right)^{n-1}}$

注) $\log_2 a_n = b_n \Leftrightarrow a_n = 2^{b_n}$ （→『高校数学　弱点克服講座Ⅱ　三角・対数関数編』）

**練習11** 一般項を求めよ。

(1) $\dfrac{a_{n+1}}{a_n^2} = 3$ , $a_1 = 1$

(2) $\dfrac{b_{n+1}}{2b_n} = 4^{n+1}$ , $b_1 = 2$

(3) $c_{n+1} = 8c_n^2$ , $c_1 = 5$

(4) $\begin{cases} p_{n+1} = p_n^2 q_n \\ q_{n+1} = p_n q_n^2 \end{cases}$ , $\begin{cases} p_1 = 4 \\ q_1 = 2 \end{cases}$

(5) $a_1 = 1$ , $a_2 = 3$ , $a_n = \sqrt{a_{n+1} a_{n-1}}$ $(n = 2, 3, 4, \cdots)$

ここで，添数に関していくつか注意をしておこう。

i)「$a_{n+1}=2a_n+1$ $(n=1,2,3,\cdots\cdots)$」と「$a_n=2a_{n-1}+1$ $(n=2,3,4,\cdots\cdots)$」は全く同じ関係を表している。問題に合わせるか，好みで使い分ければよい。

例えば，練習11（5）の「$a_n=\sqrt{a_{n+1}a_{n-1}}$ $(n=2,3,4,\cdots\cdots)$」は

「$a_{n+1}=\sqrt{a_{n+2}a_n}$ $(n=1,2,3,\cdots\cdots)$」と同じである。

ii)「$a_n-a_{n-1}=n$ , $a_1=1$」……（＊）を見て $\{a_n\}$ の階差数列の一般項が $n$ だと早合点する人がいる。（練習8（1）参照）

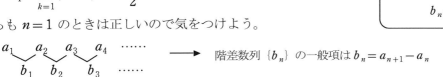

正しくは $a_{n+1}-a_n=n+1$ より階差数列の一般項は $n+1$ である。
従って，（＊）により定められる数列 $\{a_n\}$ の一般項は

$$a_n=a_1+\sum_{k=1}^{n-1}k=\frac{n^2-n+2}{2} \quad \text{は誤りで}$$

$$a_n=a_1+\sum_{k=1}^{n-1}(k+1)=\frac{n^2+n}{2} \quad \text{が正しい。}$$

どちらも $n=1$ のときは正しいので気をつけよう。

階差数列 $\{b_n\}$ の一般項は $b_n=a_{n+1}-a_n$

---

例16 （1） $a_1=1$ , $a_{n+1}-a_n=3^n$ $(n=1,2,3,\cdots\cdots)$
　　　（2） $a_1=1$ , $a_n-a_{n-1}=3^n$ $(n=2,3,4,\cdots\cdots)$

〈解〉（1）$n\geqq 2$ のとき

$$a_n=a_1+\sum_{k=1}^{n-1}3^k$$
$$=1+\frac{3(3^{n-1}-1)}{3-1}=\frac{3^n-1}{2}$$

$a_1=1$ より，これは $n=1$ のときも成立　　∴ $a_n=\dfrac{3^n-1}{2}$

（2）$a_{n+1}-a_n=3^{n+1}$ より $n\geqq 2$ のとき

$$a_n=a_1+\sum_{k=1}^{n-1}3^{k+1}$$
$$=1+\frac{9(3^{n-1}-1)}{3-1}=\frac{3^{n+1}-7}{2}$$

$a_1=1$ より，これは $n=1$ のときも成立　　∴ $a_n=\dfrac{3^{n+1}-7}{2}$

iii) 数列 $\{a_n\}$ の初項が $a_1$ ではなく $a_0$ である場合もある。

等差数列（初項 $a$，公差 $d$）

$n=1,2,3,\cdots\cdots$ の場合       $n=0,1,2,\cdots\cdots$ の場合

$\quad a_n=a+(n-1)d$        $\quad a_n=a+nd$

等比数列（初項 $a$，公比 $r$）

$n=1,2,3,\cdots\cdots$ の場合       $n=0,1,2,\cdots\cdots$ の場合

$\quad a_n=ar^{n-1}$         $\quad a_n=ar^n$

$\longrightarrow$ 第1章　第1講

**練習 12**　一般項を求めよ。

(1) $a_0=2$，$a_{n+1}=2a_n+1$　$(n=0,1,2,\cdots\cdots)$

(2) $a_0=0$，$a_1=1$，$a_n-2a_{n-1}-3a_{n-2}=0$　$(n=2,3,4,\cdots\cdots)$

(3) $\begin{cases} a_0=p \\ b_0=q \end{cases}$，$\begin{cases} a_n=pa_{n-1}+qb_{n-1} \\ b_n=qa_{n-1}+pb_{n-1} \end{cases}$　（$p$，$q$ は定数；$n=1,2,3,\cdots\cdots$）

---

※例17　(1) $a_0=1$，$a_{n+1}-a_n=3^n$　$(n=0,1,2,\cdots\cdots)$

　　　　(2) $a_0=1$，$a_n-a_{n-1}=3^n$　$(n=1,2,3,\cdots\cdots)$　　　（→指南5）

〈解〉(1) $n\geqq 1$ のとき

$$a_n=a_0+\sum_{k=0}^{n-1}3^k \quad （または\quad a_0+\sum_{k=1}^{n}3^{k-1}）$$
$$=1+\frac{3^n-1}{3-1}=\frac{3^n+1}{2}$$

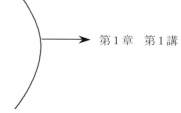

$a_0=1$ より，これは $n=0$ のときも成立

$\therefore\quad a_n=\dfrac{3^n+1}{2}$

(2) $n\geqq 1$ のとき

$$a_n=a_0+\sum_{k=0}^{n-1}3^{k+1} \quad （または\quad a_0+\sum_{k=1}^{n}3^k）$$
$$=1+\frac{3(3^n-1)}{3-1}=\frac{3^{n+1}-1}{2}$$

$a_0=1$ より，これは $n=0$ のときも成立

$\therefore\quad a_n=\dfrac{3^{n+1}-1}{2}$

## ※第3講　分数型・連立型の漸化式

連立型と分数型の漸化式の解法を考察しよう。（例10～12　参照）

○　連立型　　$\begin{cases} a_{n+1}=pa_n+qb_n \\ b_{n+1}=ra_n+sb_n \end{cases}$ の解法

例18　$\begin{cases} a_{n+1}=2a_n+4b_n \\ b_{n+1}=a_n-b_n \end{cases}$ , $\begin{cases} a_1=2 \\ b_1=1 \end{cases}$

［方針1］$\{a_n\}$ のみ（または $\{b_n\}$ のみ）の漸化式に直せばよい。

〈解1〉$\begin{cases} a_{n+1}=2a_n+4b_n & \cdots\cdots ① \\ b_{n+1}=a_n-b_n & \cdots\cdots ② \end{cases}$

② より
$\quad a_n=b_{n+1}+b_n \quad \cdots\cdots ②'$

① に代入して
$\quad b_{n+2}+b_{n+1}=2(b_{n+1}+b_n)+4b_n$

$\therefore\ b_{n+2}-b_{n+1}-6b_n=0$

また　$b_1=1$ , $b_2=a_1-b_1=1$

$b_{n+2}-3b_{n+1}=-2(b_{n+1}-3b_n)$ , $b_2-3b_1=-2$ より

$\{b_{n+1}-3b_n\}$ は初項 $-2$，公比 $-2$ の等比数列　$\therefore\ b_{n+1}-3b_n=(-2)^n \cdots\cdots ③$

$b_{n+2}+2b_{n+1}=3(b_{n+1}+2b_n)$ , $b_2+2b_1=3$ より

$\{b_{n+1}+2b_n\}$ は初項 3，公比 3 の等比数列　$b_{n+1}+2b_n=3^n \quad \cdots\cdots ④$

③④ より
$\quad b_n=\dfrac{1}{5}\{3^n-(-2)^n\}$

②' より
$\quad a_n=\dfrac{1}{5}\{3^{n+1}-(-2)^{n+1}+3^n-(-2)^n\}$
$\quad\quad =\dfrac{1}{5}\{3\cdot 3^n+2\cdot(-2)^n+3^n-(-2)^n\}$
$\quad\quad =\dfrac{1}{5}\{4\cdot 3^n+(-2)^n\}$

> **トラの巻**
>
> $\begin{cases} a_{n+1}=pa_n+qb_n \\ b_{n+1}=ra_n+sb_n \end{cases}$
>
> → $\{a_n\}$ だけの漸化式に直せ

注）ここの累乗の計算は慣れておくこと！

$3^{n+1}\pm 3^n \to$ 『**少ない方でくくれ！**』

$\to 3^{n+1}+3^n=3^n(3+1)=4\cdot 3^n$

$\quad\ 3^{n+1}-3^n=3^n(3-1)=2\cdot 3^n$

→ $3^n$ を1つの文字のように扱う

[方針2] $\{a_n+kb_n\}$（$k$ は定数）が等比数列にならないか？と考える。（→ 指南6）

$$\begin{aligned}a_{n+1}+kb_{n+1}&=(2a_n+4b_n)+k(a_n-b_n)\\&=(2+k)a_n+(4-k)b_n\\&=(2+k)(a_n+kb_n)\end{aligned}$$

となればよいので（公比 $2+k$ の等比数列）

$4-k=(2+k)k$ より $k^2+3k-4=0$

$(k-1)(k+4)=0$  ∴ $k=1,-4$

$k=1$ に対して $\{a_n+b_n\}$，$k=-4$ に対して $\{a_n-4b_n\}$ が等比数列になるはず。

以上を舞台裏として次のような別解ができる。

舞台裏の仕事さえキッチリ行えば〈解1〉より楽である。

〈解2〉 $\begin{cases}a_{n+1}=2a_n+4b_n & \cdots\cdots ①\\ b_{n+1}=a_n-b_n & \cdots\cdots ②\end{cases}$

① ② より

$a_{n+1}+b_{n+1}=3a_n+3b_n=3(a_n+b_n)$

$a_1+b_1=3$

∴ $\{a_n+b_n\}$ は初項 3，公比 3 の等比数列

∴ $a_n+b_n=3^n$ …… (イ)

また

$$\begin{aligned}a_{n+1}-4b_{n+1}&=(2a_n+4b_n)-4(a_n-b_n)\\&=-2a_n+8b_n\\&=-2(a_n-4b_n)\end{aligned}$$

$a_1-4b_1=-2$ より $\{a_n-4b_n\}$ は初項 $-2$，公比 $-2$ の等比数列

∴ $a_n-4b_n=(-2)^n$ …… (ロ)

(イ) (ロ) より

$a_n=\dfrac{1}{5}\{4\cdot 3^n+(-2)^n\}$, $b_n=\dfrac{1}{5}\{3^n-(-2)^n\}$

**トラの巻**

$\begin{cases}a_{n+1}=pa_n+qb_n\\ b_{n+1}=ra_n+sb_n\end{cases}$

→ $\{a_n+kb_n\}$ が等比数列となるように定数 $k$ を定める

注) 例10で，①+②，①-② としてうまくいった理由は同様の考察を行うと $k=\pm1$ となるからである。

例 19 $\begin{cases} a_{n+1} = a_n - 4b_n \\ b_{n+1} = a_n + 5b_n \end{cases}$, $a_1 = b_1 = 1$

$\{a_n + kb_n\}$ が等比数列となる定数 $k$ が 1 つしか見つからない場合は，例 18 のようにはうまくいかない．

〈解〉 $\begin{cases} a_{n+1} = a_n - 4b_n & \cdots\cdots ① \\ b_{n+1} = a_n + 5b_n & \cdots\cdots ② \end{cases}$

① ② より
$\begin{aligned} a_{n+1} + 2b_{n+1} &= a_n - 4b_n + 2(a_n + 5b_n) \\ &= 3a_n + 6b_n \\ &= 3(a_n + 2b_n) \end{aligned}$

$a_1 + 2b_1 = 3$

∴ $\{a_n + 2b_n\}$ は初項 3，公比 3 の等比数列

∴ $a_n + 2b_n = 3^n$

∴ $a_n = -2b_n + 3^n$ $\cdots\cdots ③$

〈舞台裏の仕事〉
$\begin{aligned} a_{n+1} + kb_{n+1} &= a_n - 4b_n + k(a_n + 5b_n) \\ &= (k+1)a_n + (5k-4)b_n \\ &= (k+1)(a_n + kb_n) \end{aligned}$

$k(k+1) = 5k - 4$
$k^2 - 4k + 4 = 0$
$(k-2)^2 = 0$
$k = 2 \ \to \ \{a_n + 2b_n\}$

③ を ② に代入
$b_{n+1} = 3b_n + 3^n$

両辺を $3^n$ で割ると
$\dfrac{b_{n+1}}{3^n} = \dfrac{b_n}{3^{n-1}} + 1$, $\dfrac{b_1}{3^0} = 1$

∴ $\left\{\dfrac{b_n}{3^{n-1}}\right\}$ は初項 1，公差 1 の等差数列

∴ $\dfrac{b_n}{3^{n-1}} = n$

∴ $b_n = n \cdot 3^{n-1}$ 　③ より $a_n = -2n \cdot 3^{n-1} + 3^n = (-2n + 3) \cdot 3^{n-1}$

∴ $a_n = (-2n + 3) \cdot 3^{n-1}$, $b_n = n \cdot 3^{n-1}$

注）例 18 の解 1 と同様に，隣接 3 項間の漸化式に帰着することもできる．$\{a_n + kb_n\}$ が等比数列となる定数 $k$ が 1 つしかない場合，得られる隣接 3 項間の特性方程式は重解をもつ．

**練習 13** 一般項を求めよ．

（1）$\begin{cases} a_{n+1} = a_n + 4b_n \\ b_{n+1} = a_n + b_n \end{cases}$, $\begin{cases} a_1 = 1 \\ b_1 = 1 \end{cases}$ 　（2）$\begin{cases} a_{n+1} = \dfrac{4a_n + b_n}{6} \\ b_{n+1} = \dfrac{-a_n + 2b_n}{6} \end{cases}$, $\begin{cases} a_1 = 1 \\ b_1 = -2 \end{cases}$

（→ 基本反復練習 9）

## 第2章 漸化式

○ 分数型 $a_{n+1} = \dfrac{pa_n + q}{ra_n + s}$ の解法

例20 $a_{n+1} = \dfrac{2a_n + 6}{a_n + 1}$, $a_1 = 2$

**トラの巻**

$$a_{n+1} = \dfrac{pa_n + q}{ra_n + s}$$

$x = \dfrac{px + q}{rx + s}$ の2解を $\alpha, \beta$

$\to b_n = \dfrac{a_n - \alpha}{a_n - \beta}$ とおけ

☆ 右のトラの巻に従って

$x = \dfrac{2x + 6}{x + 1}$ を解くと $x = -2, 3$

$\to b_n = \dfrac{a_n + 2}{a_n - 3}$ とおく。($b_n = \dfrac{a_n - 3}{a_n + 2}$ でも構わない)

〈解〉 $b_n = \dfrac{a_n + 2}{a_n - 3}$ ……① とおくと

$$b_{n+1} = \dfrac{a_{n+1} + 2}{a_{n+1} - 3} = \dfrac{\dfrac{2a_n + 6}{a_n + 1} + 2}{\dfrac{2a_n + 6}{a_n + 1} - 3} = \dfrac{2a_n + 6 + 2(a_n + 1)}{2a_n + 6 - 3(a_n + 1)}$$

$$= \dfrac{4a_n + 8}{-a_n + 3} = \dfrac{4(a_n + 2)}{-(a_n - 3)} = -4b_n$$

$b_1 = \dfrac{a_1 + 2}{a_1 - 3} = -4$ より $\{b_n\}$ は初項、公比ともに $-4$ の等比数列

$\therefore\ b_n = (-4)^n$

① より $b_n(a_n - 3) = a_n + 2$ $\therefore\ a_n(b_n - 1) = 3b_n + 2$

$\therefore\ a_n = \dfrac{3b_n + 2}{b_n - 1} = \dfrac{3 \cdot (-4)^n + 2}{(-4)^n - 1}$

$\longrightarrow$ $b_n$ のまま $a_n$ について解き、その式に $b_n = (-4)^n$ を代入するのがよい。

注) $b_n = \dfrac{1}{a_n - 3}$ とおくと

$$b_{n+1} = \dfrac{1}{\dfrac{2a_n + 6}{a_n + 1} - 3} = \dfrac{-a_n - 1}{a_n - 3} = \dfrac{-(a_n - 3) - 4}{a_n - 3} = \dfrac{-4}{a_n - 3} - 1 = -4b_n - 1$$

(→ はしがき参照)

$b_1 = -1$

これらの関係から $b_n$, $a_n$ を求めることもできる。$b_n = \dfrac{1}{a_n + 2}$ としても同様。

例21  $a_{n+1} = \dfrac{a_n - 4}{a_n - 3}$ ,  $a_1 = 1$

☆  $x = \dfrac{x-4}{x-3}$  より $(x-2)^2 = 0$

∴  $x = 2$ （重解）

→ $b_n = \dfrac{1}{a_n - 2}$

〈解〉 $b_n = \dfrac{1}{a_n - 2}$ ……① とおくと

$b_{n+1} = \dfrac{1}{a_{n+1} - 2} = \dfrac{1}{\dfrac{a_n - 4}{a_n - 3} - 2}$

$= \dfrac{-a_n + 3}{a_n - 2} = \dfrac{-(a_n - 2) + 1}{a_n - 2}$

$= -1 + \dfrac{1}{a_n - 2} = b_n - 1$

$b_1 = -1$ より $\{b_n\}$ は初項 $-1$，公差 $-1$ の等差数列

∴  $b_n = -n$

① より $a_n = \dfrac{2b_n + 1}{b_n} = \dfrac{-2n + 1}{-n} = \dfrac{2n - 1}{n}$

注） $b_n = \dfrac{1}{2 - a_n}$ とおいてもよい。

### トラの巻

$a_{n+1} = \dfrac{pa_n + q}{ra_n + s}$

$x = \dfrac{px + q}{rx + s}$ が重解 $\alpha$ をもつとき

→ $b_n = \dfrac{1}{a_n - \alpha}$ とおけ

**練習 14**  一般項を求めよ。

（1） $a_1 = 4$ ,  $a_{n+1} = \dfrac{4a_n + 3}{a_n + 2}$    ［弘前大］

（2） $a_1 = \dfrac{3}{2}$ ,  $a_{n+1} = \dfrac{5a_n - 1}{4a_n + 1}$

(→ 基本反復練習 10)

例 20, 21 の結果を整理しておこう。

$$a_{n+1} = \frac{pa_n + q}{ra_n + s}$$ の特性方程式 $x = \frac{px + q}{rx + s}$ が

ⅰ) 2 解 $\alpha$, $\beta$ をもつとき

$b_n = \dfrac{a_n - \alpha}{a_n - \beta}$ とおくと $\{b_n\}$ が等比数列……（＊）

ⅱ) 重解 $\alpha$ をもつとき

$b_n = \dfrac{1}{a_n - \alpha}$ とおくと $\{b_n\}$ が等差数列……（＊＊）

また、例 20 の注）の結果は

$b_n = \dfrac{1}{a_n - \alpha}$ とおくと $\{b_n\}$ が $b_{n+1} = Pb_n + Q$ の形 ……（＊＊＊）

（$\alpha$ が重解のときは $P = 1$）
となることを示している。

例 11 で逆数をとってウマクいったのは，特性方程式が 0 を解に持つ場合で
$b_n = \dfrac{1}{a_n - 0}$ が $b_{n+1} = Pb_n + Q$ の形になったのである。

（＊）（＊＊）（＊＊＊）の証明は省略するが，ここまで漸化式の学習を進めてきた諸君なら自力で証明が可能であろう。

## ※第4講　一歩進めた考察

さらに，漸化式の学習を深めよう。

**例22** $a_{n+2}-3a_{n+1}+2a_n=1$ , $a_1=0$ , $a_2=1$

☆ 階差数列を考えると有効なことが多い。

$b_n=a_{n+1}-a_n$ とおくと（→ 数列 $\{b_n\}$ は数列 $\{a_n\}$ の階差数列）

$$b_{n+1}=(3a_{n+1}-2a_n+1)-a_{n+1}$$
$$=2(a_{n+1}-a_n)+1$$
$$=2b_n+1$$

$b_1=a_2-a_1=1$

∴ $b_{n+1}+1=2(b_n+1)$ , $b_1+1=2$ より，数列 $\{b_n+1\}$ は初項 $2$ ，公比 $2$ の等比数列。

$b_n+1=2^n$ より, $b_n=2^n-1$

よって, $n \geqq 2$ のとき

$$a_n=a_1+\sum_{k=1}^{n-1}(2^k-1)$$
$$=0+\frac{2(2^{n-1}-1)}{2-1}-(n-1)$$
$$=2^n-n-1$$

この結果は, $n=1$ のときも成立。

∴ $a_n=2^n-n-1$

**例23** $a_{n+2}-a_{n+1}-2a_n=2$ , $a_1=1$ , $a_2=2$

☆ 『似た問題 → 同じように試してみよう！』

右辺が $0$ の場合，すなわち $a_{n+2}-a_{n+1}-2a_n=0$ の場合は

特性方程式 $x^2-x-2=0$ を解いて $\{a_{n+1}+a_n\}$ , $\{a_{n+1}-2a_n\}$ を考えた。

〈解〉 $a_{n+2}+a_{n+1}=(a_{n+1}+2a_n+2)+a_{n+1}$
$\qquad\qquad =2(a_{n+1}+a_n)+2$

∴ $b_n=a_{n+1}+a_n$ とおくと

$b_{n+1}=2b_n+2$ , $b_1=a_2+a_1=3$

∴ $b_{n+1}+2=2(b_n+2)$ , $b_1+2=5$

∴ $\{b_n+2\}$ は初項 $5$ ，公比 $2$ の等比数列　　∴ $b_n+2=5 \cdot 2^{n-1}$

∴ $b_n=5 \cdot 2^{n-1}-2$ ……①

また $a_{n+2}-2a_{n+1}=(a_{n+1}+2a_n+2)-2a_{n+1}$
$\qquad\qquad\qquad =-(a_{n+1}-2a_n)+2$

∴ $c_n=a_{n+1}-2a_n$ とおくと

$c_{n+1}=-c_n+2$ , $c_1=a_2-2a_1=0$

∴ $c_{n+1}-1=-(c_n-1)$ , $c_1-1=-1$

∴ $\{c_n-1\}$ は初項，公比ともに $-1$ の等比数列  ∴ $c_n-1=(-1)^n$

∴ $c_n=(-1)^n+1$ ……②

①②より

$a_{n+1}+a_n=5\cdot 2^{n-1}-2$

$a_{n+1}-2a_n=(-1)^n+1$

∴ $a_n=\dfrac{1}{3}\{5\cdot 2^{n-1}+(-1)^{n-1}-3\}$

注）例22について，同様の考察をしてみるとよい。

〈別解〉 $x-x-2x=2$ とおくと $x=-1$

$a_{n+2}-a_{n+1}-2a_n=2$ ……①

$x\ \ -x\ \ -2x\ =2$ ……②

①－②より

$(a_{n+2}+1)-(a_{n+1}+1)-2(a_n+1)=0$

$a_n+1=b_n$ とおくと

$b_{n+2}-b_{n+1}-2b_n=0$ , $b_1=2$ , $b_2=3$ ……（＊）

$b_{n+2}+b_{n+1}=2(b_{n+1}+b_n)$ , $b_2+b_1=5$ より

$\{b_{n+1}+b_n\}$ は初項 $5$，公比 $2$ の等比数列  ∴ $b_{n+1}+b_n=5\cdot 2^{n-1}$ ……③

$b_{n+2}-2b_{n+1}=-(b_{n+1}-2b_n)$ , $b_2-2b_1=-1$ より

$\{b_{n+1}-2b_n\}$ は初項，公比ともに $-1$ の等比数列  ∴ $b_{n+1}-2b_n=(-1)^n$ ……④

③④より

$b_n=\dfrac{1}{3}\{5\cdot 2^{n-1}+(-1)^{n-1}\}$

∴ $a_n=\dfrac{1}{3}\{5\cdot 2^{n-1}+(-1)^{n-1}\}-1$

---

**トラの巻**

$$a_{n+2}+pa_{n+1}+qa_n=r$$

ⅰ) $1+p+q=0$ の場合
 → 階差数列を考えよ。

ⅱ) $1+p+q\neq 0$ の場合
 $x+px+qx=r$ を満たす $x$ に対して，数列 $\{a_n-x\}$ を考えよ。

ⅲ) $a_{n+2}+pa_{n+1}+qa_n=0$ の特性解 $\alpha$，$\beta$ に対し，数列 $\{a_{n+1}-\alpha a_n\}$，$\{a_{n+1}-\beta a_n\}$ を考える。

注）（*）までの解答は

「$a_n+1=b_n$ とおくと $a_n=b_n-1$

　これを $a_{n+2}-a_{n+1}-2a_n=2$ に代入して
　　　$(b_{n+2}-1)-(b_{n+1}-1)-2(b_n-1)=2$
　$\therefore\ b_{n+2}-b_{n+1}-2b_n=0$　」

としてもよい。（$x-x-2x=2$ をみたす $x$ に対し $\{a_n-x\}$ を考える）

**練習 15**　一般項を求めよ。
（1）$a_{n+1}=3a_n+2b_n+1$，$b_{n+1}=2a_n+3b_n-1$，$a_1=3$，$b_1=2$
（2）$a_{n+2}+a_{n+1}+4=6a_n$，$a_1=1$，$a_2=6$
（3）$a_{n+2}+a_{n+1}-2a_n=1$，$a_1=0$，$a_2=3$
（4）$a_{n+2}=\dfrac{a_n a_{n+1}}{2a_n-a_{n+1}+2a_n a_{n+1}}$，$a_1=\dfrac{1}{2}$，$a_2=\dfrac{1}{3}$

ここで，例 23〈別解〉の発想について考察しよう。
一般に，漸化式解法のちょっと高級なテクニックとして

　　『与漸化式を満たす 1 つの解 $x_n$ を見つけて数列 $\{a_n-x_n\}$ を考える』

という方法がある（ここで $x_n$ は漸化式だけ満たせばよく，初期条件を満たす必要はない）。
このとき，$\{a_n-x_n\}$ は元の数列 $\{a_n\}$ と較べて簡単になることが多い。
漸化式 $a_{n+2}-a_{n+1}-2a_n=2$ を満たす $x_n$ として，最も簡単な $x_n=x$（定数列）を考えると
$x-x-2x=2$ より $x=-1$ を得る。
従って $\{a_n+1\}$ を考えてみよう，ということになる。
$x_n$ を見つける方法は偶然でも何でもよい。とにかく，与漸化式を満たす数列を 1 つ見つければよいのである。

この発想で今までの漸化式の解法を振り返ってみる。
$a_{n+1}=pa_n+q_n$ のタイプの漸化式（第 1 − 3 講参照）を考察しよう。

例 24（例 8 再考）$a_{n+1}=3a_n+2n+1$ ，$a_1=1$

　$a_{n+1}=3a_n+2n+1$ を満たす $x_n$ として $x_n=x$（定数）では該当するものは見つからない。そこで $n$ の 1 次式で探してみよう。$x_n=an+b$ とおくと
$x_{n+1}=3x_n+2n+1$ より $a(n+1)+b=3(an+b)+2n+1$
$n$ について整理して　$an+(a+b)=(3a+2)n+(3b+1)$

係数を比較して $a=3a+2$,$a+b=3b+1$ より $a=b=-1$ を得るので $x_n=-n-1$ に対し $\{a_n-x_n\}$ を考えると数列 $\{a_n+n+1\}$ が浮かんでくる。

〈解〉 $b_n=a_n+n+1$ とおくと
$$\begin{aligned}b_{n+1}&=a_{n+1}+n+2\\&=(3a_n+2n+1)+n+2\\&=3a_n+3n+3\\&=3(a_n+n+1)\\&=3b_n\end{aligned}$$

注) $a_n=b_n-n-1$ を与漸化式に代入して
$b_{n+1}-(n+1)-1=3(b_n-n-1)+2n+1$
これを計算して,$b_{n+1}=3b_n$ としてもよい。

$b_1=a_1+1+1=3$ より $\{b_n\}$ は初項 3,公比 3 の等比数列 ∴ $b_n=3^n$

$a_n+n+1=3^n$ より $a_n=3^n-n-1$

解答の書き方として,いきなり

「与漸化式を変形して $a_{n+1}+n+2=3(a_n+n+1)$」

とやって「計算すると正しいでしょ?」と開き直る手もある。この種の変形に慣れておくと短時間で正解が出せるが,まあ,ほどほどに。

問題文に誘導がついている場合も多い。

**練習 16** 次の条件で定まる数列 $\{a_n\}$ について,以下の問いに答えよ。
$a_1=3$,$a_{n+1}=3a_n+2n+3$
(1) $b_n=a_n+n+2$ ($n=1,2,3,\cdots\cdots$) で定める数列 $\{b_n\}$ は等比数列となることを示せ。
(2) 数列 $\{a_n\}$ の一般項を求めよ。
(3) 数列 $\{a_n\}$ の初項から第 $n$ 項までの和を求めよ。　　　　　　　　　　　　[岐阜大]

**練習 17** 例 23 〈別解〉の方法で,一般項を求めよ。
(1) $a_1=1$,$a_{n+1}=2a_n+n-1$　　(2) $a_1=10$,$a_{n+1}=3a_n-8n-4$

例 9 (p.64) では定数でも 1 次式でも与漸化式を満たすものが見つからないので
$x_n=an^2+bn+c$ として探せばよい。

**練習 18** 例 23 〈別解〉の方法で,例 9 を解け。

例25（例6再考） $a_{n+1}=3a_n+2\cdot 4^n$ ， $a_1=1$

$a_{n+1}=3a_n+2\cdot 4^n$ を満たす $x_n$ として、$x_n=A\cdot 4^n$ （$A$ は定数）とおくと
$A\cdot 4^{n+1}=3\cdot A\cdot 4^n+2\cdot 4^n$ 　両辺を $4^n$ で割って $A$ を求めると $A=2$
$a_n-x_n=a_n-2\cdot 4^n$ を考えればうまくいくはず。

〈解〉 $b_n=a_n-2\cdot 4^n$ とおくと
$$\begin{aligned}b_{n+1}&=a_{n+1}-2\cdot 4^{n+1}\\&=(3a_n+2\cdot 4^n)-2\cdot 4^{n+1}\\&=3a_n-6\cdot 4^n\\&=3(a_n-2\cdot 4^n)\\&=3b_n\end{aligned}$$
$b_1=a_1-2\cdot 4=-7$ より $\{b_n\}$ は初項 $-7$，公比 $3$ の等比数列
∴　$b_n=-7\cdot 3^{n-1}$
∴　$a_n=2\cdot 4^n+b_n=2\cdot 4^n-7\cdot 3^{n-1}$ 　　　　　　　（→ 基本反復練習3番（1））

例5（p.58）では $x_n=A\cdot 3^n+B$ とすればよい。（→ 指南7）

**練習 19** 数列 $\{a_n\}$ を $a_1=0$，$a_{n+1}=4a_n-2^{n+1}$ （$n=1,2,3,\cdots\cdots$）で定義する。
（1） $a_2$，$a_3$ を求めよ。
（2） $b_n=a_n-2^n$ とするとき，$b_{n+1}$ を $b_n$ で表せ。
（3） 数列 $\{a_n\}$ の一般項を求めよ。　　　　　　　　　　　　　　　　　　　　　［龍谷大］

**練習 20** 例23〈別解〉の方法で，練習3を解け。

**練習 21** 一般項を求めよ。
　$a_1=2$，$a_{n+1}=2a_n+n\cdot 3^n$

ここで，最初に学習した隣接2項間の漸化式 $a_{n+1}=pa_n+q$ を改めて考えてみる。
$a_{n+1}=pa_n+q$ を満たす定数列を $x=px+q$ から求めて数列 $\{a_n-x\}$ を考えたのだ。
我々は，ここまで来て隣接2項間 $a_{n+1}=pa_n+q$ の特性方程式およびその解法の意味を明確にとらえることができたのである。

86　第2章　漸化式

ここまでのまとめとして，次の入試問題について考えよう。

> 数列 $\{a_n\}$ は
> $$a_1=0,\ a_2=4,\ a_{n+2}=5a_{n+1}-6a_n+3^n\ (n=1,2,3,\cdots)$$
> を満たすとする。さらに，$b_n=a_{n+1}-3a_n$ とおく。
> (1) $c_n=b_n-3^n$ とおくとき，$c_{n+1}$ を $c_n$ を用いて表せ。また，数列 $\{c_n\}$ および $\{b_n\}$ の一般項を求めよ。
> (2) $d_n=\dfrac{a_n}{3^{n-1}}$ とおくとき，$d_{n+1}$ を $d_n$ を用いて表せ。また，数列 $\{d_n\}$ および $\{a_n\}$ の一般項を求めよ。
> 　　　　　　　　　　　　　　　　　　　　　　　　　　　　　　　[室蘭工大]

誘導に従って，正解

(1) $c_{n+1}=2c_n$, $c_n=2^{n-1}$, $b_n=2^{n-1}+3^n$

(2) $d_{n+1}=d_n+\dfrac{1}{3}\cdot\left(\dfrac{2}{3}\right)^{n-1}+1$, $d_n=n-\left(\dfrac{2}{3}\right)^{n-1}$, $a_n=n\cdot3^{n-1}-2^{n-1}$

を得るのは諸君に任せるが，3つの誘導

$$b_n=a_{n+1}-3a_n\ \cdots\cdots\ (A)$$
$$c_n=b_n-3^n\ \ \ \ \cdots\cdots\ (B)$$
$$d_n=\dfrac{a_n}{3^{n-1}}\ \ \ \ \cdots\cdots\ (C)$$

について考察してみよう。

$$\boxed{a_1=0,\ a_2=4,\ a_{n+2}=5a_{n+1}-6a_n+3^n}\ \cdots\cdots\ (イ)$$

例23と同様に，$x^2-5x+6=0$ を解くと $x=2,3$ となるので，2つの数列 $\{a_{n+1}-2a_n\}$，$\{a_{n+1}-3a_n\}$（のうち一方）を考えるというのが誘導 (A) の意味である。

(イ) より
$$a_{n+2}-3a_{n+1}=2(a_{n+1}-3a_n)+3^n$$
∴ $b_n=a_{n+1}-3a_n$ とおくと

$$\boxed{b_1=4,\ b_{n+1}=2b_n+3^n}\ \cdots\cdots\ (ロ)$$

(ロ) を解くには

ⅰ) 両辺を $2^{n+1}$ で割る（または $2^n$ で割る）

ⅱ) 両辺を $3^{n+1}$ で割る（または $3^n$ で割る）

iii) $x_{n+1}=2x_n+3^n$ を満たす数列 $\{x_n\}$ （この場合は $x_n=3^n$）をみつけて，数列 $\{b_n-x_n\}$ を考える

という，3通りの解法が考えられるが，誘導（B）は解法 iii）を意味する。

$$\begin{array}{r}b_{n+1}=2b_n+3^n \\ -)\underline{\phantom{b_{n+1}=}3^{n+1}=2\cdot 3^n+3^n} \\ b_{n+1}-3^{n+1}=2(b_n-3^n)\end{array}$$

$b_1-3=1$ より　$b_n-3^n=2^{n-1}$　　∴　$b_n=2^{n-1}+3^n$

すなわち

$$\boxed{a_{n+1}-3a_n=2^{n-1}+3^n}\ \cdots\cdots\text{（ハ）}$$

次に，数列 $\{a_{n+1}-2a_n\}$ を考えればよいのだが，（ハ）単独から $a_n$ を求めようというのが，誘導（C）の意味である。（p.58 例5参照）

さて，$e_n=a_{n+1}-2a_n$ とおくと，（イ）より $e_1=a_2-2a_1=4$

$$a_{n+2}-2a_{n+1}=3(a_{n+1}-2a_n)+3^n$$

∴　$e_{n+1}=3e_n+3^n$

両辺を $3^n$ で割ると

$$\frac{e_{n+1}}{3^n}=\frac{e_n}{3^{n-1}}+1\ ,\ \frac{e_1}{3^0}=4$$

従って，数列 $\left\{\dfrac{e_n}{3^{n-1}}\right\}$ は初項 4，公差 1 の等差数列

∴　$\dfrac{e_n}{3^{n-1}}=4+(n-1)=n+3$　　　∴　$e_n=n\cdot 3^{n-1}+3^n$

すなわち

$$\boxed{a_{n+1}-2a_n=n\cdot 3^{n-1}+3^n}\ \cdots\cdots\text{（ニ）}$$

（ハ）と（ニ）より

$$a_n=n\cdot 3^{n-1}-2^{n-1}$$

を得る。

## ○ 漸化式とグラフ

漸化式 $a_{n+1}=f(a_n)$ を $y=f(x)$ のグラフを用いて考察しよう。

例えば $a_{n+1}=\dfrac{1}{2}a_n+3$ について

$y=\dfrac{1}{2}x+3$ のグラフをかき，$a_1$ を $x$ 軸上にとると，図1のように $a_2$ は対応する $y$ 軸上に図示される。

図2のように $y=x$ のグラフを追加すると $a_2$ を $x$ 軸上に図示することができる。

以下同様に操作を続けると，$a_3$，$a_4$，……が $x$ 軸上に図示され，$\{a_n\}$ の項が次第にグラフの交点の $x$ 座標6に近づいていく様子が見てとれる。
（図3）

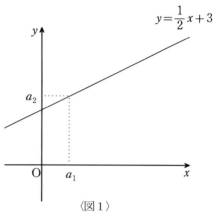

〈図1〉

図4では $a_{n+1}=\dfrac{4a_n-1}{3}$ の各項が図示されている。$a_1>1$ の場合，$\{a_n\}$ の項がいくらでも大きくなっていくのがわかるだろう。

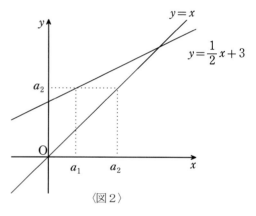

〈図2〉

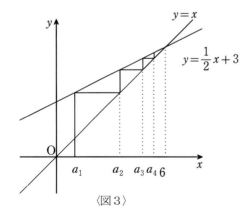

〈図3〉

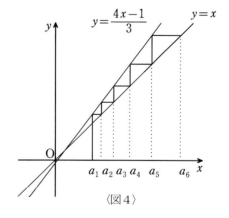

〈図4〉

図5では $a_{n+1}=\dfrac{5-2a_n}{3}$ の各項が $x$ 軸上に図示されている。一般項は増えたり減ったりを交互に繰り返しながら1に近づいていく。

また $a_{n+1}=\log_3 a_n + 2$ という漸化式で定められる数列 $\{a_n\}$ では、一般項を簡単な式で表すことはできないが、図6から初項 $a_1$ が図のような位置にある場合、一般項がだんだん3に近づいていくことがわかる。

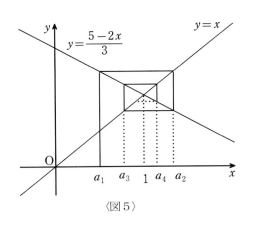
〈図5〉

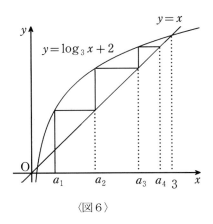
〈図6〉

**練習22** 次の条件によって数列 $\{a_n\}$ が定められているとき，$n$ がどんどん大きくなっていくと，一般項 $a_n$ はどうなるか。グラフを用いて考察せよ。

(1) $a_{n+1}=\dfrac{2}{a_n}+1$，$a_1=1$

(2) $a_{n+1}=\dfrac{a_n{}^2+2}{3}$

　(イ) $1<a_1<2$ の場合

　(ロ) $a_1>2$ の場合

## 第5講　漸化式を解かずに解く問題

漸化式の解法を詳しく学習してきたが，一般項を求めずに解くべき問題もある。

---
**例26**　数列 $\{a_n\}$, $\{b_n\}$, $\{c_n\}$ を $a_1=3$, $b_1=8$, $c_1=24$ と関係式
$$\begin{cases} a_{n+1}=2a_n+b_n \\ b_{n+1}=4b_n+c_n \quad (n=1,2,3,\cdots\cdots) \text{ で定める。} \\ c_{n+1}=8c_n \end{cases}$$
(1) $b_n$ を $n$ の式で表せ。
(2) $a_{n+3}-a_n$ は 7 で割り切れることを示し，$a_n$ が 7 で割り切れるための $n$ の条件を求めよ。

[横浜国大]

---

(1) $c_1=24$, $c_{n+1}=8c_n$ より $\{c_n\}$ は初項 24，公比 8 の等比数列

∴ $c_n=24\cdot 8^{n-1}=3\cdot 8^n$

∴ $b_{n+1}=4b_n+3\cdot 8^n$

両辺を $8^{n+1}$ で割ると

$$\frac{b_{n+1}}{8^{n+1}}=\frac{4b_n}{8^{n+1}}+\frac{3}{8}$$
$$=\frac{1}{2}\cdot\frac{b_n}{8^n}+\frac{3}{8}$$

$\dfrac{b_n}{8^n}=p_n$ とおくと

$$p_{n+1}=\frac{1}{2}p_n+\frac{3}{8}, \quad p_1=\frac{b_1}{8}=1$$

$p_{n+1}-\dfrac{3}{4}=\dfrac{1}{2}\left(p_n-\dfrac{3}{4}\right)$, $p_1-\dfrac{3}{4}=\dfrac{1}{4}$ より

$$p_n-\frac{3}{4}=\frac{1}{4}\cdot\left(\frac{1}{2}\right)^{n-1}$$

∴ $p_n=\dfrac{1}{4}\left\{\left(\dfrac{1}{2}\right)^{n-1}+3\right\}$

∴ $b_n=8^n p_n$
$$=2^{3n-2}\cdot\left(\frac{1}{2^{n-1}}+3\right)$$
$$=2^{2n-1}+3\cdot 2^{3n-2}$$

（2） $a_{n+3} = 2a_{n+2} + b_{n+2}$
　　　　$= 2(2a_{n+1} + b_{n+1}) + (4b_{n+1} + c_{n+1})$
　　　　$= 4a_{n+1} + 6b_{n+1} + c_{n+1}$
　　　　$= 4(2a_n + b_n) + 6(4b_n + c_n) + 8c_n$
　　　　$= 8a_n + 28b_n + 14c_n$

∴　$a_{n+3} - a_n = 7a_n + 28b_n + 14c_n$
　　　　　　　　$= 7(a_n + 4b_n + 2c_n)$

従って，$a_{n+3}$ と $a_n$ を 7 で割ったときの余りは等しい。

　$a_1 = 3$
　$a_2 = 2a_1 + b_1 = 6 + 8 = 14 = 7 \cdot 2$
　$b_2 = 2^3 + 3 \cdot 2^4 = 56$ より
　$a_3 = 2a_2 + b_2 = 28 + 56 = 84 = 7 \cdot 12$

従って，求める条件は $k$ を自然数として
　$n = 3k - 1,\ 3k$

注）$b_n = 2^{2n-1} + 3 \cdot 2^{3n-2}$ より
　　$a_{n+1} = 2a_n + 2^{2n-1} + 3 \cdot 2^{3n-2}$
この漸化式から $\{a_n\}$ の一般項を求めることが出来るが，少々メンドウ。
そこで，
「解かずに済ませられないか？」
と考えてみる。

〈参考〉数列 $\{a_n\}$ の一般項は $a_n = 2^{n-1} + 4^{n-1} + 8^{n-1}$ となる。

**練習 23**　数列 $\{a_n\}$ が $a_1 = \dfrac{1}{2}$，$a_{n+1} = \dfrac{1}{1-a_n}$ で定められるとき，$\displaystyle\sum_{k=1}^{100} a_k$ を求めよ。

**練習 24**　数列 $\{a_n\}$，$\{b_n\}$，$\{c_n\}$ を
　$a_1 = 2$，$a_{n+1} = 4a_n$
　$b_1 = 3$，$b_{n+1} = b_n + 2a_n$
　$c_1 = 4$，$c_{n+1} = \dfrac{c_n}{4} + a_n + b_n$

と順に定める。放物線 $y = a_n x^2 + 2b_n x + c_n$ を $H_n$ とする。

（1）$H_n$ は $x$ 軸と 2 点で交わることを示せ。

（2）$H_n$ と $x$ 軸の交点を $P_n$，$Q_n$ とする。$\displaystyle\sum_{k=1}^{n} P_k Q_k$ を求めよ。　　　　［一橋大］

○ 漸化式と極限（数III）

漸化式と極限に関する問題の多くは，一般項を求めてから極限を考える形をとるが，この場合，一般項を求めることが問題の中心となる。従って，一般項を求める練習を学習の中心におけばよいが，次のように，一般項を求めずに数列の極限を求める問題もあるので要注意。

> **例 27** 関数 $f(x) = 4x - x^2$ に対し，数列 $\{a_n\}$ を
> $$a_1 = c, \quad a_{n+1} = \sqrt{f(a_n)} \quad (n=1,2,3,\cdots\cdots)$$
> で与える。ただし，$c$ は $0 < c < 2$ を満たす定数である。
> (1) $a_n < 2$, $a_n < a_{n+1}$ $(n=1,2,3,\cdots\cdots)$ を示せ。
> (2) $2 - a_{n+1} < \dfrac{2-c}{2}(2 - a_n)$ $(n=1,2,3,\cdots\cdots)$ を示せ。
> (3) $\displaystyle\lim_{n\to\infty} a_n$ を求めよ。　　　　　　　　　　　　　　　　　　　［東北大］

(1) まず，$0 < a_n < 2$ ……（＊）を数学的帰納法で証明する。
 i) $n = 1$ のとき
　　$a_1 = c$，$0 < c < 2$ より（＊）は $n = 1$ のとき成立
 ii) $n = k$ のとき，（＊）が成立すると仮定すると
　　$0 < a_k < 2$
　このとき，$y = f(x)$ のグラフから $0 < f(a_k) < 4$
　∴ $a_{k+1} = \sqrt{f(a_k)}$ より $0 < a_{k+1} < 2$
 ∴ （＊）は $n = k+1$ のときも成立
 i) ii) より，任意の自然数 $n$ に対して（＊）は成立
次に
$$\begin{aligned}
a_{n+1} - a_n &= \sqrt{4a_n - a_n^2} - a_n \\
&= \frac{(4a_n - a_n^2) - a_n^2}{\sqrt{4a_n - a_n^2} + a_n} \\
&= \frac{2a_n(2 - a_n)}{\sqrt{4a_n - a_n^2} + a_n} > 0 \quad (\because\ 0 < a_n < 2)
\end{aligned}$$
∴ $a_n < a_{n+1}$

注）（＊）で問題で要求されている「$a_n < 2$」ではなく「$0 < a_n < 2$」としたのは，$a_n < a_{n+1}$ の証明中で「$2a_n(2 - a_n) > 0$」を示す必要があったからである。

(2) $2 - a_{n+1} = 2 - \sqrt{4a_n - a_n^2}$
$= \dfrac{4 - 4a_n + a_n^2}{2 + \sqrt{4a_n - a_n^2}}$
$= \dfrac{2 - a_n}{2 + \sqrt{4a_n - a_n^2}} \cdot (2 - a_n)$ ……①

ここで, $0 < a_n < 2$ より $\sqrt{4a_n - a_n^2} > 0$

∴ $2 + \sqrt{4a_n - a_n^2} > 2$ ……②

また, $c = a_1 < a_2 < a_3 < \cdots\cdots < a_n < 2$ より

$2 - a_n < 2 - c$ ……③

②③ より

$\dfrac{2 - a_n}{2 + \sqrt{4a_n - a_n^2}} < \dfrac{2 - c}{2}$

よって ① より

$2 - a_{n+1} < \dfrac{2 - c}{2} \cdot (2 - a_n)$

証明すべき不等式は

$2 - a_{n+1} < \dfrac{2 - c}{2} \cdot (2 - a_n)$

従って,

$\dfrac{2 - a_n}{2 + \sqrt{4a_n - a_n^2}} < \boxed{\phantom{xx}}$

という形の不等式が欲しい。
分数の値を大きくしたいのだから

　分子を大きく
　分母を小さく

すればよい。（「分母分子が共に正」に注意）

$2 - a_n < \boxed{\phantom{xx}}$
$2 + \sqrt{4a_n - a_n^2} > \boxed{\phantom{xx}}$

という形の不等式を作ることを意識すれば，左の解答が理解し易いだろう。

(3) (1) (2) より

$0 < 2 - a_n < \dfrac{2-c}{2} \cdot (2 - a_{n-1}) < \left(\dfrac{2-c}{2}\right)^2 \cdot (2 - a_{n-2}) < \cdots\cdots < \left(\dfrac{2-c}{2}\right)^{n-1} \cdot (2 - a_1)$

∴ $0 < 2 - a_n < \left(\dfrac{2-c}{2}\right)^{n-1} (2 - a_1)$

$0 < c < 2$ より $0 < \dfrac{2-c}{2} < 1$

∴ $\displaystyle\lim_{n\to\infty} \left(\dfrac{2-c}{2}\right)^{n-1} (2 - a_1) = 0$

はさみうちの原理より

$\displaystyle\lim_{n\to\infty}(2 - a_n) = 0$ 　　∴ $\displaystyle\lim_{n\to\infty} a_n = 2$

注) 一般に

$\displaystyle\lim_{n\to\infty} a_n = \alpha \iff \lim_{n\to\infty} |a_n - \alpha| = 0$

が成り立つ。

〈考察1〉 グラフによる考察

$y=\sqrt{4x-x^2}$ のグラフは，実数条件（$4x-x^2\geqq 0$ より $0\leqq x\leqq 4$）と $y\geqq 0$ に注意して両辺を2乗すると

$y^2=4x-x^2$ ∴ $(x-2)^2+y^2=4$

従って，中心 $(2,0)$ 半径2の円の $y\geqq 0$ の部分（半円）である。

右図より，本問の結論

「$0<a_n<2$，$a_n<a_{n+1}$，$\lim_{n\to\infty}a_n=2$」

は明らかである。

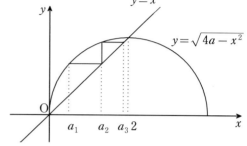

このまま答案にするのは何ともいえないが，グラフによる考察は問題の見通しを立てるのに役立つ。

〈考察2〉「上に有界な単調増加数列は収束する」という定理（→指南8）を用いて（3）の結論を導き出すこともできる。

（1）より $0<a_n<2$，$a_n<a_{n+1}$

従って $\{a_n\}$ は上に有界な単調増加数列だから収束する。

極限値を $\alpha$ とすると

$a_{n+1}=\sqrt{4a_n-a_n^2}$ より $\alpha=\sqrt{4\alpha-\alpha^2}$

両辺を2乗して整理すると

$2\alpha(\alpha-2)=0$ ∴ $\alpha=0,2$

$0<c=a_1<a_2<\cdots\cdots<a_n<\cdots\cdots<2$ より $c\leqq\alpha\leqq 2$

∴ $\alpha=2$ すなわち $\lim_{n\to\infty}a_n=2$

注1）極限値の存在が保証されていない状態で

「$a_{n+1}=\sqrt{4a_n-a_n^2}$ より $\lim_{n\to\infty}a_n=\alpha$ とおくと $\alpha=\sqrt{4\alpha-\alpha^2}$」

とやると，間違いなく0点である。

例えば $a_1=1$，$a_{n+1}=2a_n+3$ では $\alpha=2\alpha+3$ より $\alpha=-3$ を得るが，$\{a_n\}$ は発散する。

注2）一般に「$\lim_{n\to\infty}a_n=\alpha$，$a_n<a$（$n=1,2,\cdots\cdots$）」のとき

$\alpha<a$ とはいえずに $\alpha\leqq a$ となる。

例えば

$a_n=1-\dfrac{1}{n}$ のとき，$a_n<1$（$n=1,2,\cdots\cdots$）であるが $\lim_{n\to\infty}a_n=1$

**練習 25** 数列 $\{a_n\}$ は
$$0 < a_1 < 3, \quad a_{n+1} = 1 + \sqrt{1+a_n} \quad (n=1,2,3,\cdots)$$
を満たすものとする。このとき，次の（1），（2），（3）を示せ。

（1）$n=1,2,3,\cdots\cdots$ に対して，$0 < a_n < 3$ が成り立つ。

（2）$n=1,2,3,\cdots\cdots$ に対して，$3 - a_n \leqq \left(\dfrac{1}{3}\right)^{n-1}(3-a_1)$ が成り立つ。

（3）$\displaystyle\lim_{n\to\infty} a_n = 3$ 　　　　　　　　　　　　　　　　　　　　　　　　　　　　　　　　　　［神戸大］

**練習 26** 数列 $\{a_n\}$ は次の条件を満たすとする。
$$a_1 = \frac{1}{2}, \quad a_{n+1} = 2a_n - a_n^2 \quad (n \geqq 1)$$

（1）すべての $n \geqq 1$ について，$0 < a_n < 1$ が成り立つことを示せ。

（2）すべての $n \geqq 1$ について，$a_{n+1} \geqq a_n$ が成り立つことを示せ。

（3）$\displaystyle\lim_{n\to\infty} a_n = 1$ を示せ。 　　　　　　　　　　　　　　　　　　　　　　　　　　　　　　　　［広島大］

**練習 27** $a_1$ と $a_2$ を正の実数とし，$a_{n+1} = \displaystyle\sum_{k=1}^{n-1} a_k$ $(n=2,3,4,\cdots\cdots)$ により数列 $\{a_n\}$ を，また

$b_n = \dfrac{a_{n+1}}{a_n}$ $(n=1,2,3,\cdots\cdots)$ により数列 $\{b_n\}$ を定める。

（1）$n \geqq 3$ のとき，3つの数 $a_{n+1}$，$a_n$，$a_{n-1}$ の関係を式で表せ。

（2）数列 $\{b_n\}$ が収束し，極限値 $\displaystyle\lim_{n\to\infty} b_n$ をもつと仮定したとき，この極限値を求めよ。

（3）（2）で求めた値を $c$ とすると，不等式 $|b_{n+1} - c| \leqq \dfrac{|b_n - c|}{c}$ $(n=3,4,5,\cdots\cdots)$ が成り立つことを示し，数列 $\{b_n\}$ の極限値が $c$ であることを証明せよ。 　　　　　　　　　［高知女子大］

## 【補遺】漸化式がサッパリわからない人へ

〈step 1〉
次の式を見てピーンときますか？

| ① $a_{n+1}=2a_n$ （または $\dfrac{a_{n+1}}{a_n}=2$） |
| --- |
| ② $a_{n+1}=a_n+2$ （または $a_{n+1}-a_n=2$） |
| ③ $a_{n+1}=a_n+b_n$ （または $a_{n+1}-a_n=b_n$） |

　①は 数列 $\{a_n\}$ が公比 $2$ の等比数列
　②は 数列 $\{a_n\}$ が公差 $2$ の等差数列
　③は 数列 $\{a_n\}$ の階差数列が $\{b_n\}$

であることを表しています。「漸化式が苦手」という人はこれが「見えていない」ことが多いようです。
「見えない」人のために解説を続けましょう。
　まず，①について
第 $n+1$ 項 $a_{n+1}$ は第 $n$ 項 $a_n$ の次の項ってことですね。①は2倍したら次の項になるということを表しています。従って，数列 $\{a_n\}$ は等比数列となります。

$\underbrace{a_{n+1}}_{\text{第}n+1\text{項}}=2\underbrace{a_n}_{\text{第}n\text{項}}$ → 第 $n$ 項を2倍したものが第 $n+1$ 項
→ $\{a_n\}$ は等比数列

分かりましたか？　えっ！　まだ分からない？　……困りましたね〜
いいですか，
$a_{n+1}=2a_n$ という関係を $n=1,2,3,\cdots\cdots$ として実際に書き並べてみましょう。

　　$a_2=a_1\times 2$ ，$a_3=a_2\times 2$ ，$a_4=a_3\times 2$ ，……
　　（$a_2$ は $a_1$ の2倍）（$a_3$ は $a_2$ の2倍）（$a_4$ は $a_3$ の2倍）……

これ，等比数列でしょう！？（次々に2倍してできる数列）
ここを理解するかしないかは，今後の漸化式の学習が天国か地獄かの違いとなります。
$a_{n+1}=2a_n$ という式を見れば数列 $\{a_n\}$ が公比 $2$ の等比数列だとピーンとくるようにトレーニングして下さい。
　　$a_{n+1}=3a_n$ なら公比 $3$，$a_{n+1}+\dfrac{2}{3}a_n=0$ なら公比 $-\dfrac{2}{3}$ です。

同様に，② $a_{n+1}=a_n+2$ （$a_{n+1}-a_n=2$）は次々に2を加えてできる数列
（一つ前の項を引けばいつでも2）だから，公差2の等差数列です。

　　$a_2=a_1+2$ ， $a_3=a_2+2$ ， $a_4=a_3+2$ ，……
　　　（$a_2$ は $a_1$ 足す2）　（$a_3$ は $a_2$ 足す2）　（$a_4$ は $a_3$ 足す2）……

「$a_{n+1}=a_n+2$」「$a_{n+1}-a_n=2$」どちらでも公差2の等差数列を表していると見えるようになりましょう。

等比数列と等差数列は見えるようになりましたか？　step 1 最後は階差数列です。
念のために復習しておきます。
③ $a_{n+1}=a_n+b_n$ （または $a_{n+1}-a_n=b_n$）という関係を図示すると

$$a_1\ a_2\ a_3\ a_4\ \cdots\cdots\ \ a_n\ a_{n+1}$$
$$\ \ \ b_1\ b_2\ b_3\ \cdots\cdots\ \ \ b_n$$

公式
$$\boxed{\begin{array}{l} n\geqq 2 \text{ のとき} \\ a_n=a_1+\sum_{k=1}^{n-1}b_k \end{array}}$$

は丸暗記せずに，右の筆算で確認しておきましょう。

$$\begin{aligned}\cancel{a_2}-a_1&=b_1\\ \cancel{a_3}-\cancel{a_2}&=b_2\\ \cancel{a_4}-\cancel{a_3}&=b_3\\ &\cdots\cdots\\ +)\ a_n-\cancel{a_{n-1}}&=b_{n-1}\\ \hline a_n-a_1&=\sum_{k=1}^{n-1}b_k\\ \therefore\ a_n&=a_1+\sum_{k=1}^{n-1}b_k\end{aligned}$$

〈階差数列の利用例〉
例　$a_{n+1}-a_n=2n-2$ ， $a_1=1$

〈解〉 階差数列の一般項が $2n-2$ だから
$n\geqq 2$ のとき
$$\begin{aligned}a_n&=a_1+\sum_{k=1}^{n-1}(2k-2)\\ &=1+2\times\frac{n(n-1)}{2}-2(n-1)\\ &=n^2-3n+3\end{aligned}$$
これは $n=1$ のときも成立
$\therefore\ a_n=n^2-3n+3$

階差数列を利用する場合は，上のように「$n\geqq 2$ のとき」と断り書きをする習慣をつけておくこと。
余裕があれば，本編　例16（p.73）も確認しておいて下さい。
では，step 2 に進みましょう。

## ⟨step 2⟩

step 1 の内容は

① $a_{n+1}=ra_n$ → 数列 $\{a_n\}$ は公比 $r$ の等比数列（ただし $r$ は定数）
② $a_{n+1}=a_n+d$ → 数列 $\{a_n\}$ は公差 $d$ の等差数列（ただし $d$ は定数）
③ $a_{n+1}-a_n=b_n$ → 数列 $\{a_n\}$ の階差数列の一般項が $b_n$

の 3 つです。これが「見える」ようになったら step 2 は

$a_{n+1}-2=3(a_n-2)$ → 数列 $\{a_n-2\}$ が公比 3 の等比数列
$a_{n+2}-2a_{n+1}=4(a_{n+1}-2a_n)$ → 数列 $\{a_{n+1}-2a_n\}$ が公比 4 の等比数列

が見えるように頑張って下さい。さらに

$\dfrac{a_{n+1}}{2^{n+1}}-\dfrac{a_n}{2^n}=3$ → 数列 $\left\{\dfrac{a_n}{2^n}\right\}$ が公差 3 の等差数列

$\dfrac{a_{n+1}}{3^n}-\dfrac{a_n}{3^{n-1}}=2n$ → 数列 $\left\{\dfrac{a_n}{3^{n-1}}\right\}$ の階差数列の一般項が $2n$

トレーニング用に練習問題を準備しました。右を隠してスラスラ答えられるまで練習して，本編に戻りましょう。

$a_{n+1}+5=3(a_n+5)$ → 数列 $\{a_n+5\}$ が公比 3 の等比数列

$a_{n+2}-a_{n+1}=2(a_{n+1}-a_n)$ → 数列 $\{a_{n+1}-a_n\}$ が公比 2 の等比数列

$\dfrac{a_{n+1}}{2^{n+1}}-\dfrac{a_n}{2^n}=1$ → 数列 $\left\{\dfrac{a_n}{2^n}\right\}$ が公差 1 の等差数列

$\dfrac{a_{n+1}}{n+1}-\dfrac{a_n}{n}=2^n$ → 数列 $\left\{\dfrac{a_n}{n}\right\}$ の階差数列の一般項が $2^n$

$a_{n+1}+3=\dfrac{a_n+3}{2}$ → 数列 $\{a_n+3\}$ が公比 $\dfrac{1}{2}$ の等比数列

$3a_{n+2}+a_{n+1}=-(3a_{n+1}+a_n)$ → 数列 $\{3a_{n+1}+a_n\}$ が公比 $-1$ の等比数列

$(n+2)a_{n+1}=(n+1)a_n+3$ → 数列 $\{(n+1)a_n\}$ が公差 3 の等差数列

$\dfrac{a_{n+1}}{3^n}=\dfrac{a_n}{3^{n-1}}+3\cdot 2^{n-1}$ → 数列 $\left\{\dfrac{a_n}{3^{n-1}}\right\}$ の階差数列の一般項が $3\cdot 2^{n-1}$

$\dfrac{a_{n+1}-1}{(-3)^{n+1}}-\dfrac{a_n-1}{(-3)^n}=2$ → 数列 $\left\{\dfrac{a_n-1}{(-3)^n}\right\}$ が公差 2 の等差数列

$a_{n+1}+2b_{n+1}+3=\dfrac{4}{5}(a_n+2b_n+3)$ → 数列 $\{a_n+2b_n+3\}$ が公比 $\dfrac{4}{5}$ の等比数列

# 第3章

# 二 項 定 理

# 第1講 二項係数 $_nC_r$ に関する復習

> **例1** 次の ☐ の中に適当な数または式を入れよ。
> $$_nP_r = n(n-1)(n-2)\cdots(\boxed{\text{ア}}) = \frac{n!}{\boxed{\text{イ}}}$$
> $$_nC_r = \frac{n(n-1)(n-2)\cdots(\boxed{\text{ウ}})}{1\cdot 2\cdot 3\cdot\cdots\cdot r} = \frac{n!}{r!(\boxed{\text{エ}})!}$$

例1において、憶えなければならないのは最後の $_nC_r = \dfrac{n!}{r!(n-r)!}$ だけ。

これは、$_○C_△ = \dfrac{○!}{△!(○-△)!}$ と形でしっかり憶える。

$_nP_r$ については

$$_nP_r = \overbrace{n(n-1)(n-2)\cdots\cdots\boxed{\phantom{xx}}}^{r\text{個}} \Rightarrow {}_nP_r = n(n-1)(n-2)\cdots\cdots\boxed{\phantom{xx}}$$

1個目 2個目 3個目 …… $r$個目
$n-0$ $n-1$ $n-2$ …… $n-(r-1)$

のように、しっかり規則を捉まえて答える習慣をつけること。従って、アは $n-r+1$
また、イについても丸暗記しないこと。

$$_nP_r = n(n-1)(n-2)\cdots\cdots(n-r+1) = \frac{n(n-1)(n-2)\cdots(n-r+1)}{1} \text{ と考えて、}$$

分母分子に $(n-r)!$ をかけると

$$_nP_r = \frac{n(n-1)(n-2)\cdots(n-r+1)}{1} \times \frac{(n-r)(n-r-1)\cdots\cdots 2\cdot 1}{(n-r)(n-r-1)\cdots\cdots 2\cdot 1}$$
$$= \frac{n!}{(n-r)!}$$

従って、イは $(n-r)!$

$_nC_r$ については、$_nP_r$ のときと同様に

$$_nC_r = \frac{\overbrace{n(n-1)(n-2)\cdots\cdots\boxed{\phantom{xx}}}^{n\text{から}r\text{個}}}{\underbrace{1\cdot 2\cdot 3\cdot\cdots\cdot\boxed{\phantom{xx}}}_{1\text{から}r\text{個}}} \Rightarrow {}_nC_r = \frac{n(n-1)(n-2)\cdots\cdots(\boxed{n-r+1})}{r!}$$

また、分母分子に $(n-r)!$ をかけて

$$_nC_r = \frac{n(n-1)(n-2)\cdots(n-r+1)}{r!} \times \frac{(n-r)(n-r-1)\cdots\cdots 2\cdot 1}{(n-r)(n-r-1)\cdots\cdots 2\cdot 1}$$
$$= \frac{n!}{r!(n-r)!}$$

従って、ウは $n-r+1$、エは $n-r$

例2　次式を簡単にせよ．
(1) $\dfrac{{}_nC_r}{{}_nC_{r-1}}$　　(2) $\dfrac{2}{n!}-\dfrac{3}{(n+1)!}$　　(3) $\displaystyle\sum_{k=1}^{n}\dfrac{k}{(k+1)!}$

(1) $\dfrac{{}_nC_r}{{}_nC_{r-1}} = \dfrac{n!}{r!(n-r)!} \times \dfrac{(r-1)!\{n-(r-1)\}!}{n!}$

$= \dfrac{(r-1)!(n-r+1)!}{r!(n-r)!}$

$= \dfrac{n-r+1}{r}$　（→注）

公式 ${}_nC_r = \dfrac{n!}{r!(n-r)!}$ は

${}_○C_△ = \dfrac{○!}{△!(○-△)!}$

と「形」でおぼえる！

注）階乗を含む分数式の約分は，並べて表してみるとすぐにわかる．

$\dfrac{(r-1)!}{r!} = \dfrac{(r-1)(r-2)\cdots 3\cdot 2\cdot 1}{r(r-1)(r-2)\cdots 3\cdot 2\cdot 1} = \dfrac{1}{r}$

$\dfrac{(n-r+1)!}{(n-r)!} = \dfrac{(n-r+1)(n-r)(n-r-1)\cdots 3\cdot 2\cdot 1}{(n-r)(n-r-1)\cdots 3\cdot 2\cdot 1} = n-r+1$

(2) $\dfrac{2}{n!} - \dfrac{3}{(n+1)!} = \dfrac{2(n+1)-3}{(n+1)!} = \dfrac{2n-1}{(n+1)!}$

注）$\dfrac{2}{n!} - \dfrac{3}{(n+1)!} = \dfrac{2}{n(n-1)(n-2)\cdots 3\cdot 2\cdot 1} - \dfrac{3}{(n+1)n(n-1)(n-2)\cdots 3\cdot 2\cdot 1}$

だから分母を $(n+1)!$ にすると通分できる．

(3) $\displaystyle\sum_{k=1}^{n}\dfrac{k}{(k+1)!} = \sum_{k=1}^{n}\dfrac{(k+1)-1}{(k+1)!}$

$= \displaystyle\sum_{k=1}^{n}\left(\dfrac{1}{k!} - \dfrac{1}{(k+1)!}\right)$

$= \left(\dfrac{1}{1!} - \dfrac{1}{2!}\right) + \left(\dfrac{1}{2!} - \dfrac{1}{3!}\right) + \left(\dfrac{1}{3!} - \dfrac{1}{4!}\right) + \cdots + \left(\dfrac{1}{n!} - \dfrac{1}{(n+1)!}\right)$

$= 1 - \dfrac{1}{(n+1)!}$

## 第3章 二項定理

> **例3** 次の公式の ☐ の中に適当な文字または式を入れ，証明せよ。
> （それぞれ2通りの証明を示せ）
> （1） ${}_nC_{n-r} = {}_nC_{\boxed{ア}}$
> （2） ${}_nC_r = {}_{\boxed{イ}}C_r + {}_{\boxed{ウ}}C_{\boxed{エ}}$

（1）（2）の公式は

$${}_nC_{n-r} = {}_nC_r \qquad {}_nC_r = {}_{n-1}C_r + {}_{n-1}C_{r-1}$$

〈計算による証明〉

（1） ${}_nC_{n-r} = \dfrac{n!}{(n-r)!\{n-(n-r)\}!} = \dfrac{n!}{(n-r)!\,r!} = {}_nC_r$

$\left(\;{}_\circ C_\triangle = \dfrac{\circ!}{\triangle!(\circ-\triangle)!}\;\right)$

（2） ${}_{n-1}C_{r-1} + {}_{n-1}C_r = \dfrac{(n-1)!}{(r-1)!\{(n-1)-(r-1)\}!} + \dfrac{(n-1)!}{r!\{(n-1)-r\}!}$

$= \dfrac{(n-1)!}{(r-1)!(n-r)!} + \dfrac{(n-1)!}{r!(n-r-1)!}$

$= \dfrac{(n-1)! \cdot \{r+(n-r)\}}{r!(n-r)!}$

$= \dfrac{(n-1)! \cdot n}{r!(n-r)!}$

$= \dfrac{n!}{r!(n-r)!}$

$= {}_nC_r$

〈組み合わせの意味による証明〉

（1） $n$ 個のものから $r$ 個とる組み合わせの総数は，選ばない $n-r$ 個をとる組み合わせの総数に等しい。
　　よって，${}_nC_{n-r} = {}_nC_r$

（2） $n$ 個のものから $r$ 個とる組み合わせのうち，
　ⅰ）特定の1つを含むもの
　　　${}_{n-1}C_{r-1}$ 通り
　ⅱ）特定の1つを含まないもの
　　　${}_{n-1}C_r$ 通り
　従って，${}_nC_r = {}_{n-1}C_r + {}_{n-1}C_{r-1}$

> 私を含む $n$ 人から $r$ 人選ぶ方法は
> ⅰ）私を含むのは，私以外の $n-1$ 人から
> 　　私以外の $r-1$ 人を選ぶ
> ⅱ）私を含まないのは，私以外の $n-1$ 人から
> 　　$r$ 人を選ぶ
> 従って，${}_nC_r = {}_{n-1}C_{r-1} + {}_{n-1}C_r$

注）公式 ${}_nC_r = {}_{n-1}C_r + {}_{n-1}C_{r-1}$ は丸暗記せずに，組み合わせの意味による証明を理解して，いつでも書けるようにしておくのがよい。

${}_{n+1}C_r = {}_nC_r + {}_nC_{r-1}$ の場合も同様に，$n+1$ 個から $r$ 個とる組み合わせのうち，

　ⅰ）特定の1つを含むもの　　　${}_nC_{r-1}$ 通り
　ⅱ）特定の1つを含まないもの　${}_nC_r$ 通り
　よって，${}_{n+1}C_r = {}_nC_r + {}_nC_{r-1}$
　丸暗記した場合は，$n$ や $r$ が1つずれただけで大変！！

${}_{n+1}C_{r+1} = {}_nC_{r+1} + {}_nC_r$

${}_nC_r = {}_{n-1}C_r + {}_{n-1}C_{r-1}$

右辺を隠して書けるかどうか，確認してみよう。

# 第2講　二項定理

○　二項定理
$$(a+b)^n = {}_nC_0 a^n + {}_nC_1 a^{n-1}b + {}_nC_2 a^{n-2}b^2 + \cdots\cdots + {}_nC_{n-1} ab^{n-1} + {}_nC_n b^n$$
$$= \sum_{r=0}^{n} {}_nC_r a^{n-r} b^r \quad (\to 注1)$$

特に
$$(1+x)^n = {}_nC_0 + {}_nC_1 x + {}_nC_2 x^2 + \cdots\cdots + {}_nC_{n-1} x^{n-1} + {}_nC_n x^n = \sum_{k=0}^{n} {}_nC_r x^r$$

$(a+b)^n$ の展開式における一般項は
　　${}_nC_r a^{n-r} b^r$　または　${}_nC_r a^r b^{n-r}$

○　パスカルの三角形（右図）
$(a+b)^n$ の展開式における係数を表す。

```
            1   1
          1   2   1
        1   3   3   1
      1   4   6   4   1
    1   5  10  10   5   1
```

○　多項定理
$(a+b+c)^n$ の展開式における一般項は　$\dfrac{n!}{p!\,q!\,r!} a^p b^q c^r$

　　ただし，$p$, $q$, $r$ は 0 以上の整数で　$p+q+r=n$

注1）上記公式において，${}_nC_r = {}_nC_{n-r}$ または $(a+b)^n = (b+a)^n$ より

$${}_nC_0 a^n + {}_nC_1 a^{n-1}b + {}_nC_2 a^{n-2}b^2 + \cdots\cdots + {}_nC_k a^{n-k}b^k + \cdots\cdots + {}_nC_{n-1} ab^{n-1} + {}_nC_n b^n$$
$$= {}_nC_n a^n + {}_nC_{n-1} a^{n-1}b + {}_nC_{n-2} a^{n-2}b^2 + \cdots\cdots + {}_nC_k a^k b^{n-k} + \cdots\cdots + {}_nC_1 ab^{n-1} + {}_nC_0 b^n$$

従って

$(a+b)^n$ の展開式における一般項は　${}_nC_r a^{n-r} b^r$　または　${}_nC_r a^r b^{n-r}$

$a$, $b$ の指数 $n-r$ と $r$ はどちらにつけてもよいことに注意。

注2）多項定理の証明

$(a+b+c)^n = \{(a+b)+c\}^n$ と考えると　$c^r$ の項は ${}_nC_r (a+b)^{n-r} c^r$

次に，$(a+b)^{n-r}$ の展開式における $b^q$ の項は ${}_{n-r}C_q a^{n-r-q} b^q$

$p+q+r=n$ より $n-r-q=p$　従って，$a^p b^q c^r$ の係数は

$${}_nC_r \cdot {}_{n-r}C_q = \dfrac{n!}{(n-r)!\,r!} \cdot \dfrac{(n-r)!}{(n-r-q)!\,q!} = \dfrac{n!}{p!\,q!\,r!}$$

## 例4  $\left(2x^2 - \dfrac{1}{2x}\right)^7$ の展開式における $x^5$ の係数を求めよ。

展開式の一般項は

$$_7C_r(2x^2)^{7-r}\left(-\dfrac{1}{2x}\right)^r = {}_7C_r \cdot 2^{7-r} \cdot \left(-\dfrac{1}{2}\right)^r \cdot x^{14-3r} \quad \rightarrow \text{数の部分と文字の部分に分ける}$$

$14 - 3r = 5$ より $r = 3$   よって $x^5$ の係数は

$$_7C_3 \cdot 2^4 \cdot \left(-\dfrac{1}{2}\right)^3 = \dfrac{7 \cdot 6 \cdot 5}{1 \cdot 2 \cdot 3} \cdot 2^4 \cdot \left(-\dfrac{1}{2^3}\right) = -70$$

**『展開式の一般項は』は この種の問題の決まり文句！**

## 例5  $(x^2 - 2x + 3)^5$ の展開式における $x^6$ の係数を求めよ。

展開式の一般項は

$$\dfrac{5!}{p!\,q!\,r!} \cdot (x^2)^p \cdot (-2x)^q \cdot 3^r = \dfrac{5!}{p!\,q!\,r!} \cdot (-2)^q \cdot 3^r \cdot x^{2p+q} \quad \rightarrow \text{数の部分と文字の部分に分ける}$$

ただし，$p + q + r = 5$ ……①

また，$2p + q = 6$ ……②

①② より        → ①② を用いて，$p$，$q$，$r$ のうち

  $q = 6 - 2p$，$r = p - 1$     2つを1つの文字だけで表す

$p$，$q$，$r$ は負でない整数より

  $p = 1, 2, 3$

∴ $(p, q, r) = (1, 4, 0), (2, 2, 1), (3, 0, 2)$

よって，$x^6$ の係数は

$$\dfrac{5!}{1!\,4!\,0!} \cdot (-2)^4 \cdot 3^0 + \dfrac{5!}{2!\,2!\,1!} \cdot (-2)^2 \cdot 3^1 + \dfrac{5!}{3!\,0!\,2!} \cdot (-2)^0 \cdot 3^2 = 530$$

例6～例13 は繰り返し学習して身につけること。

## 例6  次の等式を証明せよ。
$${}_nC_0 + {}_nC_1 + {}_nC_2 + \cdots\cdots + {}_nC_n = 2^n$$

二項定理より

$$(1+x)^n = {}_nC_0 + {}_nC_1 x + {}_nC_2 x^2 + \cdots\cdots + {}_nC_n x^n$$

$x = 1$ を代入して

$$(1+1)^n = {}_nC_0 + {}_nC_1 + {}_nC_2 + \cdots\cdots + {}_nC_n$$

∴ ${}_nC_0 + {}_nC_1 + {}_nC_2 + \cdots\cdots + {}_nC_n = 2^n$

注) 例6は，部分集合の個数を考えても証明できる。

要素の個数が $n$ である集合 $A$ の部分集合の個数は，各要素が含まれるか否かの2通りずつあるから $2^n$ 個（$A$ 自身と $\phi$ を含む）

一方，$A$ の部分集合のうち

- 要素が0個のもの（$\phi$）　　……$_nC_0$（$=1$）個
- 要素が1個のもの　　　　　　……$_nC_1$ 個
- 要素が2個のもの　　　　　　……$_nC_2$ 個
  ………
- 要素が $n$ 個のもの（$A$ 自身）……$_nC_n$（$=1$）個

従って
$$_nC_0 + {_nC_1} + {_nC_2} + \cdots\cdots + {_nC_n} = 2^n$$

---

**例7**　次式の値を求めよ。
(1) $_nC_0 + 2{_nC_1} + 2^2{_nC_2} + \cdots\cdots + 2^n{_nC_n}$
(2) $_nC_0 - \dfrac{_nC_1}{2} + \dfrac{_nC_2}{2^2} - \cdots\cdots + (-1)^n \cdot \dfrac{_nC_n}{2^n}$

---

(1) 二項定理
$$(1+x)^n = {_nC_0} + {_nC_1}x + {_nC_2}x^2 + \cdots\cdots + {_nC_n}x^n$$

に $x=2$ を代入して
$$_nC_0 + 2{_nC_1} + 2^2{_nC_2} + \cdots\cdots + 2^n{_nC_n} = (1+2)^n = 3^n$$

(2) 二項定理
$$(1+x)^n = {_nC_0} + {_nC_1}x + {_nC_2}x^2 + \cdots\cdots + {_nC_n}x^n$$

に $x=-\dfrac{1}{2}$ を代入して
$$_nC_0 - \dfrac{_nC_1}{2} + \dfrac{_nC_2}{2^2} - \cdots\cdots + \dfrac{(-1)^n {_nC_n}}{2^n} = \left(1 - \dfrac{1}{2}\right)^n = \dfrac{1}{2^n}$$

例8　$n$ が偶数のとき，次の等式が成り立つことを証明せよ。
$${}_nC_0 + {}_nC_2 + {}_nC_4 + \cdots\cdots + {}_nC_n = 2^{n-1}$$

二項定理
$$(1+x)^n = {}_nC_0 + {}_nC_1 x + {}_nC_2 x^2 + \cdots\cdots + {}_nC_n x^n$$
に $x=1$ を代入して
$${}_nC_0 + {}_nC_1 + {}_nC_2 + \cdots\cdots + {}_nC_n = (1+1)^n = 2^n \quad\cdots\cdots ①$$
また，$x=-1$ を代入して
$${}_nC_0 - {}_nC_1 + {}_nC_2 - \cdots\cdots + {}_nC_n = (1-1)^n = 0 \quad\cdots\cdots ② \quad (\because\ n\text{ が偶数より } (-1)^n {}_nC_n = {}_nC_n)$$
①② 辺々加えて
$$2({}_nC_0 + {}_nC_2 + {}_nC_4 + \cdots\cdots + {}_nC_n) = 2^n$$
$$\therefore\ {}_nC_0 + {}_nC_2 + {}_nC_4 + \cdots\cdots + {}_nC_n = 2^{n-1}$$

例9　$(1+x)^{2n} = (1+x)^n (x+1)^n$ の $x^n$ の係数に着目して，次の等式を証明せよ。
$${}_{2n}C_n = {}_nC_0{}^2 + {}_nC_1{}^2 + {}_nC_2{}^2 + \cdots\cdots + {}_nC_n{}^2$$

$$(1+x)^{2n} = {}_{2n}C_0 + {}_{2n}C_1 x + {}_{2n}C_2 x^2 + \cdots\cdots + {}_{2n}C_n x^n + \cdots\cdots + {}_{2n}C_{2n} x^{2n}$$
一方
$$(1+x)^n (x+1)^n$$
$$= ({}_nC_0 + {}_nC_1 x + {}_nC_2 x^2 + \cdots + {}_nC_n x^n)({}_nC_0 x^n + {}_nC_1 x^{n-1} + {}_nC_2 x^{n-2} + \cdots + {}_nC_n)$$
$(1+x)^{2n} = (1+x)^n (x+1)^n$ において，両辺の $x^n$ の係数を比較して
$${}_{2n}C_n = {}_nC_0{}^2 + {}_nC_1{}^2 + {}_nC_2{}^2 + \cdots\cdots + {}_nC_n{}^2$$

例10　次の等式が成り立つことを示せ。
（1）$r\, {}_nC_r = n\, {}_{n-1}C_{r-1}$　　　　（2）${}_nC_1 + 2\,{}_nC_2 + 3\,{}_nC_3 + \cdots\cdots + n\,{}_nC_n = n \cdot 2^{n-1}$

（1）$r\, {}_nC_r = r \cdot \dfrac{n!}{r!(n-r)!} = \dfrac{n!}{(r-1)!(n-r)!}$

$n\, {}_{n-1}C_{r-1} = n \cdot \dfrac{(n-1)!}{(r-1)!\{(n-1)-(r-1)\}!} = \dfrac{n!}{(r-1)!(n-r)!}$

$\therefore\ r\,{}_nC_r = n\,{}_{n-1}C_{r-1}$

（2）（1）より
$$\text{左辺} = \sum_{r=1}^{n} r\,{}_nC_r = n\sum_{r=1}^{n} {}_{n-1}C_{r-1}$$
$$= n({}_{n-1}C_0 + {}_{n-1}C_1 + {}_{n-1}C_2 + \cdots\cdots + {}_{n-1}C_{n-1})$$
$$= n \cdot (1+1)^{n-1}$$
$$= n \cdot 2^{n-1}$$

二項定理の応用として，微分法の公式 $(x^n)' = nx^{n-1}$ （$n$ は 2 以上の自然数）の証明がある。

$x^n = f(x)$ とおくと

$$\frac{f(x+h) - f(x)}{h} = \frac{(x+h)^n - x^n}{h}$$

$$= \frac{({}_nC_0 x^n + {}_nC_1 x^{n-1} h + {}_nC_2 x^{n-2} h^2 + \cdots\cdots + {}_nC_n h^n) - x^n}{h}$$

$$= nx^{n-1} + h({}_nC_2 x^{n-2} + {}_nC_3 x^{n-3} h + \cdots\cdots + h^{n-2}) \quad (\because \ {}_nC_0 = 1, {}_nC_1 = n \ )$$

$$\therefore \quad f'(x) = \lim_{h \to 0} \frac{f(x+h) - f(x)}{h} = nx^{n-1}$$

注）積の導関数の公式 $uv' = u'v + uv'$ と数学的帰納法を用いても証明できる。

また，整数問題での利用も有効であることが多い。

例11　自然数 $n$ に対し，$5^n + 12n + 15$ が 16 の倍数であることを証明せよ。

$n = 1$ のとき $5^n + 12n + 15 = 32$ より 16 の倍数。

$n \geq 2$ のとき

$$5^n + 12n + 15 = (4+1)^n + 12n + 15$$
$$= (4^n + {}_nC_1 \cdot 4^{n-1} + \cdots\cdots + {}_nC_{n-2} \cdot 4^2 + {}_nC_{n-1} \cdot 4 + 1) + 12n + 15$$
$$= 16(4^{n-2} + {}_nC_1 \cdot 4^{n-3} + \cdots\cdots + {}_nC_{n-2}) + 16n + 16$$
$$= 16 \times (\text{整数})$$

従って，$5^n + 12n + 15$ は 16 の倍数

注）数学的帰納法による証明もできる。

整式の除法に関しても

例12　$(x-2)^n$ （$n \geq 3$）を $x^3$ で割ったときの余りを求めよ。

二項定理より

$(x-2)^n$
$= {}_nC_0 x^n + (-2){}_nC_1 x^{n-1} + (-2)^2 {}_nC_2 x^{n-2} + \cdots\cdots + (-2)^{n-2} {}_nC_{n-2} x^2 + (-2)^{n-1} {}_nC_{n-1} x + (-2)^n {}_nC_n$

$= x^3 \cdot (\text{整式}) + (-2)^{n-2} \cdot \dfrac{n(n-1)}{2} \cdot x^2 + (-2)^{n-1} \cdot nx + (-2)^n$

$= x^3 \cdot (\text{整式}) + (-2)^{n-3}\{-n(n-1)x^2 + 4nx - 8\}$

よって，求める余りは

$(-2)^{n-3}\{-n(n-1)x^2 + 4nx - 8\}$

## ちょっとひねると

例13  $x^n$ ($n \geq 3$) を $(x-1)^3$ で割ったときの余りを求めよ。

$x-1=t$ とおくと  $x=t+1$

二項定理より

$$\begin{aligned}x^n &= (t+1)^n \\ &= {}_nC_0 t^n + {}_nC_1 t^{n-1} + {}_nC_2 t^{n-2} + \cdots\cdots + {}_nC_{n-2} t^2 + {}_nC_{n-1} t + {}_nC_n \\ &= t^3 \cdot (\text{整式}) + \frac{n(n-1)}{2} \cdot t^2 + nt + 1 \\ &= (x-1)^3 \cdot (\text{整式}) + \frac{n(n-1)}{2}(x-1)^2 + n(x-1) + 1 \\ &= (x-1)^3 \cdot (\text{整式}) + \frac{n(n-1)}{2} x^2 + n(2-n)x + \frac{(n-1)(n-2)}{2}\end{aligned}$$

よって，求める余りは

$$\frac{n(n-1)}{2} x^2 + n(2-n)x + \frac{(n-1)(n-2)}{2}$$

〈参考〉数Ⅲの範囲になるが，次の極限を示すには二項定理を用いる。

$$\lim_{n\to\infty} \frac{2^n}{n} = +\infty \ \cdots\cdots ①, \quad \lim_{n\to\infty} \frac{n^2}{2^n} = 0 \ \cdots\cdots ②$$

① の証明

$n \geq 2$ のとき

$$2^n = (1+1)^n = {}_nC_0 + {}_nC_1 + {}_nC_2 + \cdots\cdots \ > {}_nC_2 = \frac{n(n-1)}{2}$$

$$\therefore \quad \frac{2^n}{n} > \frac{n-1}{2}$$

$\displaystyle\lim_{n\to\infty} \frac{n-1}{2} = +\infty$ だから  $\displaystyle\lim_{n\to\infty} \frac{2^n}{n} = +\infty$

② の証明

$n \geq 3$ のとき

$$2^n = (1+1)^n = {}_nC_0 + {}_nC_1 + {}_nC_2 + {}_nC_3 + \cdots\cdots \ > {}_nC_3 = \frac{n(n-1)(n-2)}{6}$$

$$\therefore \quad 0 < \frac{n^2}{2^n} < \frac{6n}{(n-1)(n-2)}$$

$\displaystyle\lim_{n\to\infty} \frac{6n}{(n-1)(n-2)} = \lim_{n\to\infty} \frac{6}{\left(1-\frac{1}{n}\right)(n-2)} = 0$ だから，はさみうちの原理より

$$\lim_{n\to\infty} \frac{n^2}{2^n} = 0$$

〈演習問題〉

【1】整式 $(a+b)^5(a+b+2)^4$ を展開したときにあらわれる項 $a^4b^3$ の係数を求めよ。

【2】次の問いに答えよ。ただし，$_nC_r$ は二項係数を表す。
（1）$(1-x^2)^6$ の展開式における $x^4$ の係数を求めよ。
（2）$(1+x)^6(1-y)^6$ の展開式における $xy^3$ の係数および $x^2y^2$ の係数を求めよ。
（3）$_6C_0 \times {_6C_4} - {_6C_1} \times {_6C_3} + {_6C_2} \times {_6C_2} - {_6C_3} \times {_6C_1} + {_6C_4} \times {_6C_0}$ の値を求めよ。
（4）$n$ を $n \geqq 4$ を満たす整数とし，
$$f(n) = {_nC_0} \times {_nC_4} - {_nC_1} \times {_nC_3} + {_nC_2} \times {_nC_2} - {_nC_3} \times {_nC_1} + {_nC_4} \times {_nC_0}$$
とおく。$f(n)$ は $n$ の2次式であることを示せ。　　　　　　　　　　　　　　　　　　［徳島大］

【3】$n$ を自然数とするとき，不等式
$$2^n \leqq {_{2n}C_n} \leqq 4^n$$
が成り立つことを証明せよ。　　　　　　　　　　　　　　　　　　　　　　　　　　　　　　［山口大］

【4】$n$ を3以上の自然数とする。
（1）$2 \leqq k \leqq n$ を満たす自然数 $k$ について，$k(k-1){_nC_k} = n(n-1){_{n-2}C_{k-2}}$ を示せ。
（2）$\sum_{k=1}^{n} k(k-1){_nC_k}$ を求めよ。
（3）$\sum_{k=1}^{n} k^2 {_nC_k}$ を求めよ。　　　　　　　　　　　　　　　　　　　　　　　　　　　　　　［熊本大］

【5】整数 $n$，$k$ は $1 \leqq k \leqq n$ を満たすとする。相異なる $n$ 個の数字を $k$ 個のグループに分ける方法の総数を $_nS_k$ と記す。ただし，各グループは少なくとも1つの数字を含むものとする。
（1）$2 \leqq k \leqq n$ とするとき，$_{n+1}S_k = {_nS_{k-1}} + k{_nS_k}$ が成り立つことを示せ。
（2）$_5S_3$ を求めよ。　　　　　　　　　　　　　　　　　　　　　　　　　　　　　　　　　　［早稲田大］

※【6】$n$ を2以上の整数として
$$A_n = 2 \cdot {_nC_2} + 3 \cdot 2 \cdot {_nC_3} + 4 \cdot 3 \cdot {_nC_4} + \cdots\cdots + n \cdot (n-1) \cdot {_nC_n}$$
$$B_n = {_nC_0} - \frac{_nC_1}{2} + \frac{_nC_2}{3} - \cdots\cdots + (-1)^n \cdot \frac{_nC_n}{n+1}$$
とする。このとき，$A_n \cdot B_{n-1} = (n + \boxed{ア}) \cdot \boxed{イ}^{n+\boxed{ウ}}$ となる。　　　　　　　　　　［早稲田大］

## 【補遺】二項定理の数学的帰納法による証明

数学史上，初めて数学的帰納法が用いられたのは，17C の数学者パスカルが二項定理を証明したときであるとされている。

二項定理 $(a+b)^n = \sum_{r=0}^{n} {}_nC_r a^{n-r} b^r$ ……（∗）を数学的帰納法で証明してみよう。

ⅰ) $n=1$ のとき
 明らかに成立

ⅱ) $n=k$ のとき（∗）が成立すると仮定すると

$$(a+b)^k = \sum_{r=0}^{k} {}_kC_r a^{k-r} b^r$$

このとき

$$\begin{aligned}
(a+b)^{k+1} &= (a+b)^k (a+b) \\
&= \left( \sum_{r=0}^{k} {}_kC_r a^{k-r} b^r \right)(a+b) \\
&= \sum_{r=0}^{k} {}_kC_r a^{k+1-r} b^r + \sum_{r=0}^{k} {}_kC_r a^{k-r} b^{r+1} \\
&= {}_kC_0 a^{k+1} + {}_kC_1 a^k b + {}_kC_2 a^{k-1} b^2 + \cdots\cdots + {}_kC_k ab^k \\
&\quad + {}_kC_0 a^k b + {}_kC_1 a^{k-1} b^2 + \cdots\cdots + {}_kC_{k-1} ab^k + {}_kC_k b^{k+1} \\
&= {}_{k+1}C_0 a^{k+1} + \sum_{r=1}^{k} ({}_kC_r + {}_kC_{r-1}) a^{k+1-r} b^r + {}_{k+1}C_{k+1} b^{k+1} \\
&= {}_{k+1}C_0 a^{k+1} + \sum_{r=1}^{k} {}_{k+1}C_r a^{k+1-r} b^r + {}_{k+1}C_{k+1} b^{k+1} \\
&= \sum_{r=0}^{k+1} {}_{k+1}C_r a^{(k+1)-r} b^r
\end{aligned}$$

∴ （∗）は $n=k+1$ のときも成立

ⅰ) ⅱ) より，任意の自然数 $n$ について（∗）は成立する。

# 第4章

# 数列の応用

## 第1講　数列の応用

数列の応用問題には種々の問題があり，難しいものも多いが，次のような形の問題は解けるようになっておこう。問題文が長くてあきらめてしまう人が多いが，一旦コツを掴めば案外攻めやすい。

要点は，「**図を2回かくべし**」。

1回目は問題を読みながら一から図をかいていく。題意を正確につかむのが目的。
2回目は $n$ 番目と $n+1$ 番目のみの関係を図示する。

---

**例1**　直角二等辺三角形 $ABC$ において，$\angle A$ を直角とし，$AB=AC=3$ とする。辺 $BC$ 上の点 $H_1$ をとり，$H_1$ から $AB$ に垂線 $H_1I_1$ を下ろす。点 $I_1$ を通り $BC$ に平行な直線を引き，$AC$ との交点を $G_1$ とする。更に，$G_1$ から $BC$ 上に垂線 $G_1H_2$ を下ろす。以下このような操作を続け，$AB$ 上に点 $I_1, I_2, \ldots, I_n$ を作る。

$AI_n$ の長さを $x_n$ とし，$H_1$ を $BC$ の中点とするとき，

(1) $x_2$ を求めよ。
(2) $x_{n+1}$ を $x_n$ を用いて表せ。
(3) $x_n$ を求めよ。

［埼玉大．改］

---

☆　初めに，図1のような図をかくはず。これでは，何をどうすればよいのかわからない。(1)を解くときは，問題を解くのに必要なだけの情報を図示する。（図2）

〈解〉(1) 図2より

$$AI_1 = AG_1 = CG_1 = \frac{3}{2}$$

$$\therefore \quad CH_2 = CG_1 \times \frac{1}{\sqrt{2}} = \frac{3}{2} \times \frac{1}{\sqrt{2}} = \frac{3}{2\sqrt{2}}$$

$$\therefore \quad x_2 = AI_2 = \frac{3}{2\sqrt{2}} \times \frac{1}{\sqrt{2}} = \frac{3}{4}$$

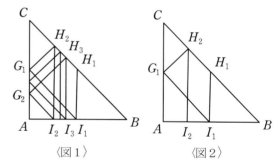
〈図1〉　〈図2〉

☆　次の(2)が勝負所。$n$ 番目と $n+1$ 番目だけの関係を図示する。（図3）

〈解〉(2) 図3より

$$AI_n = AG_n = x_n$$

$$\therefore \quad CG_n = 3 - x_n \qquad \therefore \quad CH_{n+1} = \frac{3-x_n}{\sqrt{2}}$$

$$\therefore \quad x_{n+1} = \frac{3-x_n}{\sqrt{2}} \times \frac{1}{\sqrt{2}} = \frac{3-x_n}{2}$$

注）図3において，点 $H_n$ および線分 $H_nI_n$ は不要であった。

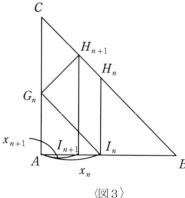
〈図3〉

(3) (2) より

$$x_n - 1 = -\frac{1}{2}(x_{n-1} - 1)$$

$x_1 = \frac{3}{2}$ より $x_1 - 1 = \frac{1}{2}$

∴ $\{x_n - 1\}$ は初項 $\frac{1}{2}$, 公比 $-\frac{1}{2}$ の等比数列

∴ $x_n - 1 = \frac{1}{2} \cdot \left(-\frac{1}{2}\right)^{n-1} = -\left(-\frac{1}{2}\right)^n$   ∴ $x_n = 1 - \left(-\frac{1}{2}\right)^n$

注) (1) は (2) (3) を解くためのヒントになっている。一気にいけそうならば，先に (2) (3) を解いて，その結果より (1) $x_2 = 1 - \left(-\frac{1}{2}\right)^2 = \frac{3}{4}$ または $x_2 = \frac{3 - x_1}{2} = \frac{3}{4}$ とする手もある。

> 「図を2回かくべし」
> ↓
> 「2回目は $n$ 番目と $n+1$ 番目のみの関係を図示」

☆ 上記解答では，図を見ながら図形的に考えて簡単に解決した。ところが，わかってしまえば何でもないことでも案外苦戦することもある。そのような場合，「座標を導入できないか？」と考えてみよう。特に，直角三角形や長方形が題材となる場合には，座標の利用が有効。

〈別解〉 $A(0,0)$, $B(3,0)$, $C(0,3)$ となるように座標をとる。

$BC : y = 3 - x$ ……①

(1) $I_1\left(\frac{3}{2}, 0\right)$, $G_1\left(0, \frac{3}{2}\right)$ より

$G_1 H_2 : y = x + \frac{3}{2}$ ……②

$H_2$ の $x$ 座標は①②より

$3 - x = x + \frac{3}{2}$   ∴ $x = \frac{3}{4}$   ∴ $x_2 = \frac{3}{4}$

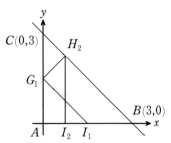

(2) $I_n(x_n, 0)$, $G_n(0, x_n)$ より

$G_n H_{n+1} : y = x + x_n$ ……③

$H_n$ の $x$ 座標は①③より

$3 - x = x + x_n$

∴ $x = \frac{3 - x_n}{2}$   ∴ $x_{n+1} = \frac{3 - x_n}{2}$

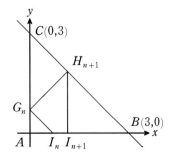

(3) 解答と同様。

**例2** 円 $x^2+(y-1)^2=1$ を $C$, 円 $(x-2)^2+(y-1)^2=1$ を $C_0$ とする。$C$, $C_0$, $x$ 軸に接する円を $C_1$ とする。$C$, $C_1$, $x$ 軸に接し $C_0$ と異なる円を $C_2$ とし, これを繰り返して $C$, $C_n$, $x$ 軸に接し $C_{n-1}$ と異なる円を $C_{n+1}$ とする。また, 円 $C_n$ の半径を $a_n$ とする。

(1) $a_1$ を求めよ。

(2) $b_n = \dfrac{1}{\sqrt{a_n}}$ とするとき, 数列 $\{b_n\}$ の満たす漸化式を求めよ。

(3) 数列 $\{a_n\}$ の一般項を求めよ。　　　　　　　　　　　　　　　　　［信州大］

(1) 図2において三平方の定理より
$1^2+(1-a_1)^2=(1+a_1)^2$
$4a_1=1$ より $a_1=\dfrac{1}{4}$

(2) 図のように記号をとる。（図3）

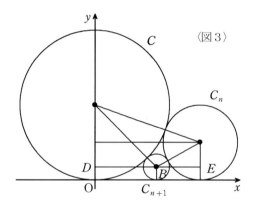
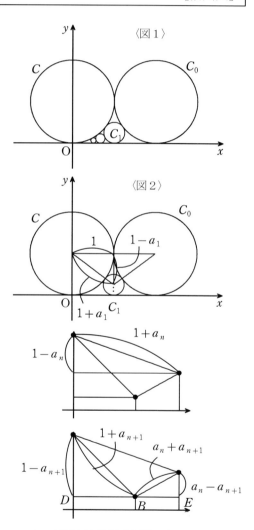

$DE=\sqrt{(1+a_n)^2-(1-a_n)^2}=2\sqrt{a_n}$
$BD=\sqrt{(1+a_{n+1})^2-(1-a_{n+1})^2}=2\sqrt{a_{n+1}}$
$BE=\sqrt{(a_n+a_{n+1})^2-(a_n-a_{n+1})^2}=2\sqrt{a_{n+1}a_n}$
$BD+BE=DE$ より
$2\sqrt{a_{n+1}}+2\sqrt{a_n a_{n+1}}=2\sqrt{a_n}$
両辺を $2\sqrt{a_n a_{n+1}}$ で割って

$\dfrac{1}{\sqrt{a_n}}+1=\dfrac{1}{\sqrt{a_{n+1}}}$　　∴ $b_{n+1}=b_n+1$

(3) (2)より $\{b_n\}$ は初項 $b_1=2$, 公差1の等差数列

∴ $b_n=n+1$　　∴ $a_n=\dfrac{1}{b_n{}^2}=\dfrac{1}{(n+1)^2}$

☆ 必要な情報だけを図示すると, 立式し易い

円の取り扱い方について整理しておこう。
2円の中心をそれぞれ $O_1$, $O_2$, 半径をそれぞれ $r_1$, $r_2$ とし，中心間の距離を $d$ とする。

○　2円が接する条件

〈外接〉　　　　　　　　〈内接〉

$$r_1 + r_2 = d$$

$$|r_1 - r_2| = d$$

外接，内接ともに「2円の接点は中心線上にある」ということは，基本事項として用いてよい。

○　2円の共通接線

図のように，接点を $T_1$, $T_2$ とし，$O_1$ から $O_2T_2$ に垂線 $O_1H$ をひくと四角形 $O_1HT_2T_1$ は長方形。
「直角三角形 $O_1O_2H$ に着目して三平方の定理」というのが常套手段。

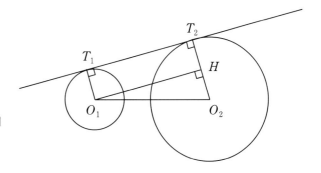

**練習 1**　$r$ は正の定数とする。半径 $r$ の円に内接する正三角形 $A_1B_1C_1$ の面積を $S_1$ とし，正三角形 $A_1B_1C_1$ の内接円 $O_1$ の面積を $T_1$ とする。次に，円 $O_1$ に内接する正三角形 $A_2B_2C_2$ の面積を $S_2$ とし，正三角形 $A_2B_2C_2$ の内接円 $O_2$ の面積を $T_2$ とする。さらに　同様の操作を繰り返してできる円 $O_{n-1}$ に内接する正三角形 $A_nB_nC_n$ の面積を $S_n$ とし，正三角形 $A_nB_nC_n$ の内接円 $O_n$ の面積を $T_n$ とする。

(1) $S_n$, $T_n$ を $n$ を用いて表せ。

(2) $U_n = S_n - T_n$ とおく。このとき，和 $\sum_{k=1}^{n} U_k$ を $n$ を用いて表せ。

［信州大］

**練習 2** 円 $x^2+(y-1)^2=1$ と外接し，$x$ 軸と接する円で中心の $x$ 座標が正であるものを条件 $P$ を満たす円ということにする。

(1) 条件 $P$ を満たす円の中心は，曲線 $y=$ ア☐ ($x>0$) の上にある。また，条件 $P$ を満たす半径 9 の円を $C_1$ とし，その中心の $x$ 座標を $a_1$ とすると，$a_1=$ イ☐ である。

(2) 条件 $P$ を満たし円 $C_1$ に外接する円を $C_2$ とする。また，$n=3,4,5,\cdots\cdots$ に対し，条件 $P$ を満たし，円 $C_{n-1}$ に外接し，かつ円 $C_{n-2}$ と異なる円を $C_n$ とする。円 $C_n$ の $x$ 座標を $a_n$ とするとき，自然数 $n$ に対し $a_{n+1}$ を $a_n$ を用いて表せ。

(3) (1), (2)で定めた数列 $\{a_n\}$ の一般項を求めよ。　　　　　　　　　　　　［慶応大］

**練習 3** 中心を点 $O$ とする半径 1 の円に内接する正六角形 $H_1$ があり，その頂点を反時計回りに $A_1$, $B_1$, $C_1$, $D_1$, $E_1$, $F_1$ とする。辺 $A_1B_1$ 上に点 $A_2$ を $\angle A_1OA_2=15°$ を満たすようにとり，辺 $B_1C_1$ 上に点 $B_2$ を $\angle B_1OB_2=15°$ を満たすようにとる。同様に，図のように辺 $C_1D_1$, $D_1E_1$, $E_1F_1$, $F_1A_1$ 上にそれぞれ点 $C_2$, $D_2$, $E_2$, $F_2$ をとり，点 $A_2$ から点 $F_2$ を頂点とする正六角形を $H_2$ とおく。

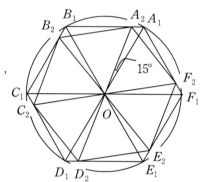

上の操作を再び正六角形 $H_2$ に対して行い，辺 $A_2B_2$, $B_2C_2$, $C_2D_2$, $D_2E_2$, $E_2F_2$, $F_2A_2$ 上にそれぞれ点 $A_3$, $B_3$, $C_3$, $D_3$, $E_3$, $F_3$ をとり，これらを頂点とする正六角形を $H_3$ とおく。同様に 3 以上の整数 $n$ に対して，上の操作を正六角形 $H_n$ に行うことにより得られる正六角形を $H_{n+1}$ とおく。

(1) 辺 $OA_2$ の長さを求めよ。　　　(2) 正六角形 $H_2$ の面積 $S_2$ を求めよ。

(3) 正六角形 $H_n$ の面積 $S_n$ を $n$ を用いて表せ。　　　　　　　　　　　　［岐阜大］

# 第2講　確率と漸化式

> 例3　2点 $A$, $B$ と，その上を動く1個の石を考える。この石は，時刻 $t=0$ で点 $A$ にあり，その後，次の規則(a), (b)に従って動く。
> 　各 $t=0,1,2,\cdots\cdots$ に対して
> (a) 時刻 $t$ に石が点 $A$ にあれば，時刻 $t+1$ に石が点 $A$ にある確率は $\dfrac{1}{3}$，点 $B$ にある確率は $\dfrac{2}{3}$ である。
> (b) 時刻 $t$ に石が点 $B$ にあれば，時刻 $t+1$ に石が点 $B$ にある確率は $\dfrac{1}{3}$，点 $A$ にある確率は $\dfrac{2}{3}$ である。
>
> いま，$n$ を自然数とし，時刻 $t=n$ において石が点 $A$ にある確率を $p_n$ とするとき，次の問いに答えよ。
> (1) $p_1$ を求めよ。
> (2) $p_{n+1}$ を $p_n$ を用いて表せ。
> (3) $p_n$ を求めよ。
> 　　　　　　　　　　　　　　　　　　　　　　　　　　　[広島大]

☆ 確率と漸化式に関する典型的な問題。（2）のような
$$p_{n+1}=p_n\times\bigcirc+(1-p_n)\times\triangle$$
の形の漸化式は頻出である。規則は右のように図示するとよい。

〈解〉（1）右図より　$p_1=\dfrac{1}{3}$

（2）右図より
$$p_{n+1}=p_n\times\dfrac{1}{3}+(1-p_n)\times\dfrac{2}{3}=-\dfrac{1}{3}p_n+\dfrac{2}{3}$$

（3）（2）より
$$p_{n+1}-\dfrac{1}{2}=-\dfrac{1}{3}\left(p_n-\dfrac{1}{2}\right),\quad p_1-\dfrac{1}{2}=-\dfrac{1}{6}$$
よって，数列 $\left\{p_n-\dfrac{1}{2}\right\}$ は初項 $-\dfrac{1}{6}$，公比 $-\dfrac{1}{3}$ の等比数列
$$p_n-\dfrac{1}{2}=-\dfrac{1}{6}\cdot\left(-\dfrac{1}{3}\right)^{n-1}=\dfrac{1}{2}\times\left(-\dfrac{1}{3}\right)^n$$
$$\therefore\ p_n=\dfrac{1}{2}\left\{1+\left(-\dfrac{1}{3}\right)^n\right\}$$

例4　2つの箱 $A$, $B$ のそれぞれに赤玉が1個, 白玉が3個, 合計4個ずつ入っている。1回の試行で箱 $A$ の玉1個と箱 $B$ の玉1個を無作為に選び交換する。この試行を $n$ 回繰り返した後, 箱 $A$ に赤玉が1個, 白玉が3個入っている確率 $p_n$ を求めよ。　　　　［一橋大］

☆　関係式が立てにくい場合は, 数列の種類を増やしてもよい。

〈解〉$n$ 回の試行後, 箱 $A$ に白玉が4個入っている確率を $q_n$, 赤玉が2個, 白玉が2個入っている確率を $r_n$ とする

規則を図示すると

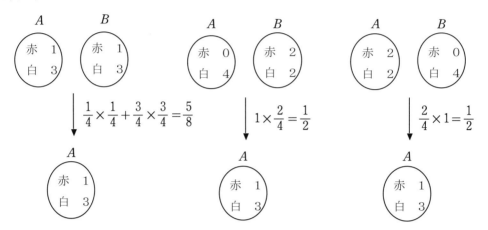

図より

$$p_{n+1} = p_n \times \frac{5}{8} + q_n \times \frac{1}{2} + r_n \times \frac{1}{2}$$
$$= \frac{5}{8} p_n + \frac{1}{2} q_n + \frac{1}{2} r_n \quad \cdots\cdots ①$$

規則を見破れば, 最初からこの式を立てることも可能

また,
$$p_n + q_n + r_n = 1 \quad \cdots\cdots ②$$

①②より
$$p_{n+1} = \frac{5}{8} p_n + \frac{1}{2}(1 - p_n) = \frac{1}{8} p_n + \frac{1}{2}$$

また, $p_1 = \frac{5}{8}$

$p_{n+1} - \frac{4}{7} = \frac{1}{8}\left(p_n - \frac{4}{7}\right)$, $p_1 - \frac{4}{7} = \frac{3}{56}$ より, 数列 $\left\{p_n - \frac{4}{7}\right\}$ は初項 $\frac{3}{56}$, 公比 $\frac{1}{8}$ の等比数列

$\therefore\ p_n - \frac{4}{7} = \frac{3}{56} \cdot \left(\frac{1}{8}\right)^{n-1} = \frac{3}{7} \cdot \left(\frac{1}{8}\right)^n$

$\therefore\ p_n = \frac{1}{7}\left\{4 + 3 \cdot \left(\frac{1}{8}\right)^n\right\}$

**例5** 1から10までの数が，同様に確からしく出るルーレットがある。いま，ルーレットを回し，1から4までの数が出るとコインを1枚もらい，5から10までの数が出るとコインを1枚失うゲームを繰り返し行う。

$N$ を2以上の定数として，コインの枚数が $N$ 枚になるか，または，コインがすべてなくなれば，ゲームを終了する。

最初にコインを $k$ 枚もってゲームを始め，コインが $N$ 枚になってゲームを終了する確率を $P_k$ として，次の □ にあてはまる数または式を解答欄（省略）に記入せよ。

(1) $P_k$ の定義より，$P_0 = $ □ ，$P_N = $ □ である。

(2) $k$ を $1 \leq k \leq N-1$ として，$P_{k-1}$，$P_k$，$P_{k+1}$ の間に成り立つ関係式は □ となる。

(3) $P_k - P_{k-1}$ を，$P_0$ と $P_1$ および $k$ を用いて表すと，$P_k - P_{k-1} = $ □ $(P_1 - P_0)$ となる。

さらに，この漸化式を解き，$P_k$ を $P_0$，$P_1$ および $k$ を用いて表すと，

$$P_k = P_0 + \boxed{\phantom{aa}}(P_1 - P_0) \quad \cdots\cdots \text{(A)}$$

となる。

(4) 式（A）は $k=0$ および $k=N$ のときも成り立つので，設問（1）の結果を使って，$P_k$ を $k$ および $N$ を用いて表すと，$P_k = $ □ となる。

(5) $N$ を偶数として，$\dfrac{N}{2}$ 枚コインを持ってゲームを始める。コインが $N$ 枚になってゲームを終了する確率が10001分の1以下になるのは，$N$ が □ 枚以上のときである。

必要があれば，$\log_{10} 2 = 0.3010$，$\log_{10} 3 = 0.4771$ を用いよ。　　　［京都薬大］

☆　昔からある有名問題であるが，対策を知らなければ案外苦戦する。

漸化式を立てるとき，**$n$ 番目と $n+1$ 番目の関係に着目**して式を立てることが多いが，本問では**はじめの1回に着目**して考える。

〈解〉(1) $P_0 = 0$，$P_N = 1$

(2) 最初に $k$ 枚のコインを持ってゲームを始めるとき，

ⅰ) 初めの1回が4以下の場合，$k+1$ 枚のコインを持つことになるので，コインが $N$ 枚になってゲームを終了する確率は　　$\dfrac{2}{5} \times P_{k+1}$

ⅱ) 初めの1回が5以上の場合，$k-1$ 枚のコインを持つことになるので，コインが $N$ 枚になってゲームを終了する確率は　　$\dfrac{3}{5} \times P_{k-1}$

従って，　$P_k = \dfrac{2}{5} P_{k+1} + \dfrac{3}{5} P_{k-1}$

(3) (2) より　$P_{k+2} - \dfrac{5}{2} P_{k+1} + \dfrac{3}{2} P_k = 0$

$P_{k+2}-P_{k+1}=\dfrac{3}{2}(P_{k+1}-P_k)$ より

$\{P_{k+1}-P_k\}$ は初項 $P_1-P_0$, 公比 $\dfrac{3}{2}$ の等比数列

$\therefore\ P_{k+1}-P_k=\left(\dfrac{3}{2}\right)^k(P_1-P_0)$ ……① $\qquad \therefore\ P_k-P_{k-1}=\left(\dfrac{3}{2}\right)^{k-1}(P_1-P_0)$

また，

$P_{k+2}-\dfrac{3}{2}P_{k+1}=P_{k+1}-\dfrac{3}{2}P_k$ より $\quad \left\{P_{k+1}-\dfrac{3}{2}P_k\right\}$ は定数列

$\therefore\ P_{k+1}-\dfrac{3}{2}P_k=P_1-\dfrac{3}{2}P_0$ ……②

①②より

$P_k = 2\cdot\left(\dfrac{3}{2}\right)^k(P_1-P_0)-(2P_1-3P_0)=P_0+2\left(\dfrac{3}{2}\right)^k(P_1-P_0)-2(P_1-P_0)=P_0+2\left\{\left(\dfrac{3}{2}\right)^k-1\right\}(P_1-P_0)$

（4）$P_0=0$ だから（3）より

$\qquad P_k=2\left\{\left(\dfrac{3}{2}\right)^k-1\right\}P_1$ ……③

$P_N=1$ だから $\quad 2\left\{\left(\dfrac{3}{2}\right)^N-1\right\}P_1=1 \qquad \therefore\ P_1=\dfrac{1}{2\left\{\left(\dfrac{3}{2}\right)^N-1\right\}}$

③より $\quad P_k=\dfrac{\left(\dfrac{3}{2}\right)^k-1}{\left(\dfrac{3}{2}\right)^N-1}$

（5）（4）より $\quad P_{\frac{N}{2}}=\dfrac{\left(\dfrac{3}{2}\right)^{\frac{N}{2}}-1}{\left(\dfrac{3}{2}\right)^N-1}\leqq\dfrac{1}{10001} \qquad \therefore\ \left\{\left(\dfrac{3}{2}\right)^{\frac{N}{2}}-1\right\}\times 10001\leqq\left(\dfrac{3}{2}\right)^N-1$

$\left(\dfrac{3}{2}\right)^{\frac{N}{2}}=x$ とおくと $\quad 10001(x-1)\leqq(x-1)(x+1) \qquad \therefore\ (x-1)(x-10000)\geqq 0$

$x\geqq\dfrac{3}{2}$ より $\qquad x\geqq 10000$

$\left(\dfrac{3}{2}\right)^{\frac{N}{2}}\geqq 10000$ の両辺の常用対数をとると $\quad \dfrac{N}{2}\log_{10}\dfrac{3}{2}\geqq 4$

$N(\log_{10}3-\log_{10}2)\geqq 8$

$\log_{10}3=0.4771$, $\log_{10}2=0.3010$ より $\quad 0.1761N\geqq 8$

$N\geqq\dfrac{8}{0.1761}=45.4\ldots \qquad$ 従って，46 枚以上

〈参考〉 「はじめの1回に着目」すると考え易い例として，次のものが有名である．

『一歩で階段を1段または2段上がるとき，$n$ 段の階段を上る方法が $a_n$ 通りであるとする．

$a_{n+2}$, $a_{n+1}$, $a_n$ の間に成り立つ関係式を求めよ』

〈解〉 $n+2$ 段の階段を上がるとき，

ⅰ) 一歩目に1段上がる場合

　　残り $n+1$ 段の階段を上るので，その方法は $a_{n+1}$ 通り

ⅱ) 一歩目に2段上がる場合

　　残り $n$ 段の階段を上るので，その方法は $a_n$ 通り

ⅰ）ⅱ）より

$$a_{n+2} = a_{n+1} + a_n$$

**練習4** 袋の中に1から8までの数字が1つずつ書いてある8個の球がある．この袋から1個の球を無作為に取り出し，その数を記録してもとの袋に戻す．これを $n$ 回繰り返したとき，記録した $n$ 個の数の和が3の倍数である確率を $p_n$，記録した $n$ 個の積が3の倍数である確率を $q_n$ とする．ただし，$n=1$ のとき，$p_1$, $q_1$ は，取り出した1個の球に書かれている数が3の倍数である確率とみなす．

(1) $p_1$, $p_2$ を求めよ．
(2) $p_{n+1}$ と $p_n$ の間に成り立つ関係を式で表せ．
(3) $p_n$ を求めよ．　　　　(4) $q_n$ を求めよ．

**練習5** 四角形 $ABCD$ を底面とする四角錐 $OABCD$ を考える．点 $P$ は時刻0では頂点 $O$ にあり，1秒ごとに次の規則に従ってこの四角錐の5つの頂点のいずれかに移動する．

　　規則：点 $P$ のあった頂点と1つの辺によって結ばれる頂点の1つに，等しい確率で移動する．

このとき，$n$ 秒後に点 $P$ が頂点 $O$ にある確率を求めよ． 　　　　　　　　　　　　［京都大］

**練習6** 袋の中に青玉，黄玉，赤玉が1個ずつ合計3個の玉が入っている．袋から無作為に1個の玉を取り出し，その玉を袋の中に戻す操作を繰り返す．

(1) この操作を $n$ 回繰り返したとき，青玉が奇数回取り出される確率 $p_n$ を求めよ．
(2) 取り出した玉の色により，青玉のときは階段を2段上がり，黄玉のときは階段を1段上がる．赤玉のときは動かない．この操作を $n$ 回繰り返したとき，合計で階段を3段上がった位置にいる確率 $q_n$ を求めよ． 　　　　　　　　　　　　［一橋大］

**練習7** 相異なる3点 $A$, $B$, $C$ の上を動く点 $P$ がある。点 $P$ の1秒後の位置が以下のルールに従って定まるものとする。

(ⅰ) $A$ にいるときは，確率 $\frac{1}{3}$ で $A$ にとどまるか，確率 $\frac{1}{3}$ で $B$ に移るか，確率 $\frac{1}{3}$ で $C$ に移る。

(ⅱ) $B$ にいるときは，必ず $C$ に移る。

(ⅲ) $C$ にいるときは，確率 $\frac{1}{2}$ で $A$ に移るか，確率 $\frac{1}{2}$ で $B$ に移る。

いま，点 $P$ が $A$ からスタートしてこのルールに従って，$n$ 秒後に $A$, $B$, $C$ にいる確率をそれぞれ $a_n$, $b_n$, $c_n$ とする。

(1) $a_1$, $b_1$, $c_1$, $a_2$, $b_2$, $c_2$ を求めよ。
(2) $n \geqq 2$ のとき，$a_n$ を $a_{n-1}$, $b_{n-1}$, $c_{n-1}$ を用いて表せ。
(3) $a_n$, $b_n$, $c_n$ を求めよ。 〔北海道大〕

**練習8** 太郎君は2円，花子さんは3円もっている。いま，次のようなゲームをする。

　じゃんけんをし，太郎君が勝ったならば花子さんから1円をもらえ，太郎君が負けたならば花子さんに1円を支払う。ただし，太郎君がじゃんけんに勝つ確率は $\frac{2}{5}$ であり，どちらかの所持金が0円になったときにその者が敗者となりゲームは終わる。

　$A_n$ を太郎君の所持金が $n$ 円になったときからスタートし，花子さんの所持金が0円となる確率とすると，$A_0 = 0$，$A_5 = \boxed{\text{ア}}$ である。
このとき，$A_n = \boxed{\text{イ}} A_{n+1} + \boxed{\text{ウ}} A_{n-1}$，$1 \leqq n \leqq 4$ が成立する。
よって，$A_{n+1} - A_n = \boxed{\text{エ}}(A_n - A_{n-1})$ である。
このことから，$A_5 = \boxed{\text{オ}} A_1$ および $A_2 = \boxed{\text{カ}} A_1$ が得られる。
よって，このゲームで太郎君が勝つ確率は $\boxed{\text{キ}}$ である。 〔慶応大〕

## 第3講 格子点の問題

座標平面上で，$x$ 座標，$y$ 座標がともに整数である点を格子点という。

> **例6** 次の連立不等式で表される領域内の格子点の個数を求めよ。ただし，$n$ は自然数とする。
> 
> (1) $\begin{cases} x^2+y^2 \leq 25 \\ y \geq \dfrac{x^2}{3} \end{cases}$　　(2) $\begin{cases} x^2 \leq y \leq x+n^2-n \\ x \geq 0 \end{cases}$　　(3) $\begin{cases} 1 \leq x \leq 2^n \\ 0 < y \leq \log_2 x \end{cases}$

☆ 与えられた領域内の格子点の個数を求める問題は，次の2種に大別される。

> 〈レベルA〉すべての格子点が図示でき，数え上げることができる。
> 〈レベルB〉すべての格子点を図示し数え上げることが出来ない，または難しい。

例6では，(1)がレベルA，(2)(3)がレベルBである。
同じ格子点の個数を求める問題でも，上記の2種は，質の異なる全く別の問題であるととらえるのがよい。

　　レベルAの問題… すべての格子点を図示して数え上げる。

　理論は全く必要ではないが，普段，他の分野でグラフをかくときと違って，$x$軸，$y$軸上に整数値の目盛りを打ち，とにかく正確にかく。方眼紙状のものを作ってから図示するのもよいだろう。すべての格子点を図示して数え上げればよいのだが，次の(1)のような答案にすると，見直しも楽である。

〈解〉(1) グラフより，領域内の格子点は
　$x=0$ のとき $y=0,1,2,\cdots\cdots,5$ の6個
　$x=1$ のとき $y=1,2,3,4$ の4個
　$x=2$ のとき $y=2,3,4$ の3個
　$x=3$ のとき $y=3,4$ の2個
　$\therefore\ x>0$ のとき 9個
領域は $y$ 軸に関して対称だから，求める格子点の個数は
　　$6+9\times 2=24$ （個）

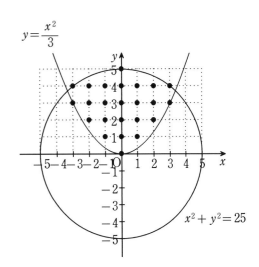

124　第4章　数列の応用

☆　レベルBの問題… $\boxed{x=k \text{ のときの格子点の個数を求める } \rightarrow \sum \text{ 利用}}$

ここで，$k$ の取りうる範囲を押さえておくと，$\sum$ の立式をするときに楽！

〈解〉（2）$x=k$ $(k=0,1,2,\cdots,n)$ のときの格子点は
$y=k^2, k^2+1, \cdots, k+n^2-n$ の
$(k+n^2-n)-k^2+1 = -k^2+k+(n^2-n+1)$（個）

$k=0$ のとき　$n^2-n+1$ 個
$k=n$ のとき　$1$ 個
ここでも「確認！」

∴　求める格子点の個数は

$\sum_{k=0}^{n}\{-k^2+k+(n^2-n+1)\}$

$= -\dfrac{n(n+1)(2n+1)}{6} + \dfrac{n(n+1)}{2} + (n+1)(n^2-n+1)$

$= \dfrac{1}{6}(n+1)\{-n(2n+1)+3n+6(n^2-n+1)\}$

$= \dfrac{1}{6}(n+1)(4n^2-4n+6)$

$= \dfrac{1}{3}(n+1)(2n^2-2n+3)$（個）

注）$n=1$，$2$ のときに適することを確認する習慣をつけよう。

格子点の個数 $A_n$ は次図より，$A_1=2$，$A_2=7$

よって，$n=1$，$2$ のときに上記の答えは適する。

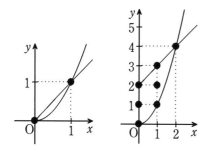

☆（3）では，領域内において，直線 $x=k$ 上の格子点の個数を求めることは難しい．
$$y=\log_2 x \iff x=2^y$$
に着目して，直線 $y=k$ 上の格子点の個数を考える．

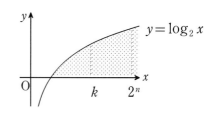

〈解〉（3）$y=\log_2 x \iff x=2^y$ より

$y=k$ $(k=1,2,\cdots\cdots,n)$ のときの格子点は

$2^k \leqq x \leqq 2^n$ の $2^n-2^k+1$ 個

よって，求める格子点の個数は

$$\sum_{k=1}^{n}\{(2^n+1)-2^k\}$$
$$=n(2^n+1)-\frac{2(2^n-1)}{2-1}$$
$$=n(2^n+1)-2^{n+1}+2$$
$$=(n-2)\cdot 2^n+(n+2)$$

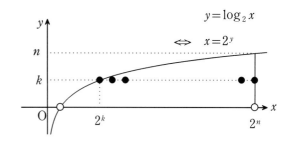

注）$n=1,2$ のときの確認は，各自行うこと．

〈参考〉ガウス記号（$[x]\cdots x$ を超えない最大の整数）を用いると，直線 $x=k$ 上の格子点の個数は $[\log_2 k]$ 個．従って，本問の結果から，$\sum_{k=1}^{2^n}[\log_2 k]=(n-2)\cdot 2^n+(n+2)$

**練習9** 連立不等式 $x^2+y^2\leqq 10$，$x-2y<1$ で表される領域内の格子点の個数を求めよ．

**練習10** 座標平面上で，点 $(x,y)$ を考える．ここで，$x$，$y$ を0以上の整数，$n$ を自然数とする．このとき，以下の個数を $n$ で表せ．
（1）$x+y\leqq n$ を満たす点 $(x,y)$ の個数
（2）$\dfrac{x}{2}+y\leqq n$ を満たす点 $(x,y)$ の個数
（3）$x+\sqrt{y}\leqq n$ を満たす点 $(x,y)$ の個数　　　　　　　　　　　　　　　　［中央大］

例7 (1) $k$ を 0 以上の整数とするとき,
$$\frac{x}{3}+\frac{y}{2}\leqq k$$
を満たす 0 以上の整数 $x$, $y$ の組 $(x,y)$ の個数を $a_k$ とする。$a_k$ を $k$ の式で表せ。

(2) $n$ を 0 以上の整数とするとき,
$$\frac{x}{3}+\frac{y}{2}+z\leqq n$$
を満たす 0 以上の整数 $x$, $y$, $z$ の組 $(x,y,z)$ の個数を $b_n$ とする。$b_n$ を $n$ の式で表せ。

[横浜国大]

☆ レベル B のうち, 場合分けを要する問題は「レベル C」としてもよいだろう。

(1) $\frac{x}{3}+\frac{y}{2}\leqq k$, $x\geqq 0$, $y\geqq 0$ より $0\leqq x\leqq 3k-\frac{3}{2}y$

ⅰ) $y=2l$ $(l=0,1,2,\cdots,k)$ のとき
 $x=0,1,2,\cdots,3k-3l$ の $3k-3l+1$ 個

ⅱ) $y=2l-1$ $(l=1,2,\cdots,k)$ のとき
 $x=0,1,2,\cdots,3k-3l+1$ の $3k-3l+2$ 個

ⅰ) ⅱ) より

$$\begin{aligned}a_k&=\sum_{l=0}^{k}(3k-3l+1)+\sum_{l=1}^{k}(3k-3l+2)\\&=(3k+1)+\sum_{l=1}^{k}\{(3k-3l+1)+(3k-3l+2)\}\\&=(3k+1)+\sum_{l=1}^{k}\{(6k+3)-6l\}\\&=(3k+1)+k(6k+3)-6\times\frac{k(k+1)}{2}\\&=3k^2+3k+1\end{aligned}$$

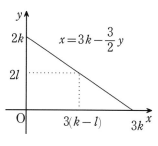

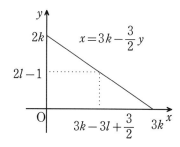

〈別解〉 4点 $(0,0)$, $(3k,0)$, $(3k,2k)$, $(0,2k)$ を頂点とする長方形の内部および周上の格子点は
$(3k+1)(2k+1)$ 個

そのうち, 直線 $x=3k-\frac{3}{2}y$ 上にあるものは $y=0,2,4,\cdots,2k$ より $k+1$ 個

∴ $a_k=\dfrac{(3k+1)(2k+1)-(k+1)}{2}+(k+1)=3k^2+3k+1$

(2) $z=i$ $(i=0,1,2,\cdots,n)$ のとき

$\frac{x}{3}+\frac{y}{2}\leqq n-i$, $x\geqq 0$, $y\geqq 0$ を満たす整数 $x$, $y$ の組 $(x,y)$ の個数は (1) より

$$3(n-i)^2+3(n-i)+1$$

$$\therefore \quad b_n = \sum_{i=0}^{n}\{3(n-i)^2+3(n-i)+1\}$$

$$= 3\sum_{i=1}^{n} i^2 + 3\sum_{i=1}^{n} i + n + 1 \quad (\to \text{「第 1 章　数列の基本」例 7 〈p.18〉参照})$$

$$= 3 \times \frac{n(n+1)(2n+1)}{6} + 3 \times \frac{n(n+1)}{2} + n + 1$$

$$= \frac{1}{2}(n+1)\{n(2n+1)+3n+2\}$$

$$= \frac{1}{2}(n+1)(2n^2+4n+2)$$

$$= (n+1)^3$$

$$\therefore \quad b_n = (n+1)^3$$

**練習 11**　連立不等式 $\dfrac{1}{2}x^2 \leqq y \leqq \left(n+\dfrac{1}{2}\right)x$　（$n$ は自然数）で表される領域内の格子点の個数を求めよ。

## 〈演習問題〉

【1】平行四辺形 $ABCD$ において $AB=BC=AC=1$ であるとする。対角線 $AC$ と $BD$ の交点を $M$ とするとき，次の問いに答えよ。

(1) $M$ から辺 $BC$ に下ろした垂線を $MP$ とし，$M$ から辺 $AD$ に下ろした垂線を $ME_1$ とする。線分 $BE_1$ と $AC$ の交点を $F_1$ とし，$F_1$ から辺 $BC$ に下ろした垂線を $F_1Q_1$ とするとき，線分 $BQ_1$ の長さを求めよ。

(2) $F_1$ から辺 $AD$ に下ろした垂線を $F_1E_2$ とし，線分 $BE_2$ と $AC$ の交点を $F_2$ とし，$F_2$ から辺 $BC$ に下ろした垂線を $F_2Q_2$ とする。以下，この操作を繰り返して点 $E_n$，$F_n$，$Q_n$ $(n=2,3,\cdots\cdots)$ をとるものとする。線分 $BQ_n$ の長さを $a_n$ とするとき，線分 $BQ_{n+1}$ の長さ $a_{n+1}$ を $a_n$ を用いて表せ。

(3) 線分 $BQ_n$ の長さを求めよ。　　　　　　　　　　　　　　　　　　　　　　　　　　　　　　　[首都大東京]

【2】座標平面上に，円 $C:(x-1)^2+(y-1)^2=1$ と点 $Q(1,2)$ がある。点 $P_1$ の座標を $(3,0)$ とし，$x$ 軸上の点 $P_2$，$P_3$ …… を以下の条件によって決め，点 $P_n$ の座標を $(p_n,0)$ とする。

　　点 $P_n$ から円 $C$ に接線を引き，その $y$ 座標が正である接点を $T_n$ とする。
　　このとき，3点 $Q$，$T_n$，$P_{n+1}$ は同一直線上にある。$(n=1,2,\cdots\cdots)$

(1) 点 $T_1$ の座標を求めよ。　　　　　　(2) 点 $P_2$ の座標を求めよ。

(3) 点 $T_n$ の座標を $p_n$ の式で表せ。　　(4) 点 $P_n$ の座標を $n$ の式で表せ。　　　　　　[千葉大]

【3】$O$ を中心とする円周上に相異なる3点 $A_0$，$B_0$，$C_0$ が時計回りの順に置かれている。自然数 $n$ に対し，点 $A_n$，$B_n$，$C_n$ を次の規則で定めていく。

(A) $A_n$ は弧 $A_{n-1}B_{n-1}$ を2等分する点である。（ここで弧 $A_{n-1}B_{n-1}$ は他の点 $C_{n-1}$ を含まない方を考える。以下においても同様である。）

(B) $B_n$ は弧 $B_{n-1}C_{n-1}$ を2等分する点である。

(C) $C_n$ は弧 $C_{n-1}A_{n-1}$ を2等分する点である。

$\angle A_nOB_n$ の大きさを $\alpha_n$ とする。ただし，$\angle A_nOB_n$ は点 $C_n$ を含まない方の弧 $A_nB_n$ の中心角を表す。

(1) すべての自然数 $n$ に対して $4\alpha_{n+1}-2\alpha_n+\alpha_{n-1}=2\pi$ であることを示せ。

(2) すべての自然数 $n$ に対して $\alpha_{n+2}=\dfrac{3}{4}\pi-\dfrac{1}{8}\alpha_{n-1}$ であることを示せ。

(3) $\alpha_{3n}$ を $\alpha_0$ で表せ。　　　　　　　　　　　　　　　　　　　　　　　　　　　　　　　　[京都大]

【4】数直線上の原点 $O$ を出発点とする。硬貨を投げるたびに，表が出たら $2$，裏が出たら $1$ だけ正の方向へ進むものとする。点 $n$ に到達する確率を $p_n$ とする。ただし，$n$ は自然数とする。このとき，以下の問いに答えよ。

(1) $3$ 以上の自然数 $n$ について，$p_n$，$p_{n-1}$，$p_{n-2}$ の関係式を求めよ。

(2) $3$ 以上の自然数 $n$ について，$p_n$ を求めよ。　　　　　　　　　　　　　　　　　　［横浜市立大］

【5】$n$ を $2$ 以上の整数とする。最初，$A$ さんは白玉だけを $n$ 個もち，$B$ さんは赤玉を $1$ 個と白玉を $n-1$ 個持つ。$A$ さんと $B$ さんは，次の順で $1$ 回分の玉のやりとりを行う。ただし，(ⅰ) と (ⅱ) を合わせて $1$ 回とする。

　(ⅰ) $A$ さんは，$B$ さんの持っている $n$ 個の玉の中から無作為に $1$ 個を取り出し，自分の持ち玉に加える。

　(ⅱ) 次に，$B$ さんは $A$ さんの持っている $n+1$ 個の玉の中から無作為に $1$ 個を取り出し，自分の持ち玉に加える。

$k$ を $1$ 以上の整数とする。上のやりとりを $k$ 回繰り返し行ったとき，$A$ さんが赤玉を持っている確率を $p_k$ とする。

(1) $p_3$ を $n$ で表せ。

(2) $p_k$ を $n$ と $k$ で表せ。　　　　　　　　　　　　　　　　　　　　　　　　　　　　［一橋大］

【6】$a$，$b$，$c$ $3$ 人がプレイヤーとなり，右の図のような三角形の上で次の規則に従って，ゲームを行う。

・まず最初は，$a$ は頂点 $A$ を出発点とし，$b$ は $B$ を，$c$ は $C$ を出発点とする。

・各プレイヤーはそれぞれ硬貨を持ち，みな同時に各自の硬貨を投げて，表が出たときは，図の矢印の向きに隣の頂点に移動し，裏が出たときは，そのまま頂点にとどまるものとする。

・この移動によって，ある頂点において $2$ 人が一緒になったときは，前からとどまっていた方がこのゲームから抜けることにする。その後は，残った $2$ 人で同様のゲームを続けるものとする。

・このような硬貨投げを繰り返し行い，最後の $1$ 人になるまで残った者をこのゲームの優勝者とする。

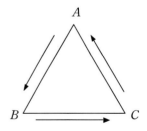

$n$ 回までの硬貨投げの結果では優勝者が決まらずに，三角形上に $3$ 人とも残っている確率を $p_n$，三角形上に $2$ 人が残っている確率を $q_n$ とする。

(1) $q_{n+1}$ を $p_n$ と $q_n$ を用いて表せ。

(2) $\dfrac{3}{2}p_{n+1}+q_{n+1}$ を $p_n$ と $q_n$ を用いて表せ。

(3) $p_n$ と $q_n$ を求めよ。

(4) $n$ 回までの硬貨投げの結果では優勝者が決まらずに，$(n+1)$ 回目の硬貨投げの結果で優勝者が決まる確率を求めよ。　　　　　　　　　　　　　　　　　　　　　　　　　　　　　［大阪市大］

【7】条件 $0<x\leqq 3^y$，$0<y\leqq \log_2 x$ を満たす整数 $x$，$y$ を座標とする点 $(x,y)$ を考える。

(1) $x=2^{10}$ となる点の個数を求めよ。ただし，$\log_2 3=1.585$ とする。

(2) $y=5$ となる点の個数を求めよ。　　(3) $y\leqq n$ となる点の個数を求めよ。　　［県立広島大］

【8】座標平面上の点 $(x,y)$ の両座標とも整数のとき，その点を格子点という。
　本問では，「領域内」とはその領域の内部および境界線を含むものとする。

(1) 不等式 $|x|+2|y|\leqq 4$ の表す領域を $D$ とする。領域 $D$ 内に格子点はいくつあるか。

(2) $n$ を自然数として，不等式 $|x|+2|y|\leqq 2n$ の表す領域を $F$ とする。領域 $F$ 内に格子点はいくつあるか。　　　　　　　　　　　　　　　　　　　　　　　　　　　　　　　　　　　　　　　　　　［早稲田大］

【閑話休題　相加平均と相乗平均】
　普通「平均」といえば「足して2で割る」相加平均のことをいう。しかし，次のような場合はどうだろうか。
　『昔，ある国で猛烈なインフレーションがあって，1年間で物価が10倍になった。そして，その次の年には1年間でなんと物価がさらに1000倍になった。この2年間で物価が10000倍になったことになるが，この2年間を平均すると1年あたり物価が何倍になったと考えられるか？』
まさか，足して2で割って $\dfrac{10+1000}{2}=505$（倍）とする人はいないだろう。2年間で10000倍だから1年当たり100倍が正解である。この「100」は10と1000の相乗平均 $\sqrt{10\times 1000}$ に等しい。
3つ以上の数でも
　『新進気鋭の会社があって，1年間で売り上げを2倍にした。2年目にはさらに4倍，3年目には8倍売り上げを伸ばした。この3年間で売り上げが64倍になったことになるが，この3年間を平均すると1年当たり売上が何倍になったと考えられるか？』
　正解は，$\sqrt[3]{2\times 4\times 8}=4$（倍）。
3つの正の実数 $a$，$b$，$c$ に対して，$\sqrt[3]{abc}$ を相乗平均という。
一般に，$n$ 個の正の実数 $a_1$，$a_2$，$a_3$，……，$a_n$ に対して，$\sqrt[n]{a_1 a_2 a_3 \cdots\cdots a_n}$ を相乗平均という。
また，
　『2つの地点A，Bを往復するのに，行きは時速6 km，帰りは時速4 km の速さで往復した。
　　往復の平均速度はいくらか？』
正解は，5 km ではなくて，4.8 km（！）。小学生の知識で解決するので，確認しておこう。
これは，「調和平均」という。2数 $a$，$b$ の調和平均とは「逆数の相加平均の逆数」で定義され，

$$\dfrac{1}{\dfrac{\dfrac{1}{a}+\dfrac{1}{b}}{2}}=\dfrac{2}{\dfrac{1}{a}+\dfrac{1}{b}}=\dfrac{2ab}{a+b}$$

と表される。（往復の平均速度が常に調和平均となることは，中学1年生程度の計算力で解決）
ところで，2つの正の数 $a$，$b$ に対して次の相加相乗平均の関係

　　　　$a$，$b$ が正のとき　　$\dfrac{a+b}{2} \geqq \sqrt{ab}$　（等号成立条件は $a=b$）

が成り立つが，これは3つ以上の数についても成り立つ。

　　　　　　$a$，$b$，$c$ が正のとき　　$\dfrac{a+b+c}{3} \geqq \sqrt[3]{abc}$

　　　　　$a$，$b$，$c$，$d$ が正のとき　　$\dfrac{a+b+c+d}{4} \geqq \sqrt[4]{abcd}$

一般に

$a_1, a_2, a_3, \cdots\cdots, a_n$ が正のとき $\dfrac{a_1+a_2+a_3+\cdots\cdots+a_n}{n} \geqq \sqrt[n]{a_1 a_2 a_3 \cdots\cdots a_n}$ ……（＊）

（＊）の証明は

$a_1+a_2+a_3+\cdots\cdots+a_n \geqq n\sqrt[n]{a_1 a_2 a_3 \cdots\cdots a_n}$ と書き変えて

$n=2$ のとき

$a_1+a_2-2\sqrt{a_1 a_2}=(\sqrt{a_1}-\sqrt{a_2})^2 \geqq 0$ ∴ $a_1+a_2 \geqq 2\sqrt{a_1 a_2}$

$n=3$ のときは,

公式 $A^3+B^3+C^3-3ABC=(A+B+C)(A^2+B^2+C^2-AB-BC-CA)$

および

$A^2+B^2+C^2-AB-BC-CA=\dfrac{1}{2}\{(A-B)^2+(B-C)^2+(C-A)^2\} \geqq 0$

に $A=\sqrt[3]{a_1}$, $B=\sqrt[3]{a_2}$, $C=\sqrt[3]{a_3}$ を当てはめて, $A+B+C>0$ から

$a_1+a_2+a_3-3\sqrt[3]{a_1 a_2 a_3}=\dfrac{1}{2}(A+B+C)\{(A-B)^2+(B-C)^2+(C-A)^2\} \geqq 0$

∴ $a_1+a_2+a_3 \geqq 3\sqrt[3]{a_1 a_2 a_3}$

$n=4$ のときは

$\begin{aligned}a_1+a_2+a_3+a_4 &= (a_1+a_2)+(a_3+a_4) \\ &\geqq 2\sqrt{a_1 a_2}+2\sqrt{a_3 a_4} \\ &= 2(\sqrt{a_1 a_2}+\sqrt{a_3 a_4}) \\ &\geqq 4\sqrt{\sqrt{a_1 a_2}\sqrt{a_3 a_4}} \\ &= 4\sqrt[4]{a_1 a_2 a_3 a_4}\end{aligned}$

$n=5,6,7$ の場合はちょっと置いといて……

$n=8$ のとき

$\begin{aligned}a_1+a_2+a_3+\cdots\cdots+a_8 &= (a_1+a_2+a_3+a_4)+(a_5+a_6+a_7+a_8) \\ &\geqq 4\sqrt[4]{a_1 a_2 a_3 a_4}+4\sqrt[4]{a_5 a_6 a_7 a_8} \\ &= 4(\sqrt[4]{a_1 a_2 a_3 a_4}+\sqrt[4]{a_5 a_6 a_7 a_8}) \\ &\geqq 8\sqrt{\sqrt[4]{a_1 a_2 a_3 a_4}\sqrt[4]{a_5 a_6 a_7 a_8}} \\ &= 8\sqrt[8]{a_1 a_2 a_3 \cdots\cdots a_8}\end{aligned}$

同様に考えて, $n=2^k$ ($k=1,2,3,\cdots\cdots$) のとき（＊）は成立（厳密には数学的帰納法）。

$n=5,6,7$ の場合の証明の前に，$n=3$ の場合を再考する。
$n=4$ の場合は証明済みなので，これが使えないかと考えて
$a_1$，$a_2$，$a_3$ ともう1つ正の数 $t$ を考えると
$$a_1+a_2+a_3+t \geqq 4\sqrt[4]{a_1a_2a_3t}$$
$t$ を $t=\sqrt[4]{a_1a_2a_3t}$ を満たす数とすると
$$a_1+a_2+a_3+t \geqq 4t \quad \text{より} \quad a_1+a_2+a_3 \geqq 3t \quad \cdots\cdots ①$$
$t=\sqrt[4]{a_1a_2a_3t}$ の両辺を4乗すると
$$t^4 = a_1a_2a_3t$$
$t \neq 0$ より
$$t^3 = a_1a_2a_3 \quad \therefore \quad t=\sqrt[3]{a_1a_2a_3} \quad \cdots\cdots ②$$
①②より
$$a_1+a_2+a_3 \geqq 3\sqrt[3]{a_1a_2a_3}$$

上記 $n=3$ の場合を参考にして，さらに

$n=5$ のとき  $a_1+a_2+a_3+a_4+a_5+t+t+t \geqq 8\sqrt[8]{a_1a_2a_3a_4a_5t^3}$

$n=6$ のとき  $a_1+a_2+a_3+a_4+a_5+a_6+t+t \geqq 8\sqrt[8]{a_1a_2a_3a_4a_5a_6t^2}$

$n=7$ のとき  $a_1+a_2+a_3+a_4+a_5+a_6+a_7+t \geqq 8\sqrt[8]{a_1a_2a_3a_4a_5a_6a_7t}$

をヒントに証明を仕上げてみるとよい。

一般の場合も同様に出来るので，是非挑戦してみよう。

なお，調和平均については
$$a>0 , b>0 \text{ のとき} \quad \frac{2ab}{a+b} \leqq \sqrt{ab} \leqq \frac{a+b}{2}$$
という関係が成立する（証明は練習問題）。

# 第4講 数列の種々の問題

**〈標準問題〉**

【9】（1）$\sum_{k=1}^{n} k^2 = \dfrac{n(n+1)(2n+1)}{6}$ を証明せよ。

（2）$\sum_{k=1}^{n} k^3 = \left\{\dfrac{n(n+1)}{2}\right\}^2$ を証明せよ。

（3）等式 $(k+1)^5 - k^5 = 5k^4 + 10k^3 + 10k^2 + 5k + 1$ を利用して $\sum_{k=1}^{n} k^4$ を求めよ。 ［大阪教育大］

【10】次の和を求めよ。

（1）$\dfrac{1}{1\cdot 3} + \dfrac{1}{3\cdot 5} + \dfrac{1}{5\cdot 7} + \cdots\cdots + \dfrac{1}{(2n-1)(2n+1)}$

（2）$\dfrac{1}{1\cdot 3\cdot 5} + \dfrac{1}{3\cdot 5\cdot 7} + \dfrac{1}{5\cdot 7\cdot 9} + \cdots\cdots + \dfrac{1}{(2n-1)(2n+1)(2n+3)}$

（3）$\dfrac{2}{1\cdot 3\cdot 5} + \dfrac{4}{3\cdot 5\cdot 7} + \dfrac{6}{5\cdot 7\cdot 9} + \cdots\cdots + \dfrac{2n}{(2n-1)(2n+1)(2n+3)}$ ［同志社大］

【11】（1）正の数からなる数列 $\{a_n\}$ に対し，

$$S_n = \sum_{k=1}^{n} a_k, \quad T_n = \dfrac{a_{n+1} + a_{n+2}}{S_n S_{n+1} S_{n+2}}$$

とする。$\sum_{k=1}^{n} T_k$ を，$S_1$，$S_2$，$S_{n+1}$，$S_{n+2}$ を用いて表せ。

（2）$\sum_{k=1}^{n} \dfrac{1}{k^2(k+1)(k+2)^2}$ を $n$ の式で表せ。 ［佐賀大］

【12】数列 $\{a_n\}$ は等比数列で，その公比は $0$ 以上の実数であるとする。自然数 $n$ に対して，

$S_n = \sum_{k=1}^{n} a_k$, $T_n = \sum_{k=1}^{n} (-1)^{k-1} a_k$, $U_n = \sum_{k=1}^{n} a_k^2$ とするとき，$n$ が奇数ならば，$S_n \cdot T_n = U_n$ が成り立つことを示せ。 ［岩手大］

【13】数列 $\{a_n\}$ と数列 $\{b_n\}$ が $a_n = \sum_{k=1}^{n}\left(\sum_{m=1}^{k} m^2\right)$ と $b_n = \sum_{k=1}^{n} \{n-(k-1)\}k^2$ で定められるとき，$a_n = b_n$ $(n=1,2,3,\cdots\cdots)$ となることを示せ。 ［群馬大］

【14】数列 $\{a_n\}$ ($n=1,2,\cdots\cdots$) に対し,
$$b_n=\frac{a_1+a_2+\cdots\cdots+a_n}{n} \quad (n=1,2,\cdots\cdots)$$
とおくとき,次の問いに答えよ.
(1) $\{a_n\}$ が等差数列ならば $\{b_n\}$ も等差数列であることを示せ.
(2) $\{b_n\}$ が等差数列ならば $\{a_n\}$ も等差数列であることを示せ.
(3) $\{b_n\}$ が等差数列で,$\displaystyle\sum_{k=1}^{10}b_{2k-1}=20$,$\displaystyle\sum_{k=1}^{10}b_{2k}=10$ を満たすとき,$\{a_n\}$ の一般項 $a_n$ を求めよ.

[茨城大]

【15】$n$ は自然数を表すとして,以下の問いに答えよ.
(1) 平面を次の条件を満たす $n$ 個の直線によって分割する.
【どの直線も他のすべての直線と交わり,どの3つの直線も1点で交わらない】
このような $n$ 個の直線によって作られる領域の個数を $L(n)$ とすると,$L(1)=2$,$L(2)=4$ は容易にわかる.次の問いに答えよ.
 (i) $L(3)$,$L(4)$,$L(5)$ をそれぞれ求めよ.
 (ii) $L(n)$ の漸化式を求めよ. (iii) $L(n)$ を求めよ.
(2) 平面を次の条件を満たす $n$ 個の円によって分割する.
【どの円も他のすべての円と2点で交わり,どの3つの円も1点で交わらない】
このような $n$ 個の円によって作られる領域の個数を $D(n)$ とすると,$D(1)=2$ は容易にわかる.次の問いに答えよ.
 (i) $D(2)$,$D(3)$,$D(4)$ をそれぞれ求めよ.
 (ii) $D(n)$ の漸化式を求めよ. (iii) $D(n)$ を求めよ.

[浜松医科大]

【16】数列 $\{a_n\}$ を初項1,公差 $\dfrac{1}{2}$ の等差数列とするとき,数列 $\{b_n\}$ を $b_n=2^{a_n}$ で定義する.
(1) $b_n\geqq 2^{100}$ となる最小の自然数 $n$ を求めよ.
(2) $\{b_n\}$ の初項から第 $n$ 項までの積を $P_n$ で表す.すなわち
$$P_n=b_1\times b_2\times b_3\times\cdots\cdots\times b_n$$
である.このとき,$P_n\geqq 2^{100}$ となる最小の自然数 $n$ を求めよ.
(3) $\{b_n\}$ の初項から第 $n$ 項までの和を $S_n$ で表す.すなわち
$$S_n=b_1+b_2+b_3+\cdots\cdots+b_n$$
である.このとき,$S_n\geqq 2^{100}S_2$ となる最小の自然数 $n$ を求めよ.

[岩手大]

【17】次の数列を考える。

$$\frac{1\times 2}{1\times 2} \mid \frac{2\times 3}{1\times 2}, \frac{2\times 3}{2\times 3}, \frac{1\times 2}{2\times 3} \mid \frac{3\times 4}{1\times 2},$$

$$\frac{3\times 4}{2\times 3}, \frac{3\times 4}{3\times 4}, \frac{2\times 3}{3\times 4}, \frac{1\times 2}{3\times 4} \mid \frac{4\times 5}{1\times 2}, \cdots\cdots$$

つまり，第 1 群には 1 個の分数があり，第 2 群には 3 個の分数があり，一般に，第 $k$ 群には $(2k-1)$ 個の分数がある（$k=1,2,3,\cdots\cdots$）。また，第 $k$ 群の $i$ 番目の分数は

$1 \leqq i \leqq k$ のとき　　　　　$\dfrac{k(k+1)}{i(i+1)}$

$k+1 \leqq i \leqq 2k-1$ のとき　　$\dfrac{(2k-i)(2k-i+1)}{k(k+1)}$

である。まず，第 1 群の分数が並び，次に，第 2 群の分数が並び，以下，順次各群の分数が並んでいる数列である。例えば，この数列の第 6 項は，第 3 群の 2 番目の分数であり，$\dfrac{3\times 4}{2\times 3}$ である。

（1）この数列の第 101 項を求めよ。
（2）この数列の初項から第 100 項までの和を求めよ。　　　　　　　　　　　［神戸大］

【18】正の数 $a_1$，$a_2$，$\cdots\cdots$，$a_n$ と自然数 $n \geqq 2$ に対して，次の不等式が成り立つことを数学的帰納法で証明せよ。

$$\sum_{i=1}^{n} \frac{a_i}{1+a_i} > \frac{a_1+a_2+\cdots\cdots+a_n}{1+a_1+a_2+\cdots\cdots+a_n}$$

［信州大］

【19】$n$ は 2 以上の整数であり，$\dfrac{1}{2} < a_j < 1$（$j=1,2,\cdots\cdots,n$）であるとき，不等式

$$(1-a_1)(1-a_2)\cdots\cdots(1-a_n) > 1 - \left(a_1 + \frac{a_2}{2} + \cdots\cdots + \frac{a_n}{2^{n-1}}\right)$$

が成立することを示せ。　　　　　　　　　　　　　　　　　　　　　　　　　［京都大］

【20】5 次式 $f(x) = x^5 + px^4 + qx^3 + rx^2 + sx + t$（$p,q,r,s,t$ は定数）について考える。
（1）数列 $f(0)$，$f(1)$，$f(2)$，$f(3)$，$f(4)$ が等差数列であることと，
　$f(x) = x(x-1)(x-2)(x-3)(x-4) + lx + m$（$l,m$ は定数）とかけることは互いに同値であることを示せ。
（2）$f(x)$ は（1）の条件を満たすものとする。$\alpha$ を実数，$k$ を 3 以上の自然数とする。$k$ 項からなる数列 $f(\alpha)$，$f(\alpha+1)$，$f(\alpha+2)$，$\cdots\cdots$，$f(\alpha+k-1)$ が等差数列となるような $\alpha$，$k$ の組をすべて求めよ。　　　　　　　　　　　　　　　　　　　　　　　　　　　　　　　　［大阪大］

〈発展問題〉

【21】 $1$ から $n$ までの整数を $1$ つずつ書いた $n$ 枚のカードがある。この $n$ 枚のカードをよくかき混ぜてから，$1$ 枚ずつ順番に取り出して，最初に取り出したカードの数字を $a_1$，$2$ 番目に取り出したカードの数字を $a_2$，$3$ 番目に取り出したカードの数字を $a_3$，……，$(n-1)$ 番目に取り出したカードの数字を $a_{n-1}$，最後に取り出したカードの数字を $a_n$ として，
数列 $\{a_1, a_2, a_3, \cdots\cdots, a_{n-1}, a_n\}$ をつくる。

$A = a_1 + a_2 + a_3 + \cdots\cdots + a_{n-1} + a_n$
$B = a_1^2 + a_2^2 + a_3^2 + \cdots\cdots + a_{n-1}^2 + a_n^2$
$S = (a_1-1)^2 + (a_2-2)^2 + (a_3-3)^2 + \cdots\cdots + \{a_{n-1}-(n-1)\}^2 + (a_n-n)^2$
$T = (a_n-1)^2 + (a_{n-1}-2)^2 + (a_{n-2}-3)^2 + \cdots\cdots + \{a_2-(n-1)\}^2 + (a_1-n)^2$

とおくとき
(1) $A$，$B$ の値を求めよ。また，$S+T$ の値を求めよ。
(2) $S$ の最小値と，そのときの数列 $\{a_1, a_2, a_3, \cdots\cdots, a_{n-1}, a_n\}$ を求めよ。
(3) $S$ の最大値と，そのときの数列 $\{a_1, a_2, a_3, \cdots\cdots, a_{n-1}, a_n\}$ を求めよ。
(4) $S=2$ となる確率を求めよ。 ［近畿大］

【22】 $f(x) = 4x(1-x)$ とする。このとき
$$\begin{cases} f_1(x) = f(x) \\ f_{n+1}(x) = f_n(f(x)) \quad (n=1, 2, \cdots\cdots) \end{cases}$$
によって定まる多項式 $f_n(x)$ について次の問いに答えよ。
(1) 方程式 $f_2(x) = 0$ を解け。
(2) $0 \leqq t < 1$ を満たす定数 $t$ に対し，方程式 $f(x) = t$ の解を $\alpha(t)$，$\beta(t)$ とする。$c$ が $0 \leqq c < 1$ かつ $f_n(c) = 0$ を満たすとき，$\alpha(c)$，$\beta(c)$ は $f_{n+1}(x) = 0$ の解であることを示せ。
(3) $0 \leqq x \leqq 1$ の範囲での方程式 $f_n(x) = 0$ の異なる解の個数を $S_n$ とする。このとき $S_{n+1}$ を $S_n$ で表し，一般項 $S_n$ を求めよ。 ［岡山大］

【23】 実数 $x$ に対し，$x$ を超えない最大の整数を $[x]$ で表す。数列 $\{a_n\}$ が
$a_n = [\sqrt{n}]$ $(n=1,2,3,\cdots\cdots)$ で定められるとき，次の問いに答えよ。
(1) $a_1$，$a_2$，$a_3$，$a_4$ を求めよ。
(2) $n$ を自然数とする。$S_n = \sum_{i=1}^{n} a_i = a_1 + a_2 + \cdots\cdots + a_n$ とするとき，次の等式を証明せよ。
$$S_n = \left(n + \frac{5}{6}\right)a_n - \frac{1}{2}a_n^2 - \frac{1}{3}a_n^3$$
［山口大］

【24】0 以上の整数を 10 進法で表すとき，次の問いに答えよ。ただし，0 は 0 桁の数と考えることにする。また，$n$ は正の整数とする。

(1) 各桁の数が 1 または 2 である $n$ 桁の整数を考える。それらすべての整数の総和を $T_n$ とする。$T_n$ を $n$ を用いて表せ。

(2) 各桁の数が 0，1，2 のいずれかである $n$ 桁以下の整数を考える。それらすべての整数の総和を $S_n$ とする。$S_n$ が $T_n$ の 15 倍以上になるのは，$n$ がいくつ以上のときか。必要があれば，$0.301 < \log_{10} 2 < 0.302$ および $0.477 < \log_{10} 3 < 0.478$ を用いてもよい。　　　　　　　　　　　　　　　　　　　　　　　　　　　　　　　　　　　　　［京都大］

【25】3 以上の奇数 $n$ に対して，$a_n$ と $b_n$ を次のように定める。
$$a_n = \frac{1}{6}\sum_{k=1}^{n-1}(k-1)k(k+1), \quad b_n = \frac{n^2-1}{8}$$

(1) $a_n$ と $b_n$ はどちらも整数であることを示せ。

(2) $a_n - b_n$ は 4 の倍数であることを示せ。　　　　　　　　　　　　　　　　　　　　　　　　　　　　　　　　　　　　　［東京工大］

【26】数列 $\{a_n\}$ を，$a_1 = 1$，$a_{n+1} = a_n(a_n+1)$ $(n=1,2,3,\cdots\cdots)$ で定める。

(1) $n \geq 2$ のとき，$(2a_1+1)^2 + \sum_{k=2}^{n}(2a_k)^2 = (2a_n+1)^2$ となることを示せ。

(2) $2a_n+1$ と $2a_{n+1}$ の最大公約数は 1 であることを示せ。

(3) 次の 3 条件
　　(A) $x^2+y^2+z^2=w^2$　　　　　(B) $x$ と $y$ の最大公約数は 1
　　(C) $z$ は $y$ の倍数
を満たす 4 つの自然数の組 $(x,y,z,w)$ は無数にあることを示せ。　　　　　　　　　　　　　　　　　　　　　　　　　　［大阪府大］

【27】2 つの数列 $\{a_n\}$，$\{b_n\}$ は，$a_1=b_1=1$ および，関係式
$$a_{n+1}=2a_nb_n, \quad b_{n+1}=2a_n^2+b_n^2$$
を満たすものとする。

(1) $n \geq 3$ のとき，$a_n$ は 3 で割り切れるが，$b_n$ は 3 で割り切れないことを示せ。

(2) $n \geq 2$ のとき，$a_n$ と $b_n$ は互いに素であることを示せ。　　　　　　　　　　　　　　　　　　　　　　　　　　　　　　　　　　　　　［九州大］

# 指 南 の 書

第1章　指南の書

1. 等差数列の和の公式 $S_n = \dfrac{n\{2a+(n-1)d\}}{2} = \dfrac{n(a+l)}{2}$ において

    $l$ は末項だから $l = a+(n-1)d$　これを $\dfrac{n(a+l)}{2}$ に代入すると

    $\dfrac{n\{a+a+(n-1)d\}}{2} = \dfrac{n\{2a+(n-1)d\}}{2}$ となり $\dfrac{n(a+l)}{2}$ と $\dfrac{n\{2a+(n-1)d\}}{2}$ は同じ式である。

    $S_n$ を表す2つの式は同じものであることを確認して用いる習慣をつけよ。これを別々に憶えているようでは先行きは暗い。数学の公式はできるだけ関連付けて憶えること。

2. この事柄は、ギリシャ時代ピタゴラス学派の業績とされている。

3. 「自信」は「実績」を伴わない場合、「自惚れ」という。

4. 数学的帰納法が苦手という人によく尋ねるのだが、帰納法による答案を作った際
    「すべての自然数 $n$ に対して成り立つことが**『実感』出来ていますか？**」
    帰納法による解答は、「$n=1$ のとき……」「$n=k$ のときを仮定すると……」と決まった形になるので、このように答案を書けばよい、と憶えていれば何とか解ける（？）のだが、『実感』していない人は何かよく分からない感覚でいるようである。
    　数学的帰納法の原理は難しいものではなく、子供でも分かる理屈である。著者のしょーもない自慢の1つに幼稚園のときに考えた「必殺！　数学的帰納法で大根をタダまで値切る方法」というものがある。
    お店のオッチャンに「1円ならいつでもまけてやる」と約束させるとOK。すると、100円の大根に対し、「1円まけてくれる約束だったから、99円にしてね」と第1段階。第2段階は「この大根、今99円ですねぇ。1円やったらいつでもまけてくれると約束してくれましたねぇ。男に、二言はないですねぇ。だからもう1円まけて98円にしてくれますねぇ」次は「この大根、今98円ですねぇ……」
    これ、数学的帰納法でしょう!?
    $n=k$ のときの成立を仮定し $n=k+1$ のときの成立を示せば、ドミノを上手に並べた状態の完成。つまり、どれか1枚倒れたらその次のドミノも倒れますよ、という状態。
    そして、1枚目のドミノを倒せば（つまり、$n=1$ のときの成立を示せば）、バタバタバタ……とすべてのドミノが倒れる。（つまり、すべての自然数 $n$ に対しての成立が示される）
    帰納法を用いて問題を解いた時には、「ああ、すべての自然数について（ドミノがバタバタ……と倒れるように）証明出来たなぁ」と実感してください。
    ちなみに、数学史において最初に数学的帰納法が利用されたのは、17世紀にパスカルが二項定理の証明をしたときであるとされています。（→「第3章　二項定理」【補遺】）

5. $n=k, k+1$ のときの成立を仮定して、$n=k+2$ のときの成立を示す形の帰納法では、ドミノ倒しの例でいえば、2枚のドミノが連続して倒れると次のドミノが倒れるという仕組みである。だから、1枚目が倒れただけでは以下のドミノは倒れず、2枚目のドミノも倒れることによって以下のドミノが倒れていくという仕組みになっている。

従って，$n=1$ のときの成立を示しただけでは証明にならず，$n=1,2$ のときの成立を示さなければならない。

## 第2章　指南の書

1．内緒でこっそり教えるのが「トラの巻」。とりあえず，トラの巻に疑問をはさむことは禁止。
　文句をいうなら，教えてやらないぞ。
　学習が進めば，疑問は解決するかも……？

2．授業でこの証明をしたところ，何か納得していない顔つきの生徒がいる。
　自称数学嫌いの女子だ。案の定，放課後やってきた。
　「この証明なんですけども……」
　「分からんか？」
　「分からないわけじゃないんですが……」
　「これからこれ引いたらエエねん，簡単やろ？」
　「私，この証明を『簡単』って言うから数学の先生嫌いなんです！」
　あれれ，こりゃ参りました！！！
　「ほんならこんなんどないや？　数でも文字でも同じって普段から言ってるやろ？」

　例1の〈解1〉と**全く同じように**、$x=px+q$ を解いたら

　$(1-p)x=q$　　$p\neq 1$　としてよいから $x=\dfrac{q}{1-p}$

　数列 $\left\{a_n-\dfrac{q}{1-p}\right\}$ の第 $n+1$ 項は

　$a_{n+1}-\dfrac{q}{1-p}=(pa_n+q)-\dfrac{q}{1-p}=pa_n-\dfrac{pq}{1-p}=p\left(a_n-\dfrac{q}{1-p}\right)$

　これで $\left\{a_n-\dfrac{q}{1-p}\right\}$ が等比数列（公比 $p$）であることの証明完了！

　彼女曰く，まだこっちの方がマシだそうです……。

3．「両辺を $3^n$ で割ったらダメなんですか？」という人へ。→　質問する前に自分でやってみなさい！
　また，
　　$a_{n+1}-a_n=b_n$
　　$a_{n+1}=a_n+b_n$
　どちらの形でも $\{a_n\}$ の階差数列が $\{b_n\}$ であることを見破れるようになっておくこと。

4．「トレーニングしなさい」と言われた時にはしっかりトレーニングしなさいよ！

5．ややこしくなったら，解答の右にあるような図を書いて確認せよ。

顰蹙を買うだろうが，$a_1$ を求めてから例16と同様にやっても正解は出せる。

一番よいのは，最初に戻って考え直してみることである。

数列 $\{a_n\}$ （$n=1,2,3,\cdots\cdots$）の階差数列が $\{b_n\}$ （$n=1,2,3,\cdots\cdots$）であるとき，

『$n\geqq 2$ のとき $a_n=a_1+\sum_{k=1}^{n-1}b_k$』

が成り立つ理由は右の筆算からであった。

数列 $\{a_n\}$ （$n=0,1,2,\cdots\cdots$）の階差数列が $\{b_n\}$ （$n=0,1,2,\cdots\cdots$）であるときは，同じように考えて，

『$n\geqq 1$ のとき $a_n=a_0+\sum_{k=0}^{n-1}b_k$』

$a_n$ と $b_n$ の関係は，どちらも

『$a_{n+1}-a_n=b_n$』

であることも確認しておこう。

$n=1,2,3,\cdots\cdots$ のとき
$$\begin{aligned}
a_2-a_1&=b_1\\
a_3-a_2&=b_2\\
a_4-a_3&=b_3\\
&\cdots\cdots\\
+)\ a_n-a_{n-1}&=b_{n-1}\\
\hline
a_n-a_1&=\sum_{k=1}^{n-1}b_k
\end{aligned}$$
$\therefore\ a_n=a_1+\sum_{k=1}^{n-1}b_k$

$n=0,1,2,\cdots\cdots$ のとき
$$\begin{aligned}
a_1-a_0&=b_0\\
a_2-a_1&=b_1\\
a_3-a_2&=b_2\\
&\cdots\cdots\\
+)\ a_n-a_{n-1}&=b_{n-1}\\
\hline
a_n-a_0&=\sum_{k=0}^{n-1}b_k
\end{aligned}$$
$\therefore\ a_n=a_0+\sum_{k=0}^{n-1}b_k$

6．何故 $\{a_n+kb_n\}$ か？

→ $\{ka_n+b_n\}$ でも構わないし $\{a_n-kb_n\}$ $\{ka_n-b_n\}$ でも構わない。$k$ の値が逆数になったり符号違いになったりするだけである。

7．$a_{n+1}=pa_n+q_n$ の解法についてまとめておこう。

> まず，$p=1$ のときは階差数列の利用でOK。
> 
> ① （一般的解法）両辺を $p^{n+1}$ で割る。→数列 $\left\{\dfrac{a_n}{p^n}\right\}$ の階差数列が分かる
> 
> ② i) $q_n=A\cdot r^n$ の場合 → 両辺を $r^{n+1}$ で割る。
> 　ii) $q_n=An+B$ の場合 → 階差数列利用。
> 
> ③ $x_{n+1}=px_n+q_n$ を満たす数列 $\{x_n\}$ を見つけ，数列 $\{a_n-x_n\}$ を考える
> $$\begin{aligned}
> a_{n+1}&=pa_n+q_n\\
> -)\ x_{n+1}&=px_n+q_n\\
> \hline
> a_{n+1}-x_{n+1}&=p(a_n-x_n)
> \end{aligned}$$
> 従って，$\{a_n-x_n\}$ は等比数列

8．「上に有界な単調増加数列は収束する」という定理の厳密な証明は高校数学の範囲ではできないが，直感的には明らかである。

単調増加数列 $\{a_n\}$ が，ある定数 $M$ に対して $a_n < M$ （$n=1,2,3,\cdots\cdots$）を満たすとき，右図から数列 $\{a_n\}$ は明らかに $M$ 以下のある値に収束する。

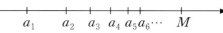

著者はこの定理を「フンヅマリの定理」と呼んでいる。（答案にはこの名称は用いないように）

「下に有界な単調減少数列は収束する」も同様。


【閑話休題　ロバの橋】〈問いの正解〉

1．「任意の角の二等分線が引けるかどうか，は証明を要する事柄であるから。」
（中学で習った二等分線の作図法を思い出そう）

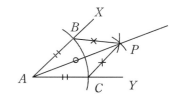

『原論』では，「任意の点を中心として任意の半径で円をかくことができる。」と公理に記されている。$A$ を中心とする円をかき，$\angle XAY$ の二辺 $AX$，$AY$ との交点をそれぞれ $B$，$C$ とする。$B$，$C$ を中心とし，等しい半径で二円をかき，その交点を $P$ とすると，$\triangle ABP \equiv \triangle ACP$ より $AP$ は $\angle XAY$ の二等分線である。従って，任意の角の二等分線を引くことができる。

ここで用いた合同条件は三辺相等である。証明1で $\angle A$ の二等分線を引いたが，この作図を行うためには三辺相等の合同定理が示された後でないといけないから。


2．$p_2 = 3$，$p_3 = 7$，$p_4 = 43$，$p_5 = 13$

# 解 答 編

基本反復練習解答　　p.146〜

練習解答　　p.154〜

演習問題解答　　p.170〜

第1章　基本反復練習

**1** （1）初項 1，公比 $x$，項数 101 の等比数列の和より

$x=1$ のとき　$S=101$，$x \neq 1$ のとき　$S=\dfrac{1-x^{101}}{1-x}$

（2）初項 $x$，公比 $x$，項数 $2n-1$ の等比数列の和より

$x=1$ のとき　$S=2n-1$，$x \neq 1$ のとき　$S=\dfrac{x(1-x^{2n-1})}{1-x}=\dfrac{x-x^{2n}}{1-x}$

（3）初項 $x^3$，公比 $x$，項数 $n-2$ の等比数列の和より

$x=1$ のとき　$S=n-2$，$x \neq 1$ のとき　$S=\dfrac{x^3(1-x^{n-2})}{1-x}=\dfrac{x^3-x^{n+1}}{1-x}$

（4）初項 1，公比 $x^2$，項数 $n+1$ の等比数列の和より

$x=\pm 1$ のとき　$S=n+1$，$x \neq \pm 1$ のとき　$S=\dfrac{1-(x^2)^{n+1}}{1-x^2}=\dfrac{1-x^{2(n+1)}}{1-x^2}$

**2** （1）初項 3，公比 3，項数 $n$ の等比数列の和より　(与式) $=\dfrac{3(3^n-1)}{3-1}=\dfrac{3}{2}(3^n-1)$

（2）初項 $3^0=1$，公比 3，項数 $n+1$ の等比数列の和より　(与式) $=\dfrac{3^{n+1}-1}{3-1}=\dfrac{1}{2}(3^{n+1}-1)$

（3）初項 $3^3=27$，公比 3，項数 $n-1$ の等比数列の和より　(与式) $=\dfrac{27(3^{n-1}-1)}{3-1}=\dfrac{1}{2}(3^{n+2}-27)$

（4）初項 $3^n$，公比 3，項数 $n+1$ の等比数列の和より　(与式) $=\dfrac{3^n(3^{n+1}-1)}{3-1}=\dfrac{1}{2}(3^{2n+1}-3^n)$

**3** （1）初項を $a$，公差を $d$ とすると
$a_6=a+5d=13$ ……①，$a_{15}=a+14d=31$ ……②
①② より　$a=3$，$d=2$　∴　$a_n=3+2(n-1)=2n+1$　∴　$a_{30}=61$
$S_n=\dfrac{n\{3+(2n+1)\}}{2}=n(n+2)$
$S_{21}=21 \cdot 23=483<500$，$S_{22}=22 \cdot 24=528>500$ より求める $n$ は　$n=22$

（2）初項を $b$，公比を $r$ とすると
$b+br+br^2=42$，$b \cdot br \cdot br^2=512$　∴　$b(1+r+r^2)=42$ ……①，$(br)^3=8^3$ ……②
$br$ は実数だから ② より　$br=8$ ……③
① × $r$ − ③ × $(1+r+r^2)$ より
$\quad br(1+r+r^2)=42r$
$-)\ br(1+r+r^2)=8(1+r+r^2)$
$\quad\quad\quad\quad\quad\quad 0=42r-8(1+r+r^2)$

$(r-4)(4r-1)=0$ より　$r=4, \dfrac{1}{4}$

$r=4$ のとき，$b=2$　∴　$b_5=2 \cdot 4^4=512$

$r=\dfrac{1}{4}$ のとき，$b=32$　∴　$b_5=\dfrac{32}{4^4}=\dfrac{1}{8}$

4  $a = \dfrac{3-\sqrt{5}}{2}$ ,  公比 $\dfrac{\sqrt{5}+1}{2}$

[〈解法1〉 $ac = b^2$ , $a + b = c = 1$ から $a = \dfrac{3-\sqrt{5}}{2}$ , $b = \dfrac{\sqrt{5}-1}{2}$ , $c = 1$

公比は $\dfrac{1}{b}$ または $\dfrac{b}{a}$

〈解法2〉 公比を $r$ とすると, $b = ar$ , $c = ar^2$

$a + b = c$ より  $a + ar^2 = ar$

$a \neq 0$ より  $1 + r = r^2$   $r^2 - r - 1 = 0$ , $r > 0$ より $r = \dfrac{1+\sqrt{5}}{2}$

また,   $a = \dfrac{1}{r^2} = \left(\dfrac{2}{1+\sqrt{5}}\right)^2 = \left(\dfrac{\sqrt{5}-1}{2}\right)^2 = \dfrac{3-\sqrt{5}}{2}$ ]

5  (1) $\dfrac{1}{3}n(n+1)(n-4)$    (2) $\dfrac{1}{3}n(n^2+3n-1)$    (3) $\dfrac{1}{4}n(n-1)(n^2+3n+4)$

(4) $\dfrac{1}{2}(n-1)n^2(n+1)$    (5) $-\dfrac{1}{4}n^2(n+1)(n-1)$

[ (2) (与式) $\displaystyle\sum_{l=1}^{n-1} l^2 + 3\sum_{l=1}^{n-1} l + \sum_{l=0}^{n-1} 1 = \dfrac{(n-1)n(2n-1)}{6} + 3 \cdot \dfrac{(n-1)n}{2} + n$ ]

6  (1) $\dfrac{1}{6}n(n+1)(4n+5)$    (2) $\dfrac{1}{6}n(n+1)(n+2)$

[ (1) 第 $k$ 項は $k(2k+1) = 2k^2 + k$        ∴ 求める和は $\displaystyle\sum_{k=1}^{n}(2k^2+k) = \cdots\cdots$

  (2) 第 $k$ 項は $k\{n-(k-1)\} = -k^2 + (n+1)k$        ∴ 求める和は $\displaystyle\sum_{k=1}^{n}\{-k^2+(n+1)k\} = \cdots\cdots$ ]

7  (1) $\dfrac{(n-1)^2 n^2}{4}$    (2) $\dfrac{1}{4}n(n+3)(n^2+3n+4)$    (3) $\dfrac{(n-1)n(2n-1)}{6}$

(4) $\dfrac{(n+1)(2n+1)(7n+6)}{6}$    (5) $\dfrac{1}{4}n(n-1)(n^2+7n-4)$

[ (1) $\displaystyle\sum_{k=1}^{n}(k-1)^3 = 0^3 + 1^3 + 2^3 + \cdots\cdots + (n-1)^3 = \sum_{k=1}^{n-1} k^3 = \cdots\cdots$

(2) $\displaystyle\sum_{k=1}^{n}(k+1)^3 = 2^3 + 3^3 + 4^3 + \cdots\cdots + (n+1)^3$

$\qquad\qquad = \left(\displaystyle\sum_{k=1}^{n+1} k^3\right) - 1$

$\qquad\qquad = \left\{\dfrac{(n+1)(n+2)}{2}\right\}^2 - 1$

$\qquad\qquad = \left\{\dfrac{(n+1)(n+2)}{2} + 1\right\}\left\{\dfrac{(n+1)(n+2)}{2} - 1\right\} = \cdots\cdots$

(3) $\displaystyle\sum_{k=1}^{n}(n-k)^2 = (n-1)^2 + (n-2)^2 + \cdots\cdots + 2^2 + 1^2 + 0^2 = \sum_{k=1}^{n-1} k^2 = \cdots\cdots$

(4) $\displaystyle\sum_{k=n}^{2n}(k+1)^2 = (n+1)^2 + (n+2)^2 + \cdots\cdots + (2n+1)^2 = \sum_{k=1}^{2n+1} k^2 - \sum_{k=1}^{n} k^2 = \cdots\cdots$

(5) $(k-1)^2(k+5) = (k-1)^2\{(k-1)+6\} = (k-1)^3 + 6(k-1)^2$ より

$\sum_{k=1}^{n}(k-1)^2(k+5) = \sum_{k=1}^{n}\{(k-1)^3 + 6(k-1)^2\} = \sum_{k=1}^{n-1}(k^3 + 6k^2) = \cdots\cdots$ ]

8 (1) $\dfrac{100}{101}$　　(2) $\dfrac{(n-1)(n+2)}{4n(n+1)}$　　(3) $\dfrac{n(5n+13)}{6(n+2)(n+3)}$　　(4) $\dfrac{n(n+2)}{(n+1)^2}$

[ (4) $\dfrac{1}{k^2} - \dfrac{1}{(k+1)^2} = \dfrac{(k+1)^2 - k^2}{k^2(k+1)^2} = \dfrac{2k+1}{k^2(k+1)^2}$ ]

9 (1) $a_n = 3n^2 - 5n + 2$　　(2) $a_1 = 3$, $n \geqq 2$ のとき $a_n = 2 \cdot 3^{n-1}$

[ (2) $a_1 = S_1 = 3$, $n \geqq 2$ のとき $a_n = S_n - S_{n-1} = 3^n - 3^{n-1} = 3^{n-1} \cdot (3-1) = 2 \cdot 3^{n-1}$

($3^n - 3^{n-1}$ は「少ない方 $3^{n-1}$ でくくる」) ]

10 (1) $a_n = 3n^2 - 2n + 1$　　(2) $a_n = 2 - (-2)^{n-1}$

11 (1) $\dfrac{(2n-1) \cdot 3^n + 1}{4}$

(2) $x=1$ のとき $S = \dfrac{n(n+1)}{2}$,

$x \neq 1$ のとき $S = \dfrac{1 - (n+1)x^n + nx^{n+1}}{(1-x)^2}$

12 (1) $1^2 + 2^2 + 3^2 + \cdots\cdots + n^2 = \dfrac{1}{6}n(n+1)(2n+1)$ ……(*) とおく

ⅰ) $n=1$ の場合

　(*) の左辺 $= 1^2 = 1$,　(*) の右辺 $= \dfrac{1}{6} \cdot 1 \cdot 2 \cdot 3 = 1$

∴ $n=1$ のとき (*) は成立

ⅱ) $n=k$ のとき (*) が成立すると仮定すると

$1^2 + 2^2 + 3^2 + \cdots\cdots + k^2 = \dfrac{1}{6}k(k+1)(2k+1)$

このとき (→注)

$1^2 + 2^2 + 3^2 + \cdots\cdots + k^2 + (k+1)^2$

$= \dfrac{1}{6}k(k+1)(2k+1) + (k+1)^2$

$= \dfrac{1}{6}(k+1)\{k(2k+1) + 6(k+1)\}$

$= \dfrac{1}{6}(k+1)(2k^2 + 7k + 6)$

$= \dfrac{1}{6}(k+1)(k+2)(2k+3)$

$= \dfrac{1}{6}(k+1)\{(k+1)+1\}\{2(k+1)+1\}$

∴ (*) は $n=k+1$ のときも成立

ⅰ) ⅱ) より, 任意の自然数 $n$ に対して (*) は成立する。

注) ここで,

　『$n=k+1$ のとき』……①

と書いてある参考書が多いが, このように書くと, つい

　『$1^2 + 2^2 + 3^2 + \cdots\cdots + (k+1)^2$

　　$= \dfrac{1}{6}(k+1)(k+2)\{2(k+1)+1\}$』……②

と書いてしまう人がいる。

② は証明すべき事柄で, 答案に書くべき事柄ではない。

著者は, 左の解答のように『このとき』と書くことを勧めている。

(2) $5^n - 1$ が 4 の倍数 ……（*）とおく

i) $n = 1$ の場合

$5^1 - 1 = 4$ となりこれは 4 の倍数

∴ $n = 1$ のとき（*）は成立

ii) $n = k$ のとき（*）が成立すると仮定すると

$5^l - 1 = 4l$（$l$ は整数）とかける。

このとき，$5^l = 4l + 1$ より

$5^{l+1} - 1 = 5(4l + 1) - 1$
$= 20l + 4$
$= 4(5l + 1)$

$5l + 1$ は整数なので，これは 4 の倍数

∴ （*）は $n = k + 1$ のときも成立

i) ii) より，任意の自然数 $n$ に対して（*）は成立する。

(3) （→【補遺 1】参照）

$n! > 2^n$（$n \geq 4$）……（*）とおく

i) $n = 4$ のとき

$4! = 24$，$2^4 = 16$ より，$n = 4$ のとき（*）は成立

ii) $n = k$（$k \geq 4$）のとき（*）が成立すると仮定すると

$$k! > 2^k$$

このとき，両辺に $k + 1$ をかけて

$(k + 1)! > (k + 1) \cdot 2^k$ ……①

$(k + 1) \cdot 2^k - 2^{k+1} = 2^k\{(k + 1) - 2\}$
$= 2^k(k - 1)$
$> 0$（∵ $k \geq 4$）

∴ $(k + 1) \cdot 2^k > 2^{k+1}$ ……②

①② より

$(k + 1)! > 2^{k+1}$

左コース

このとき，両辺に 2 をかけて

$2 \cdot k! > 2^{k+1}$ ……①

$(k + 1)! - 2 \cdot k! = k!\{(k + 1) - 2\}$
$= k!(k - 1) > 0$（∵ $k \geq 4$）

∴ $(k + 1)! > 2 \cdot k!$ ……②

①② より

$(k + 1)! > 2^{k+1}$

右コース

∴ $n = k + 1$ のときも（*）は成立

i) ii) より，任意の自然数 $n$ に対して（*）は成立する。

注）「$5^n - 1$ が 4 の倍数」を示すには，次のような方法もある。

〈別証 1〉（二項定理利用）

$5^n - 1 = (1 + 4)^n - 1$
$= 1 + {}_nC_1 \cdot 4 + {}_nC_2 \cdot 4^2 + \cdots\cdots + {}_nC_n \cdot 4^n - 1$
$= 4({}_nC_1 + {}_nC_2 \cdot 4 + \cdots\cdots + {}_nC_n \cdot 4^{n-1})$

（ ）内は整数より，$5^n - 1$ は 4 の倍数

〈別証 2〉（因数分解利用）

$5^n - 1 = (5 - 1)(5^{n-1} + 5^{n-2} + \cdots\cdots + 1) = 4 \cdot$（整数）

∴ $5^n - 1$ は 4 の倍数

---

二項定理より

$(1 + x)^n = {}_nC_0 + {}_nC_1 x + {}_nC_2 x^2 + \cdots\cdots + {}_nC_n x^n$
$= \sum_{k=0}^{n} {}_nC_k x^k$

---

因数分解の公式

$x^n - 1 = (x - 1)(x^{n-1} + x^{n-2} + \cdots\cdots + x + 1)$

---

(4) $x + y = s$，$xy = t$

$x^n + y^n$ が $s$ と $t$ の多項式で表せる ……（*）を数学的帰納法で証明する。

i) $n = 1$，2 のとき

$x + y = t$，$x^2 + y^2 = (x + y)^2 - 2xy = s^2 - 2t$

よって，$n=1,2$ のとき（＊）は成立
ⅱ）$n=k, k+1$ のとき（＊）が成立すると仮定すると
$$x^k+y^k=A, \quad x^{k+1}+y^{k+1}=B \quad (A, B は s, t の多項式) とかける$$
このとき
$$\begin{aligned} x^{k+2}+y^{k+2} &= (x+y)(x^{k+1}+y^{k+1})-x^{k+1}y-xy^{k+1} \\ &= (x+y)(x^{k+1}+y^{k+1})-xy(x^k+y^k) \\ &= sB-tA \end{aligned}$$
$sB-tA$ は $s, t$ の多項式なので，（＊）は $n=k+2$ のときも成立
ⅰ）ⅱ）より，任意の自然数 $n$ について（＊）は成立

13  $a_1{}^3+a_2{}^3+a_3{}^3+\cdots\cdots+a_n{}^3=(a_1+a_2+a_3+\cdots\cdots+a_n)^2$ ……①
$a_n=n$ ……（＊）と推定し，（＊）を数学的帰納法で証明する。
ⅰ）$n=1$ のとき
　①より　$a_1{}^3=a_1{}^2$
　$a_1 \neq 0$ より　$a_1=1$
∴　$n=1$ のとき（＊）は成立
ⅱ）$n \leqq k$ のとき（＊）が成立すると仮定する
　このとき
$$a_1{}^3+a_2{}^3+\cdots\cdots+a_k{}^3+a_{k+1}{}^3=(a_1+a_2+\cdots\cdots+a_k+a_{k+1})^2 \text{ より}$$
$$\left\{\frac{k(k+1)}{2}\right\}^2+a_{k+1}{}^3=\left\{\frac{k(k+1)}{2}+a_{k+1}\right\}^2$$
∴　$\frac{k^2(k+1)^2}{4}+a_{k+1}{}^3=\frac{k^2(k+1)^2}{4}+k(k+1)a_{k+1}+a_{k+1}{}^2$
$a_{k+1}(a_{k+1}+k)\{a_{k+1}-(k+1)\}=0$
$k$ は自然数で，$a_{k+1}>0$ より　$a_{k+1}=k+1$
よって（＊）は $n=k+1$ のときも成立
ⅰ）ⅱ）より，任意の自然数 $n$ について（＊）は成立

注）$a_n=n$ の推定は
①を利用して $n=1,2,3$
のとき $a_n$ を求めるか，
公式 $\sum_{k=1}^{n} k = \frac{n(n+1)}{2}$
$\sum_{k=1}^{n} k^3 = \left\{\frac{n(n+1)}{2}\right\}^2$
から推定する。
推定した理由は答案にかく必要はない。
（「突然ひらめいた」でOK）

14　(1) $n^2-n+1$　　(2) 第45群の18番目　　(3) $n^3$ （p.33参照）


第2章　基本反復練習

0　$a_n=\frac{n^2-n+2^n}{2}$　「$\{a_n\}$ の階差数列の一般項が $n+2^{n-1}$」

1　$a_n=2\cdot 3^{n-1}-1$

基本反復練習　151

2　(1) $a_n = 2 \cdot 3^{n-1} - 2^{n-1}$　　(2) $a_n = \dfrac{5}{7}\left\{\dfrac{22}{5} - 3\left(-\dfrac{2}{5}\right)^{n-1}\right\}$　　(3) $a_n = 3n - 2$

3　(1) $a_n = 3^n - 2^n$　　(2) $a_n = (n-1)(-2)^{n-2}$

4　$a_n = 3 \cdot 2^{n-1} - n - 1$　　　5　$a_n = 2 \cdot 5^{n-1} + (-3)^{n-1}$　, $b_n = 2 \cdot 5^{n-1} - (-3)^{n-1}$

6　$a_n = \dfrac{2}{3^n - 1}$　　　7　$a_n = 2$　［予想 → 帰納法］

8　(1) $a_n = \dfrac{2}{n(n+1)}$　［両辺×$(n+1)$］　　(2) $a_n = 3n - 1$　［両辺÷$n(n+1)$］

9　(1) $a_n = \dfrac{1}{5}\{2^{n+1} + (-3)^{n-1}\}$　, $b_n = \dfrac{1}{5}\{2^{n-1} - (-3)^{n-1}\}$

　　(2) $a_n = -(n-2) \cdot 3^{n-1}$　, $b_n = (2n-1) \cdot 3^{n-1}$

10　(1) $a_n = \dfrac{5^{n-1} + 2^{n-1}}{5^{n-1} - 2^{n-2}}$　　(2) $a_n = 2 + \dfrac{1}{n}$

第3章　基本反復練習

1　(1) ${}_nC_r = \dfrac{n!}{(n-r)!\,r!}$　または　${}_nC_r = \dfrac{n!}{r!\,(n-r)!}$

　　(2) ${}_nC_r = {}_nC_{n-r}$, ${}_nC_r = {}_{n-1}C_{r-1} + {}_{n-1}C_r$　［証明は，第1講　例3 (p.102)］

2　(1) 展開式における $x^5 y^7$ の項は　${}_{12}C_5 \cdot \left(\dfrac{x}{2}\right)^5 \cdot (-y)^7$

　　∴ 求める係数は　${}_{12}C_5 \cdot \left(\dfrac{1}{2}\right)^5 \cdot (-1)^7 = \dfrac{12 \cdot 11 \cdot 10 \cdot 9 \cdot 8}{1 \cdot 2 \cdot 3 \cdot 4 \cdot 5} \cdot \dfrac{1}{2^5} = -\dfrac{99}{4}$

　　(2) 展開式における一般項は　${}_6C_r \cdot (2x^2)^{6-r} \cdot \left(-\dfrac{1}{2x}\right)^r = {}_6C_r \cdot 2^{6-r} \cdot \left(-\dfrac{1}{2}\right)^r \cdot x^{12-3r}$

　　$12 - 3r = 3$ とすると　$r = 3$　　∴ $x^3$ の係数は　${}_6C_3 \cdot 2^3 \cdot \left(-\dfrac{1}{2}\right)^3 = \dfrac{6 \cdot 5 \cdot 4}{1 \cdot 2 \cdot 3} \cdot 2^3 \cdot \left(-\dfrac{1}{2}\right)^3 = -20$

　　$12 - 3r = 0$ とすると　$r = 4$　　∴ 定数項は　${}_6C_4 \cdot 2^2 \cdot \left(-\dfrac{1}{2}\right)^4 = \dfrac{6 \cdot 5}{1 \cdot 2} \cdot 2^2 \cdot \left(-\dfrac{1}{2}\right)^4 = \dfrac{15}{4}$

3　(1) 展開式における $x^2 y^3 z^3$ の項は　$\dfrac{8!}{2!\,3!\,3!} \cdot (2x)^2 \cdot (-y)^3 \cdot z^3 = \dfrac{8!}{2!\,3!\,3!} \cdot 2^2 \cdot (-1)^3 \cdot x^2 y^3 z^3$

　　∴ 求める係数は　$\dfrac{8!}{2!\,3!\,3!} \cdot 2^2 \cdot (-1)^3 = -2240$

（2）展開式における一般項は

$$\frac{7!}{p!q!r!}\cdot x^p\cdot 1^q\cdot\left(\frac{1}{x}\right)^r=\frac{7!}{p!q!r!}\cdot x^{p-r}\quad (p+q+r=7,\ p,\ q,\ r\text{は負でない整数})$$

$$\begin{cases}p-q=0 & \cdots\cdots ①\\ p+q+r=7 & \cdots\cdots ②\end{cases}$$

①② より

$2p+r=7$

∴ $(p,r)=(0,7),\ (1,5),\ (2,3),\ (3,1)$

∴ $(p,q,r)=(0,7,0),\ (1,5,1),\ (2,3,2),\ (3,1,3)$

∴ 求める係数は

$$\frac{7!}{0!7!0!}+\frac{7!}{1!5!1!}+\frac{7!}{2!3!2!}+\frac{7!}{3!1!3!}=393$$

$\boxed{4}$ （1） $2^n-1$ $\left[\displaystyle\sum_{k=1}^n {}_nC_k=\sum_{k=0}^n {}_nC_k-{}_nC_0=(1+1)^n-1\right]$

（2） $\dfrac{2^n}{n!}$ $\left[\displaystyle\sum_{k=0}^n a_k a_{n-k}=\sum_{k=0}^n\frac{1}{k!(n-k)!}=\frac{1}{n!}\sum_{k=0}^n\frac{n!}{k!(n-k)!}=\frac{1}{n!}\sum_{k=0}^n {}_nC_k\right]$

$\boxed{5}$ （1） $1$ $[8^n=(7+1)^n=7\times(\text{整数})+1]$

（2） $n$ が奇数のとき $0$，$n$ が偶数のとき $2$ $[2^{4n}+1=16^n+1=(17-1)^n+1=17\times(\text{整数})+(-1)^n+1]$

（3） $nx+1$ $[(1+x)^n={}_nC_0+{}_nC_1 x+x^2\times(\text{整式})]$

$\boxed{6}$ 
$$\frac{f(x+h)-f(x)}{h}=\frac{(x+h)^{10}-x^{10}}{h}$$
$$=\frac{{}_{10}C_0 x^{10}+{}_{10}C_1 x^9 h+{}_{10}C_2 x^8 h^2+\cdots\cdots+{}_{10}C_{10}h^{10}-x^{10}}{h}$$
$$=10x^9+h({}_{10}C_2 x^8+{}_{10}C_3 x^7 h+\cdots\cdots+h^8)\quad(\because\ {}_{10}C_0=1, {}_{10}C_1=10)$$

∴ $f'(x)=\displaystyle\lim_{h\to 0}\frac{f(x+h)-f(x)}{h}=10x^9$

$\boxed{7}$ $n\cdot 2^{n-1}$

$\Big[\langle\text{解}1\rangle\ k\,{}_nC_k=k\times\dfrac{n!}{k!(n-k)!}=\dfrac{n!}{(k-1)!(n-k)!}=n\times\dfrac{(n-1)!}{(k-1)!(n-k)!}=n\,{}_{n-1}C_{k-1}$ より

（与式）$=n\displaystyle\sum_{k=1}^n {}_{n-1}C_{k-1}=n\sum_{k=0}^{n-1}{}_{n-1}C_k=n\cdot(1+1)^{n-1}$

$\langle\text{解}2\rangle\ (1+x)^n=\displaystyle\sum_{k=0}^n {}_nC_k\cdot x^k$ の両辺を $x$ で微分して，$n(1+x)^{n-1}=\displaystyle\sum_{k=1}^n k\,{}_nC_k x^{k-1}$ → $x=1$ を代入$\Big]$

第 4 章　基本反復練習

1　(1) 図より

$r_n - r_{n+1} = (r_n + r_{n+1})\sin\theta$

$(1+\sin\theta)r_{n+1} = (1-\sin\theta)r_n$ より

$r_{n+1} = \dfrac{1-\sin\theta}{1+\sin\theta} r_n$

数列 $r_n$ は初項 $r_1 = 1$, 公比 $\dfrac{1-\sin\theta}{1+\sin\theta}$ の等比数列

∴　$r_n = \left(\dfrac{1-\sin\theta}{1+\sin\theta}\right)^{n-1}$

(2) $S_n$ は初項 $\pi r_1^2 = \pi$, 公比 $\left(\dfrac{1-\sin\theta}{1+\sin\theta}\right)^2$ の等比数列の和

∴　$S_n = \sum_{k=1}^{n} \pi r_k^2$
$= \dfrac{\pi\left\{1-\left(\dfrac{1-\sin\theta}{1+\sin\theta}\right)^{2n}\right\}}{1-\left(\dfrac{1-\sin\theta}{1+\sin\theta}\right)^2}$
$= \dfrac{\pi(1+\sin\theta)^2}{4\sin\theta}\left\{1-\left(\dfrac{1-\sin\theta}{1+\sin\theta}\right)^{2n}\right\}$

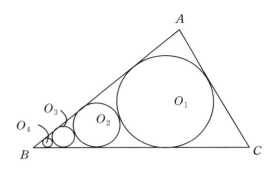

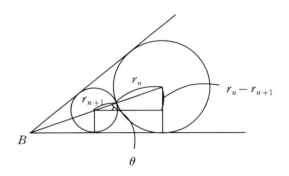

2　$p_1 = \dfrac{2}{5}$

$p_{n+1} = p_n \times \dfrac{2}{5} + (1-p_n) \times \dfrac{3}{5}$
$= -\dfrac{1}{5}p_n + \dfrac{3}{5}$

$p_{n+1} - \dfrac{1}{2} = -\dfrac{1}{5}\left(p_n - \dfrac{1}{2}\right)$,　$p_1 - \dfrac{1}{2} = \dfrac{2}{5} - \dfrac{1}{2} = -\dfrac{1}{10}$

∴　$p_n - \dfrac{1}{2} = -\dfrac{1}{10}\cdot\left(-\dfrac{1}{5}\right)^{n-1} = \dfrac{1}{2}\cdot\left(-\dfrac{1}{5}\right)^n$

∴　$p_n = \dfrac{1}{2}\left\{1+\left(-\dfrac{1}{5}\right)^n\right\}$

3　(1) 図より　$A_1 = 15$

[$x=0$ のとき, 1個
$x=1$ のとき, 4個
$x=2$ のとき, 5個
$x=3$ のとき, 4個
$x=4$ のとき, 1個]

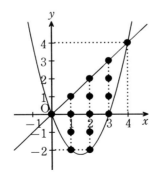

(2) $y=x^2-3x$ と $y=nx$ との交点の $x$ 座標は

$x^2-3x=nx$ より $x\{x-(n+3)\}=0$

∴ $x=0, n+3$

$x=k$ $(0 \leq k \leq n+3)$ である格子点の個数は

$nk-(k^2-3k)+1=-k^2+(n+3)k+1$

よって,求める格子点の個数は

$\sum_{k=0}^{n+3}\{-k^2+(n+3)k+1\}$

$=-\sum_{k=1}^{n+3}k^2+(n+3)\sum_{k=1}^{n+3}k+(n+4)$

$=-\dfrac{(n+3)(n+4)(2n+7)}{6}+(n+3)\cdot\dfrac{(n+3)(n+4)}{2}+(n+4)$

$=\dfrac{1}{6}(n+4)(n^2+5n+12)$

注) $n=1$ のときに適することを確認すること。

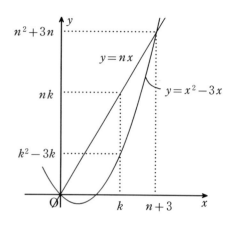

4  条件をみたす格子点は図の $\triangle OAB$ の内部および周上にある。

このうち,線分 $AB$ 上にあるものは

$x=0, 5, 10, \cdots\cdots, 5n$ の $n+1$ 個だから

求める格子点の個数は

$\dfrac{(5n+1)(2n+1)-(n+1)}{2}+(n+1)$

$=5n^2+4n+1$ (個)

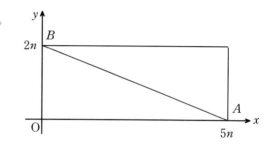

第1章 練習

1. (1) $2^{n+1}-1$ [初項 1, 公比 2, 項数 $n+1$]

(2) $\dfrac{2^{99}-1}{2^{100}}$ [一度 $\dfrac{1}{2^2}+\dfrac{1}{2^3}+\dfrac{1}{2^4}+\cdots\cdots+\dfrac{1}{2^{100}}$ と書き直す:初項 $\dfrac{1}{4}$, 公比 $\dfrac{1}{2}$, 項数 99]

(3) $r=1$ のとき 50, $r=-1$ のとき $-50$, $r \neq \pm 1$ のとき $\dfrac{r-r^{101}}{1-r^2}$

[初項 $r$, 公比 $r^2$, $2n-1=99$ とおくと $n=50$ より 項数 50, $r^2=1$ のときは場合分け]

2. (1) $6(3^n-1)$ [初項 12, 公比 3, 項数 $n$]

(2) $1-\dfrac{1}{2^{51}}$ [初項 $\dfrac{1}{2}$, 公比 $\dfrac{1}{2}$, 項数 51]

(3) $r=1$ のとき $n-2$, $r \neq 1$ のとき $\dfrac{r^3-r^{n+1}}{1-r}$ [初項 $r^3$, 公比 $r$, 項数 $n-2$, $r=1$ のときは場合分け]

(4) $x=0$ のとき 0, $x \neq 0$ のとき $1-\left(\dfrac{1}{1+x^2}\right)^n$ [初項 $\dfrac{x^2}{1+x^2}$, 公比 $\dfrac{1}{1+x^2}$, 項数 $n$

公比 $\dfrac{1}{1+x^2}=1$ とおくと $x=0$

ⅰ) $x=0$ のとき,項がすべて 0 より 与式 $=0$

ⅱ) $x\neq 0$ のとき,公比 $\neq 1$ より 与式 $=\dfrac{\dfrac{x^2}{1+x^2}\left\{1-\left(\dfrac{1}{1+x^2}\right)^n\right\}}{1-\dfrac{1}{1+x^2}}=\cdots\cdots$ ]

3.(1) $a_n=2n-3$  (2) $b_n=2^n$ または $16\cdot\left(\dfrac{1}{2}\right)^{n-1}$

[(2) 初項を $b$,公比を $r$ とすると $b_1+b_4=b+br^3=b(1+r)(1-r+r^2)=18$ ……①
$b_2+b_3=br+br^2=br(1+r)=12$ ……② → ①×$r$−②×$(1-r+r^2)$ ]

4.$(a,b,c)=\left(\dfrac{3}{2},-3,6\right)$, $\left(6,-3,\dfrac{3}{2}\right)$

[$abc=-27$,$ac=b^2$ より $b^3=-27$,$b$ は実数より $b=-3$
以下,$a,b,c$;$a,c,b$;$b,a,c$ の順で等差数列を場合分けして調べる]

5.(1) $n(n-1)^2$  (2) $\dfrac{1}{3}n(n+1)(n+2)$  (3) $\dfrac{1}{12}n(n+1)(3n^2-5n-4)$

(4) $\dfrac{1}{4}n(n+1)(n+2)(n+3)$

6.(1) $2^{n+1}-n-2$ [第 $k$ 項は $2^k-1 \to \sum_{k=1}^{n}(2^k-1)$]

(2) $n(n^2+3n+3)$ [第 $k$ 項は $k^2+k(k+1)+(k+1)^2=3k^2+3k+1 \to \sum_{k=1}^{n}(3k^2+3k+1)$]

(3) $\dfrac{1}{6}n(n+1)(2n+1)$

[第 $k$ 項は $(2k-1)(n-k+1)=-2k^2+(2n+3)k-(n+1) \to \sum_{k=1}^{n}\{-2k^2+(2n+3)k-(n+1)\}$

または,$\sum_{k=1}^{n}k\{2n-(2k-1)\}=\sum_{k=1}^{n}\{(2n+1)k-2k^2\}\to$ 例 6 参照]

7.(1) $\dfrac{(n-1)n(n+1)}{3}$ [(与式)$=\sum_{k=1}^{n}\{(n-k)^2+(n-k)\}=\sum_{k=1}^{n-1}(k^2+k)=\cdots\cdots$]

(2) $\dfrac{(n+1)(3n-2)(5n^2-5n+2)}{4}$

[(与式)$=(n-1)^3+n^3+\cdots\cdots+(2n-1)^3=\sum_{k=1}^{2n-1}k^3-\sum_{k=1}^{n-2}k^3=\cdots\cdots$]

(3) $\dfrac{n(n-1)(3n^2+5n-4)}{12}$

[$(k-1)^2(k+1)=(k-1)^2\{(k-1)+2\}=(k-1)^3+2(k-1)^2$ より

(与式)$=\sum_{k=1}^{n}\{(k-1)^3+2(k-1)^2\}=\sum_{k=1}^{n-1}(k^3+2k^2)=\cdots\cdots$]

第2章　練習

1. （1）$a_n = 2 - 3 \cdot 5^{n-1}$　　　　　　　（2）$a_n = \left(\dfrac{2}{3}\right)^{n-1} + 1$

   （3）$a_n = \dfrac{1}{5}\left\{\left(-\dfrac{3}{2}\right)^{n-1} - 1\right\}$　　$\left[a_{n+1} = \dfrac{-3a_n - 1}{2}\right.$　と変形すると，（1）（2）とほとんど同じ$\left.\right]$

   （4）$a_n = \dfrac{3^n}{3^n - 1}$　　　　　（5）$p=1$ の場合 $a_n = n$，$p \neq 1$ の場合 $a_n = \dfrac{1-p^n}{1-p}$

   $\Bigl[$ （5） $p \neq 1$ の場合　〈別解〉

   $$\begin{array}{r} a_{n+2} = pa_{n+1} + 1 \\ -)\ a_{n+1} = pa_n + 1 \\ \hline a_{n+2} - a_{n+1} = p(a_{n+1} - a_n) \end{array}$$

   $a_2 = pa_1 + 1 = p + 1$ より $a_2 - a_1 = p$

   ∴ $\{a_{n+1} - a_n\}$（$\{a_n\}$ の階差数列）は初項 $p$，公比 $p$ の等比数列

   ∴ $a_{n+1} - a_n = p^n$

   ∴ $n \geq 2$ のとき　$a_n = 1 + \sum_{k=1}^{n-1} p^k = \dfrac{1-p^n}{1-p}$　……$n=1$ のときも適する$\Bigr]$

2. （1）$a_n = \dfrac{3^{n-1} - (-2)^{n-1}}{5}$　　　　　（2）$a_n = \dfrac{5^{n-1} - 1}{4}$

   （3）$a_n = \dfrac{\sqrt{2}}{4}\{(1+\sqrt{2})^n - (1-\sqrt{2})^n\}$

   （4）$p \neq 1$ の場合 $a_n = \dfrac{1 - p^{n-1}}{1-p}$，$p=1$ の場合 $a_n = n-1$

3. （1）$a_n = 3^n - 2^n$　　　　　（2）$a_n = 2^{2n-1} + 2^n$

   （3）$a_n = (2n-5)(n-7) \cdot 2^n$

4. $a_n = n \cdot 3^{n-1}$

5. （1）$a_n = 2^{n+1} - n - 1$　　　　　（2）$a_n = 5^n + 3n$

6. （1）$a_n = 2^{n+1} - 1$　　　　　（2）$b_n = 2^{n+1} - n - 1$

   （3）$c_n = 2^{n+1} - \dfrac{1}{2}n^2 - \dfrac{1}{2}n - 1$

7. （1）$x_n = \dfrac{3^n + 1}{2}$，$y_n = \dfrac{3^n - 1}{2}$　　　　　（2）$a_n = \dfrac{1}{3n+1}$

   （3）$a_n = \dfrac{1}{2^n - 1}$　　　　　（4）$a_n = \dfrac{2n+1}{n}$

   （5）$a_n = \dfrac{1}{n}c + \dfrac{n+1}{2}$　［（5）両辺に $n+1$ をかけて $na_n = b_n$ とおく。→例14〈p.70〉参照］

8. （1）$a_n = \dfrac{8}{(2n-1)^2}$　［逆数をとる；例16の前の注意〈p.73〉参照］

   （2）$p_n = \dfrac{n}{n+1}$，$q_n = \dfrac{1}{n+1}$　［予想→帰納法］

9. (1) $a_n = 2 \cdot 3^n - 4$　　$[a_1 = 2,\ a_{n+1} = 3a_n + 8]$

   (2) $a_n = (n+1) \cdot 2^{n-2}$　　$[a_{n+2} - 4a_{n+1} + 4a_n = 0,\ a_1 = 2,\ a_2 = 6]$

   (3) $a_n = 2(3^n - 2^n)$　　　　［初めから $S_n$ だけの漸化式だから，まず $S_n$ を求め，公式「$n \geqq 2$ のとき，$a_n = S_n - S_{n-1}$」を用いるとよい．また，$a_n$ だけの漸化式に直すと　$a_1 = 2,\ a_{n+1} = 2a_n + 2 \cdot 3^n$］

10. (1) $a_n = n \cdot 2^{n-1}$　$\left[両辺 \div n(n+1)\ \to\ \left\{\dfrac{a_n}{n}\right\}\ が等比数列\right]$

    (2) $a_n = \dfrac{n^2 + n + 2}{2n(n+1)}$　$[両辺 \times n+1\ \to\ (n+1)na_n = b_n\ とおく]$

    (3) $a_n = n(2^{n+1} - 3)$　$\left[両辺 \div n(n+1)\ \to\ \dfrac{a_n}{n} = b_n\ とおく\right]$

    (4) $a_n = \dfrac{1}{2 \cdot 3^{n-1} - 1}$　$\left[両辺 \div a_n a_{n+1}\ \to\ \dfrac{1}{a_n} = b_n\ とおく\right]$

    (5) $a_n = \dfrac{1}{n(n+1)}$　$[(n+2)a_{n+1} = na_n\ \to\ 両辺 \times (n+1)]$

    (6) $a_n = \dfrac{n}{(n+1)!}$

    $\left[S_{n+1} - S_n = a_{n+1}\ より\ a_{n+1} = \dfrac{n+1}{n(n+2)}a_n\ 従って，n \geqq 2\ のとき\right.$

    $\left. a_n = \dfrac{n}{(n-1)(n+1)}a_{n-1} = \cdots = \dfrac{n}{(n-1)(n+1)} \cdot \dfrac{n-1}{(n-2)n} \cdot \dfrac{n-2}{(n-3)(n-1)} \cdots \dfrac{2}{1 \cdot 3} \cdot a_1\right]$

11. (1) $a_n = 3^{2^{n-1} - 1}$　$[\log_3 a_n = p_n\ とおくと，p_{n+1} = 2p_n + 1,\ p_1 = 0]$

    (2) $b_n = 2^{n^2 + 2n - 2}$　$[\log_2 b_n = p_n\ とおくと，p_{n+1} = p_n + 2n + 3,\ p_1 = 1]$

    (3) $c_n = \dfrac{40^{2^{n-1}}}{8}$　$[\log_2 c_n = p_n\ とおくと，p_{n+1} = 2p_n + 3,\ p_1 = \log_2 5$

    $\to\ 2^{2^{n-1} \log_2 40 - 3} = \dfrac{(2^{\log_2 40})^{2^{n-1}}}{2^3} = \dfrac{40^{2^{n-1}}}{8}$　$]$

    (4) $p_n = 2^{\frac{3^n + 1}{2}},\ q_n = 2^{\frac{3^n - 1}{2}}$

    $[\log_2 p_n = a_n,\ \log_2 q_n = b_n\ とおくと，a_{n+1} = 2a_n + b_n,\ b_{n+1} = a_n + 2b_n,\ p_1 = 2,\ q_1 = 1]$

    (5) $a_n = 3^{n-1}$　$[\log_3 a_n = b_n\ とおくと，b_1 = 0,\ b_2 = 1,\ b_{n+2} - 2b_{n+1} + b_n = 0]$

12. (1) $a_n = 3 \cdot 2^n - 1$　　(2) $a_n = \dfrac{3^n - (-1)^n}{4}$

    (3) $a_n = \dfrac{1}{2}\{(p+q)^{n+1} + (p-q)^{n+1}\},\ b_n = \dfrac{1}{2}\{(p+q)^{n+1} - (p-q)^{n+1}\}$

13. (1) $a_n = \dfrac{3^n + (-1)^n}{2},\ b_n = \dfrac{3^n - (-1)^n}{4}$

    (2) $a_n = \dfrac{4-n}{3 \cdot 2^{n-1}},\ b_n = \dfrac{n-7}{3 \cdot 2^{n-1}}$

14. （1） $a_n = \dfrac{3 \cdot 5^n + 1}{5^n - 1}$   （2） $a_n = \dfrac{4n+5}{2(4n-1)}$

15. （1） $a_n = \dfrac{5^n + 2n - 1}{2}$ , $b_n = \dfrac{5^n - 2n + 1}{2}$ ［与漸化式を①②とおいて，①＋②，①－②］

    （2） $a_n = 2^{n-1} - (-3)^{n-1} + 1$

    ［$a_{n+1} - 2a_n = b_n$ とおくと $b_{n+1} = -3b_n - 4$，$b_1 = 4$；$a_{n+1} + 3a_n = c_n$ とおくと $c_{n+1} = 2c_n - 4$，$c_1 = 9$］

    （3） $a_n = \dfrac{1}{9}\{3n + (-2)^{n+2} + 5\}$

    ［$a_{n+1} - a_n = b_n$ とおくと $b_{n+1} = -2b_n + 1$，$b_1 = 3$；$a_{n+1} + 2a_n = c_n$ とおくと $c_{n+1} = c_n + 1$，$c_1 = 3$
    〈別解〉上記 $b_n$ および階差数列利用］

    （4） $a_n = \dfrac{1}{n^2 - 2n + 3}$

    ［両辺の逆数をとり，$\dfrac{1}{a_n} = b_n$ とおくと $b_{n+2} = 2b_{n+1} - b_n + 2$ → $b_{n+2} - b_{n+1} = (b_{n+1} - b_n) + 2$

    → $b_{n+1} - b_n = 2n - 1$ より $n \geq 2$ のとき $b_n = b_1 + \sum_{k=1}^{n-1}(2k-1)$］

16. （1） ［$a_n = b_n - n - 2$ を与漸化式に代入 or $b_{n+1} = a_{n+1} + (n+1) + 2$ を与漸化式を用いて変形］

    （2） $a_n = 2 \cdot 3^n - n - 2$

    （3） $3^{n+1} - 3 - \dfrac{1}{2}n^2 - \dfrac{5}{2}n$

17. （1） $a_n = 2^n - n$   （2） $a_n = 2 \cdot 3^{n-1} + 4n + 4$

18. 略

19. （1） $a_2 = -4$，$a_3 = -24$

    （2） $b_{n+1} = 4b_n$ ［$b_{n+1} = a_{n+1} - 2^{n+1}$ を与漸化式を用いて変形 or $a_n = b_n + 2^n$ を与漸化式に代入］

    （3） $a_n = -2 \cdot 4^{n-1} + 2^n$ ［または $a_n = -2^{2n-1} + 2^n$］

20. 略

21. $a_n = 2^{n+2} + (n-3) \cdot 3^n$

    ［$x_n = (an + b) \cdot 3^n$ として，$x_n = (n-3) \cdot 3^n$ を求める］

22. （1） 2に限りなく近づく

    （2） （イ） 1に限りなく近づく
    
    　　　（ロ） いくらでも大きくなる

    〈参考〉（1）の一般項は $a_n = \dfrac{2 \cdot (-2)^n + 1}{(-2)^n - 1}$

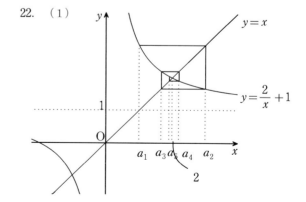

22. （1）

22. (2) (イ)

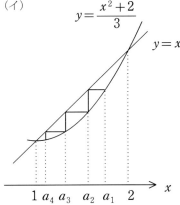

22. (2) (ロ)

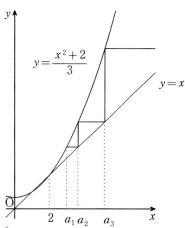

23. 50 [数列 $\{a_n\}$ は $\frac{1}{2}$, 2, $-1$ の繰り返し → $\sum_{k=1}^{100} a_k = 33(a_1+a_2+a_3)+a_1$]

24. (1) $a_n x^2 + 2b_n x + c_n = 0$ の判別式を $D_n$ とすると

$$D_{n+1}/4 = b_{n+1}^2 - a_{n+1}c_{n+1} = (b_n+2a_n)^2 - 4a_n\left(\frac{c_n}{4}+a_n+b_n\right) = b_n^2 - a_n c_n = D_n/4$$

よって，数列 $\{D_n/4\}$ は定数列（→注）

$D_1/4 = b_1^2 - a_1 c_1 = 1$ より $D_n/4 = 1 > 0$

∴ $H_n$ は $x$ 軸と 2 点で交わる。

(2) $P_n$, $Q_n$ の $x$ 座標は $x = \dfrac{-b_n \pm 1}{a_n}$ より $P_n Q_n = \left|\dfrac{-b_n+1}{a_n} - \dfrac{-b_n-1}{a_n}\right| = \dfrac{2}{|a_n|}$

$a_1 = 2$, $a_{n+1} = 4a_n$ より $a_n = 2 \cdot 4^{n-1}$ ∴ $P_n Q_n = \dfrac{1}{4^{n-1}}$

$\sum_{k=1}^{n} P_k Q_k = \sum_{k=1}^{n} \dfrac{1}{4^{k-1}} = \dfrac{1-\left(\frac{1}{4}\right)^n}{1-\frac{1}{4}} = \dfrac{4}{3}\left(1-\dfrac{1}{4^n}\right)$

〈参考〉 $b_n = \dfrac{4^n+5}{3}$, $c_n = \dfrac{2}{9}\left(\dfrac{1}{4^{n-2}}+4^n+10\right)$

注) (1)において，常に $D_n/4 = 1$ であることに初めから気付くのは難しいだろうが，数学的帰納法の利用を思いつけば，$D_n/4$ が $n$ によらず一定であることがわかる。

「数学的帰納法の利用」は思いつきますよね！(?)

25. (1) $a_1 > 0$, $a_{n+1} = 1 + \sqrt{1+a_n}$ より $a_n > 0$ $(n=1,2,\cdots)$ は明らか

$a_n < 3$ ……(*) を数学的帰納法で示す

ⅰ) 仮定より $0 < a_1 < 3$ ∴ $n=1$ のとき (*) は成立

ⅱ) $n=k$ のとき (*) が成立すると仮定すると

$0 < a_k < 3$

このとき

$3 - a_{k+1} = 3 - (1+\sqrt{1+a_k}) = 2 - \sqrt{1+a_k} = \dfrac{4-(1+a_k)}{2+\sqrt{1+a_k}} = \dfrac{3-a_k}{2+\sqrt{1+a_k}} > 0$

∴ (*) は $n=k+1$ のときも成立

ⅰ) ⅱ) より任意の自然数 $n$ に対して (*) は成立

(2) (1)の計算より

$$|3-a_n| = \frac{1}{2+\sqrt{1+a_{n-1}}} \cdot |3-a_{n-1}| \quad (n=2,3,\cdots)$$

$a_{n-1}>0$ より $\quad 0 < \dfrac{1}{2+\sqrt{1+a_{n-1}}} < \dfrac{1}{3} \qquad \therefore \quad |3-a_n| < \dfrac{1}{3}|3-a_{n-1}|$

$\therefore \quad |3-a_n| < \left(\dfrac{1}{3}\right)^{n-1}|3-a_1| \qquad \therefore \quad 3-a_n < \left(\dfrac{1}{3}\right)^{n-1}(3-a_1)$

(3) $\displaystyle\lim_{n\to\infty}\left(\dfrac{1}{3}\right)^{n-1}|3-a_1|=0$ だから (2) より $\displaystyle\lim_{n\to\infty}|3-a_n|=0 \qquad \therefore \quad \lim_{n\to\infty}a_n=3$

26. (1) $0<a_n<1$ ……(∗)を示す。

ⅰ) $n=1$ のとき,$a_1=\dfrac{1}{2}$ より (∗) は成立

ⅱ) $n=k$ のとき (∗) が成立すると仮定すると $\quad 0<a_k<1$

このとき,
$$a_{k+1}=-a_k^2+2a_k=-(a_k-1)^2+1$$

右のグラフより

$\quad 0<a_{k+1}<1 \qquad \therefore \quad$ (∗) は $n=k+1$ のときも成立

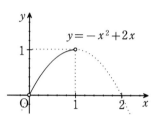

ⅰ) ⅱ) より任意の自然数 $n$ について (∗) は成立

(2) $a_{n+1}-a_n = (2a_n-a_n^2)-a_n$
$= a_n - a_n^2$
$= a_n(1-a_n) > 0 \quad (\because \text{(1) より})$

$\therefore \quad a_{n+1} > a_n$

(3) (1) (2) より $\{a_n\}$ は上に有界な単調増加数列だから収束する。

$\displaystyle\lim_{n\to\infty}a_n = \alpha$ とおくと $\quad a_{n+1}=2a_n-a_n^2$ より $\quad \alpha = 2\alpha - \alpha^2$

$\alpha(\alpha-1)=0$ より $\quad \alpha=0,1$

$\dfrac{1}{2}=a_1<a_2<\cdots\cdots<a_n<\cdots\cdots<1$ より $\quad \alpha=1$

〈別解〉 (1) (2) より

$\dfrac{1}{2}=a_1<a_n<1 \qquad \therefore \quad 0<1-a_n<\dfrac{1}{2}$

$|a_{n+1}-1| = |(2a_n-a_n^2)-1|$
$= |a_n-1|^2$
$< \dfrac{1}{2}|a_n-1|$

$\therefore \quad |a_n-1| < \left(\dfrac{1}{2}\right)^{n-1}|a_1-1|$

$\displaystyle\lim_{n\to\infty}\left(\dfrac{1}{2}\right)^{n-1}|a_1-1|=0$ より $\displaystyle\lim_{n\to\infty}|a_n-1|=0 \qquad \therefore \quad \lim_{n\to\infty}a_n=1$

**27.** （1） $n \geqq 3$ のとき

$$a_{n+1} = a_1 + a_2 + \cdots\cdots + a_{n-2} + a_{n-1}$$
$$-\underline{)\quad a_n = a_1 + a_2 + \cdots\cdots + a_{n-2}\qquad\qquad}$$
$$a_{n+1} - a_n = a_{n-1}$$

∴ $a_{n+1} = a_n + a_{n-1}$

($a_3 = \sum_{k=1}^{2} a_k = a_1 + a_2$ より $n=2$ のときも成立する)

（2） $a_{n+1} = a_n + a_{n-1}$ の両辺を $a_n$ で割ると

$$\frac{a_{n+1}}{a_n} = 1 + \frac{a_{n-1}}{a_n}$$

∴ $b_n = 1 + \dfrac{1}{b_{n-1}}$ ……①

ここで仮定より $\lim_{n\to\infty} b_n = c$ とすると $\lim_{n\to\infty} b_{n-1} = c$ だから

$$c = 1 + \frac{1}{c} \text{ ……②}$$

$c^2 - c - 1 = 0$ より $c = \dfrac{1 \pm \sqrt{5}}{2}$

$\{a_n\}$ の各項は正で $a_{n+1} = a_n + a_{n-1}$ より $\{a_n\}$ は単調増加数列

∴ $b_n > 1$ ……③   ∴ $c \geqq 1$ （→例25 注2）   ∴ $c = \dfrac{1+\sqrt{5}}{2}$

（3） $|b_{n+1} - c| = \left|1 + \dfrac{1}{b_n} - \left(1 + \dfrac{1}{c}\right)\right|$  （∵ ①② より）

$$= \left|\frac{1}{b_n} - \frac{1}{c}\right|$$

$$= \frac{|b_n - c|}{b_n c}$$

$$< \frac{|b_n - c|}{c} \qquad \text{（∵ ③ より）}$$

∴ $|b_n - c| < \left(\dfrac{1}{c}\right)^{n-1} |b_1 - c|$

$c > 1$ より $\lim_{n\to\infty} \left(\dfrac{1}{c}\right)^{n-1} |b_1 - c| = 0$   ∴ $\lim_{n\to\infty} |b_n - c| = 0$

∴ $\lim_{n\to\infty} b_n = c$

# 第4章 練習

**1.** (1) 円 $O_n$ の半径を $r_n$, 正三角形 $A_nB_nC_n$ の1辺の長さを $a_n$ とすると  $a_n = 2\sqrt{3}\,r_n$, $r_n = \dfrac{1}{2}r_{n-1}$

∴ $\{r_n\}$ は公比 $\dfrac{1}{2}$ の等比数列

$r_0 = r$ としてよいから

$r_n = \left(\dfrac{1}{2}\right)^n \cdot r$  ∴ $a_n = 2\sqrt{3}\cdot\left(\dfrac{1}{2}\right)^n \cdot r$

∴ $S_n = \dfrac{\sqrt{3}}{4}a_n{}^2 = \dfrac{\sqrt{3}}{4}\cdot 12\cdot\left(\dfrac{1}{4}\right)^n\cdot r^2 = 3\sqrt{3}\cdot\left(\dfrac{1}{4}\right)^n\cdot r^2$

また, $T_n = \pi r_n{}^2 = \pi\cdot\left(\dfrac{1}{4}\right)^n\cdot r^2$

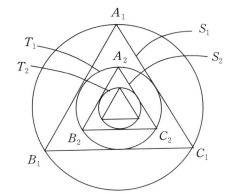

(2) $U_n = S_n - T_n$
$= 3\sqrt{3}\left(\dfrac{1}{4}\right)^n r^2 - \pi\left(\dfrac{1}{4}\right)^n r^2$
$= (3\sqrt{3} - \pi)\left(\dfrac{1}{4}\right)^n r^2$

$\displaystyle\sum_{k=1}^n U_k = \dfrac{\dfrac{1}{4}(3\sqrt{3}-\pi)\left\{1-\left(\dfrac{1}{4}\right)^n\right\}}{1-\dfrac{1}{4}}r^2$

$= \dfrac{3\sqrt{3}-\pi}{3}\left\{1-\left(\dfrac{1}{4}\right)^n\right\}r^2$

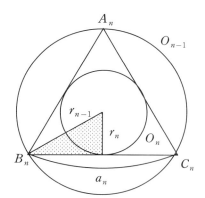

**2.** (1) 中心を $(X, Y)$ とする。

図1において三平方の定理より

$(Y+1)^2 = X^2 + (Y-1)^2$

$X^2 = (Y+1)^2 - (Y-1)^2 = 4Y$  ∴ $Y = \dfrac{X^2}{4}$

よって, 中心は, 曲線 $y = \dfrac{x^2}{4}$ ……(ア) の上にある。

$\dfrac{a_1{}^2}{4} = 9$ より $a_1{}^2 = 36$  $a_1 > 0$ より $a_1 = 6$ ……(イ)

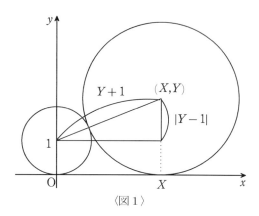

〈図1〉

(2) 図2において, 三平方の定理より

$\left(\dfrac{a_{n+1}{}^2}{4} + \dfrac{a_n{}^2}{4}\right)^2 = \left(\dfrac{a_{n+1}{}^2}{4} - \dfrac{a_n{}^2}{4}\right)^2 + (a_{n+1} - a_n)^2$

$(a_{n+1} - a_n)^2 = \left(\dfrac{a_{n+1}{}^2}{4} + \dfrac{a_n{}^2}{4}\right)^2 - \left(\dfrac{a_{n+1}{}^2}{4} - \dfrac{a_n{}^2}{4}\right)^2 = \dfrac{a_n{}^2 a_{n+1}{}^2}{4}$

$a_n > a_{n+1}$，$a_n > 0$，$a_{n+1} > 0$ より

$a_n - a_{n+1} = \dfrac{a_n a_{n+1}}{2}$

$a_{n+1}(a_n + 2) = 2a_n$ より

$a_{n+1} = \dfrac{2a_n}{a_n + 2}$

（3） $a_{n+1} = \dfrac{2a_n}{a_n + 2}$，$a_1 = 6$ ……①

①の両辺の逆数をとると

$\dfrac{1}{a_{n+1}} = \dfrac{a_n + 2}{2a_n} = \dfrac{1}{a_n} + \dfrac{1}{2}$，$\dfrac{1}{a_1} = \dfrac{1}{6}$

よって，数列 $\left\{\dfrac{1}{a_n}\right\}$ は初項 $\dfrac{1}{6}$，公差 $\dfrac{1}{2}$ の

等差数列

∴ $\dfrac{1}{a_n} = \dfrac{1}{6} + \dfrac{1}{2}(n-1) = \dfrac{3n-2}{6}$

∴ $a_n = \dfrac{6}{3n-2}$

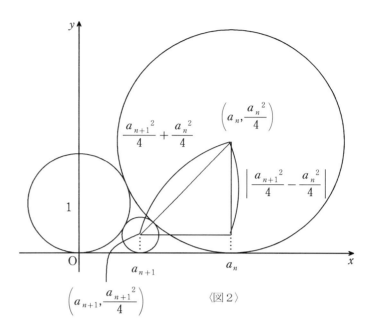

〈図2〉

3. ☆ 正弦定理の利用を思いつかなくて，手が止まることのないように。

〈解〉（1）$\triangle OA_1A_2$ において，正弦定理より

$\dfrac{OA_2}{\sin 60°} = \dfrac{1}{\sin 105°}$

$OA_2 = \dfrac{\sin 60°}{\sin 105°} = \dfrac{\frac{\sqrt{3}}{2}}{\frac{\sqrt{6}+\sqrt{2}}{4}} = \dfrac{3\sqrt{2}-\sqrt{6}}{2}$

〈別略解〉 $A_1B_1$ の中点を $M_1$ とすると，$OA_2$ が $\angle A_1OM_1$ の二等分線

であることから

$OA_2 = x$ とおくと

$\triangle OA_1M_1 = \triangle OA_1A_2 + \triangle OM_1A_2$ より

$\dfrac{\sqrt{3}}{8} = \dfrac{1}{2}x\sin 15° + \dfrac{1}{2}x \cdot \dfrac{\sqrt{3}}{2}\sin 15°$　　これから $x$ を求めることもできる。

（2） $H_1 = \dfrac{\sqrt{3}}{4} \times 1^2 \times 6 = \dfrac{3\sqrt{3}}{2}$

$H_1 \infty H_2$ で相似比は $OA_1 : OA_2 = 1 : \dfrac{3\sqrt{2}-\sqrt{6}}{2}$　　よって，面積比は $1^2 : \left(\dfrac{3\sqrt{2}-\sqrt{6}}{2}\right)^2 = 1 : 6-3\sqrt{3}$

∴ $H_2 = \dfrac{3\sqrt{3}}{2} \times (6-3\sqrt{3}) = \dfrac{18\sqrt{3}-27}{2}$

(3) (2)と同様に, $H_n \backsim H_{n-1}$ で面積比は $1 : 6-3\sqrt{3}$

$\therefore H_n = H_1 \times (6-3\sqrt{3})^{n-1} = \dfrac{3\sqrt{3}}{2} \times (6-3\sqrt{3})^{n-1}$

4. (1) $p_1 = \dfrac{2}{8} = \dfrac{1}{4}$

$p_2 = \dfrac{1}{4} \times \dfrac{2}{8} + \dfrac{3}{4} \times \dfrac{3}{8} = \dfrac{11}{32}$

(2) $p_{n+1} = p_n \times \dfrac{2}{8} + (1-p_n) \times \dfrac{3}{8}$

$\therefore p_{n+1} = -\dfrac{1}{8} p_n + \dfrac{3}{8}$

(3) (1)(2) より

$p_{n+1} - \dfrac{1}{3} = -\dfrac{1}{8}\left(p_n - \dfrac{1}{3}\right),\ p_1 - \dfrac{1}{2} = -\dfrac{1}{14}$

$\therefore$ 数列 $\left\{p_n - \dfrac{1}{3}\right\}$ は初項 $-\dfrac{1}{12}$, 公比 $-\dfrac{1}{8}$ の等比数列

$\therefore p_n - \dfrac{1}{3} = -\dfrac{1}{12} \cdot \left(-\dfrac{1}{8}\right)^{n-1}$

$\therefore p_n = \dfrac{1}{12}\left\{4 - \left(-\dfrac{1}{8}\right)^{n-1}\right\}$

(4) $n$ 個の数の積が3の倍数になるのは, $n$ 個がいずれも3の倍数にならないことの余事象だから

$q_n = 1 - \left(\dfrac{6}{8}\right)^n = 1 - \left(\dfrac{3}{4}\right)^n$

5. 求める確率を $p_n$ とすると,

$p_0 = 1,\ p_{n+1} = \dfrac{1}{3}(1-p_n)$ ……(*)

$p_{n+1} - \dfrac{1}{4} = -\dfrac{1}{3}\left(p_n - \dfrac{1}{4}\right),\ p_0 - \dfrac{1}{4} = \dfrac{3}{4}$ より

数列 $\left\{p_n - \dfrac{1}{4}\right\}$ は初項 $\dfrac{3}{4}$, 公比 $-\dfrac{1}{3}$ の等比数列

$\therefore p_n - \dfrac{1}{4} = \dfrac{3}{4} \cdot \left(-\dfrac{1}{3}\right)^n = -\dfrac{1}{4} \cdot \left(-\dfrac{1}{3}\right)^{n-1}$

$\therefore p_n = \dfrac{1}{4}\left\{1 - \left(-\dfrac{1}{3}\right)^{n-1}\right\}$

注) 関係式(*)が立てにくい場合は, 数列の種類を増やしてもよい.
 $n$ 秒後に点 $P$ が頂点 $A$, $B$, $C$, $D$ にある確率をそれぞれ
 $a_n$, $b_n$, $c_n$, $d_n$ とすると

$p_{n+1} = a_n \times \dfrac{1}{3} + b_n \times \dfrac{1}{3} + c_n \times \dfrac{1}{3} + d_n \times \dfrac{1}{3}$

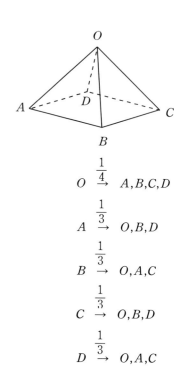

$O \xrightarrow{\frac{1}{4}} A, B, C, D$

$A \xrightarrow{\frac{1}{3}} O, B, D$

$B \xrightarrow{\frac{1}{3}} O, A, C$

$C \xrightarrow{\frac{1}{3}} O, B, D$

$D \xrightarrow{\frac{1}{3}} O, A, C$

$$= \frac{1}{3}(a_n + b_n + c_n + d_n)$$

一方，$p_n + a_n + b_n + c_n + d_n = 1$ より（*）を得る。

6．(1) $n+1$ 回目までに，青玉が奇数回取り出されるのは

　　i) $n$ 回目までに，青玉が奇数回取り出され，$n+1$ 回目に青玉以外を取り出す

　　ii) $n$ 回目までに，青玉が偶数回取り出され，$n+1$ 回目に青玉を取り出す

のいずれかだから

$$p_{n+1} = p_n \times \frac{2}{3} + (1-p_n) \times \frac{1}{3}$$

$$\therefore \quad p_{n+1} = \frac{1}{3}p_n + \frac{1}{3}$$

$p_1 = \frac{1}{3}$ であるから

$$p_{n+1} - \frac{1}{2} = \frac{1}{3}\left(p_n - \frac{1}{2}\right), \quad p_1 - \frac{1}{2} = -\frac{1}{6}$$

$\therefore \quad \left\{p_n - \frac{1}{2}\right\}$ は初項 $-\frac{1}{6}$，公比 $\frac{1}{3}$ の等比数列

$$\therefore \quad p_n - \frac{1}{2} = -\frac{1}{6} \cdot \left(\frac{1}{3}\right)^{n-1} = -\frac{1}{2} \cdot \left(\frac{1}{3}\right)^n$$

$$\therefore \quad p_n = \frac{1}{2}\left\{1 - \left(\frac{1}{3}\right)^n\right\}$$

(2) $n$ 回後，3段上がった位置にいるのは

i) 青玉が1回，黄玉が1回，赤玉が $n-2$ 回

または

ii) 黄玉が3回，赤玉が $n-3$ 回

のときだから

$$q_n = \frac{1}{3} \cdot \frac{1}{3} \cdot \left(\frac{1}{3}\right)^{n-2} \cdot n(n-1) + \left(\frac{1}{3}\right)^3 \cdot \left(\frac{1}{3}\right)^{n-3} \cdot {}_nC_3$$

$$= \left(\frac{1}{3}\right)^n \left\{n(n-1) + \frac{n(n-1)(n-2)}{3!}\right\}$$

$$= \frac{n(n-1)(n+4)}{6 \cdot 3^n}$$

7. ルールを図示すると

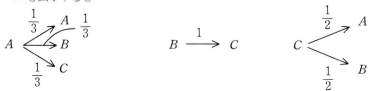

（1）図より

$a_1 = b_1 = c_1 = \dfrac{1}{3}$

$a_2 = \dfrac{1}{3} \cdot \dfrac{1}{3} + \dfrac{1}{3} \cdot \dfrac{1}{2} = \dfrac{5}{18}$

$b_2 = \dfrac{1}{3} \cdot \dfrac{1}{3} + \dfrac{1}{3} \cdot \dfrac{1}{2} = \dfrac{5}{18}$

$c_2 = \dfrac{1}{3} \cdot \dfrac{1}{3} + \dfrac{1}{3} \cdot 1 = \dfrac{4}{9}$

（2）図より

$a_n = a_{n-1} \cdot \dfrac{1}{3} + b_{n-1} \cdot 0 + c_{n-1} \cdot \dfrac{1}{2} = \dfrac{1}{3} a_{n-1} + \dfrac{1}{2} c_{n-1}$ ……①

（3）（2）と同様に

$b_n = a_{n-1} \cdot \dfrac{1}{3} + b_{n-1} \cdot 0 + c_{n-1} \cdot \dfrac{1}{2} = \dfrac{1}{3} a_{n-1} + \dfrac{1}{2} c_{n-1}$ ……②

$c_n = a_{n-1} \cdot \dfrac{1}{3} + b_{n-1} \cdot 1 + c_{n-1} \cdot 0 = \dfrac{1}{3} a_{n-1} + b_{n-1}$ ……③

また，

$a_n + b_n + c_n = 1$ ……④

①②より　$a_n = b_n$（$n=1$のときも成立）

③④より　$c_n = \dfrac{4}{3} a_{n-1} = \dfrac{4}{3} \cdot \dfrac{1-c_{n-1}}{2} = \dfrac{2}{3}(1 - c_{n-1})$

$c_n - \dfrac{2}{5} = -\dfrac{2}{3}\left(c_{n-1} - \dfrac{2}{5}\right),\ c_1 - \dfrac{2}{5} = -\dfrac{1}{15}$ より

$\left\{c_n - \dfrac{2}{5}\right\}$ は初項 $-\dfrac{1}{15}$，公比 $-\dfrac{2}{3}$ の等比数列

∴　$c_n - \dfrac{2}{5} = -\dfrac{1}{15} \cdot \left(-\dfrac{2}{3}\right)^{n-1}$　　∴　$c_n = \dfrac{2}{5} - \dfrac{1}{15} \cdot \left(-\dfrac{2}{3}\right)^{n-1}$

$a_n = b_n = \dfrac{1}{2}(1 - c_n) = \dfrac{3}{10} + \dfrac{1}{30} \cdot \left(-\dfrac{2}{3}\right)^{n-1}$

8．（答え）ア $1$ ，イ $\dfrac{2}{5}$ ，ウ $\dfrac{3}{5}$ ，エ $\dfrac{3}{2}$ ，オ $\dfrac{211}{16}$ ，カ $\dfrac{5}{2}$ ，キ $\dfrac{40}{211}$

題意より　$A_0=0$，$A_5=1$

太郎君の所持金が $n$ 円（$1\leqq n\leqq 4$）の場合

ⅰ）1回目に太郎君が勝った場合

　太郎君の所持金は $n+1$ 円になるので，花子さんの所持金が $0$ 円になる確率は $A_{n+1}$

ⅱ）1回目に太郎君が負けた場合

　太郎君の所持金は $n-1$ 円になるので，花子さんの所持金が $0$ 円になる確率は $A_{n-1}$

従って

$$A_n=\dfrac{2}{5}A_{n+1}+\dfrac{3}{5}A_{n-1}$$

$2A_{n+1}-5A_n+3A_{n-1}=0$ ……（＊）より

$$A_{n+1}-A_n=\dfrac{3}{2}(A_n-A_{n-1})$$

$A_1=a$ とおくと，$A_1-A_0=a$

∴　$\{A_{n+1}-A_n\}$（$n=0,1,2,3,4$）は初項 $a$，公比 $\dfrac{3}{2}$ の等比数列

∴　$A_{n+1}-A_n=a\cdot\left(\dfrac{3}{2}\right)^n$ ……①

また，（＊）より

$$A_{n+1}-\dfrac{3}{2}A_n=A_n-\dfrac{3}{2}A_{n-1}$$

∴　$\left\{A_{n+1}-\dfrac{3}{2}A_n\right\}$ は定数列

$A_1-\dfrac{3}{2}A_0=a$ より　$A_{n+1}-\dfrac{3}{2}A_n=a$ ……②

①②より

$$A_n=2a\left\{\left(\dfrac{3}{2}\right)^n-1\right\}$$

∴　$A_2=2a\left\{\left(\dfrac{3}{2}\right)^2-1\right\}=\dfrac{5}{2}a=\dfrac{5}{2}A_1$

$A_5=2a\left\{\left(\dfrac{3}{2}\right)^5-1\right\}=\dfrac{211}{16}a=\dfrac{211}{16}A_1$

$A_5=1$ より　$a=\dfrac{16}{211}$

太郎君ははじめに2円持っていたので，太郎君が勝つ確率は

$$A_2=\dfrac{5}{2}\times\dfrac{16}{211}=\dfrac{40}{211}$$

9. 図より

$x=-3$ のとき $y=-1,0,1$ の3個

$x=-2$ のとき $y=-1,0,1,2$ の4個

$x=-1$ のとき $y=0,1,2,3$ の4個

$x=0$ のとき $y=0,1,2,3$ の4個

$x=1$ のとき $y=1,2,3$ の3個

$x=2$ のとき $y=1,2$ の2個

よって，20個

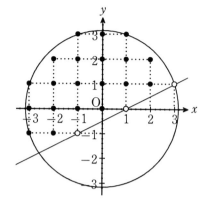

10．(1) $x=k$ $(k=0,1,2,\cdots,n)$ のとき

$y=0,1,2,\cdots,n-k$ の $n-k+1$ 個

$\therefore \sum_{k=0}^{n}\{(n+1)-k\}=(n+1)^2-\dfrac{n(n+1)}{2}$

$\qquad\qquad\qquad\qquad=\dfrac{(n+1)(n+2)}{2}$ （個）

〈別解〉グラフより

$1+2+3+\cdots+(n+1)=\dfrac{(n+1)(n+2)}{2}$ （個）

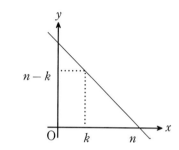

(2) $\dfrac{x}{2}+y\leqq n$ より $x\leqq 2n-2y$

$y=k$ $(k=0,1,2,\cdots,n)$ のとき

$x=0,1,2,\cdots,2n-2k$ の $2n-2k+1$ 個

$\therefore \sum_{k=0}^{n}\{(2n+1)-2k\}$

$=(2n+1)(n+1)-2\cdot\dfrac{n(n+1)}{2}$

$=(n+1)^2$ （個）

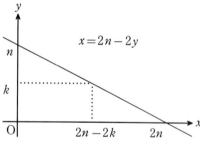

(3) $x+\sqrt{y}\leqq n$ より $\sqrt{y}\leqq n-x$

$\therefore x\leqq n$ かつ $0\leqq y\leqq(n-x)^2$

$x=k$ $(k=0,1,2,\cdots,n)$ のとき

$y=0,1,2,\cdots,(n-k)^2$ の $(n-k)^2+1$ 個

$\therefore \sum_{k=0}^{n}\{(n-k)^2+1\}=\dfrac{n(n+1)(2n+1)}{6}+(n+1)$

$\qquad\qquad\qquad\qquad=\dfrac{1}{6}(n+1)(2n^2+n+6)$ （個）

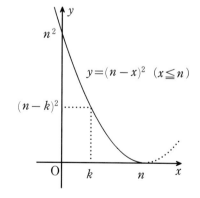

11, $\dfrac{1}{2}x^2 = f(x)$, $\left(n+\dfrac{1}{2}\right)x = g(x)$ とおく

$f(x) = g(x)$ より $x = 0,\ 2n+1$

ⅰ) $x = 2k\ (k=0,1,2,\cdots,n)$ のとき

$f(2k) = 2k^2$, $g(2k) = (2n+1)k$ より

$y = 2k^2, \cdots, (2n+1)k$

よって

$(2n+1)k - 2k^2 + 1 = -2k^2 + (2n+1)k + 1$ (個)

ⅱ) $x = 2k+1\ (k=0,1,2,\cdots,n)$ のとき

$f(2k+1) = 2k^2 + 2k + \dfrac{1}{2}$, $g(2k+1) = (2n+1)k + n + \dfrac{1}{2}$ より

$y = 2k^2 + 2k + 1, \cdots, (2n+1)k + n$

よって

$(2n+1)k + n - (2k^2 + 2k + 1) + 1 = -2k^2 + (2n-1)k + n$ (個)

ⅰ) ⅱ) より,求める格子点の個数は

$\displaystyle\sum_{k=0}^{n}\{-2k^2 + (2n+1)k + 1\} + \sum_{k=0}^{n}\{-2k^2 + (2n-1)k + n\}$

$= \displaystyle\sum_{k=0}^{n}\{-4k^2 + 4nk + (n+1)\}$

$= -4 \cdot \dfrac{n(n+1)(2n+1)}{6} + 4n \cdot \dfrac{n(n+1)}{2} + (n+1)^2$

$= \dfrac{1}{3}(n+1)\{-2n(2n+1) + 6n^2 + 3(n+1)\}$

$= \dfrac{1}{3}(n+1)(2n^2 + n + 3)$

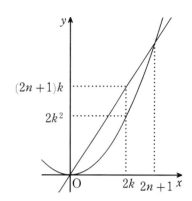

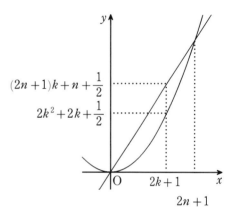

第1章　演習問題

【1】この数列を次のように群に分ける。

$1 \mid 1, 2 \mid 1, 2, 3 \mid 1, 2, 3, 4 \mid \cdots\cdots$

第 $n$ 群までの項数は

$$1+2+3+\cdots\cdots+n = \frac{n(n+1)}{2}$$

問題文で群に分けていない場合は，このように一言断ってから答案を書くように

$\dfrac{29\cdot 30}{2}=435$ …… 第29群までの項数　　$\dfrac{30\cdot 31}{2}=465$ …… 第30群までの項数

∴ $a_{450}$ は第30群の15番目　　∴ $a_{450}=15$

$a_n = m$ となる最小の $n$ は，$a_n$ が第 $m$ 群の末項となるときだから

$$n = \frac{m(m+1)}{2}$$

分かりにくいときは実験！！
　3が初めて出現するのは，第3群の末項
　10が初めて出現するのは，第10群の末項
　……
　$m$ が初めて出現するのは，第 $m$ 群の末項

【2】$\mid a_1 \mid a_2 \ \ a_3 \mid a_4 \ \ a_5 \ \ a_6 \ \ a_7 \mid a_8 \cdots\cdots$

（1）数列 $\{a_n\}$ の一般項は　$a_n = 3n-2$

第 $n-1$ 項までの項数は

$$\sum_{k=1}^{n-1} 2^{k-1} = \frac{2^{n-1}-1}{2-1} = 2^{n-1}-1$$

∴　第 $n$ 群の初項は　$a_{2^{n-1}} = 3\cdot 2^{n-1}-2$

（2）第 $n$ 群の初項は（1）より $3\cdot 2^{n-1}-2$，
公差3，項数 $2^{n-1}$ の等差数列の和より

$$\frac{2^{n-1}\{2(3\cdot 2^{n-1}-2)+3(2^{n-1}-1)\}}{2}$$

$= 2^{n-2}(6\cdot 2^{n-1}-4+3\cdot 2^{n-1}-3)$

$= 2^{n-2}(9\cdot 2^{n-1}-7)$

（3）$400 = 3n-2$ とおくと　$3n=402$ より　$n=134$

第 $n$ 群までの項数は $2^n-1$ だから

　第7群までの項数 …… $2^7-1 = 137 < 134$

　第8群までの項数 …… $2^8-1 = 255 > 134$

∴　400は第8群の7番目

【3】自然数の列 1, 2, 3, …… を次のように群に分ける。

$1 \mid 2, 3 \mid 4, 5, 6 \mid 7, 8, 9, 10 \mid \cdots\cdots$

第 $n$ 群までの項数は

$$1+2+3+\cdots\cdots+n = \frac{n(n+1)}{2}$$

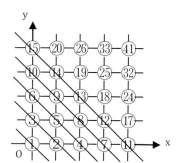

（1）格子点 $(0, n)$ は第 $n+1$ 群の末項　　←　一度しっかり翻訳する。

$$\therefore \quad \frac{(n+1)(n+2)}{2}$$

（2）格子点$(2,25)$は第28群の第26項
　第27群までの項数は
$$\frac{27 \times 28}{2} = 378$$
$\therefore \quad (2,25)$ は　$378 + 26 = 404$

一度しっかり翻訳する。

（3）格子点$(m,n)$は第$m+n+1$群の第$n+1$項
　第$m+n$群までの項数は
$$\frac{(m+n)(m+n+1)}{2}$$
$\therefore \quad (m,n)$ は
$$\frac{(m+n)(m+n+1)}{2} + n + 1 = \frac{m^2 + 2mn + n^2 + m + 3n + 2}{2}$$

注）このような問題では，どこかで「1」ずれると答えが合わないので，確認しながら答案を作ること．
　（1）では
　　$(0,1) \to 3 \to$ 第2群の末項
　　$(0,2) \to 6 \to$ 第3群の末項
　　……
　　$(0,n) \to$ 第$n+1$群の末項
　（2）（3）では
　　$(2,1) \to 8 \to$ 第4群の第2項
　　$(1,3) \to 14 \to$ 第5群の第4項
　　$(3,2) \to 18 \to$ 第6群の第3項
　　……
　　$(m,n) \to$ 第$m+n+1$群の第$n+1$項

【4】この数列を次のように群に分ける．
　$1, 3 \mid 1, 3, 3^2 \mid 1, 3, 3^2, 3^3 \mid \cdots\cdots$

（1）21回目に現れる1は第21群の初項
　第20群までの項数は
$$2 + 3 + 4 + \cdots\cdots + 21 = \frac{20(2+21)}{2} = 230$$
$\therefore$　21回目に現れる1は第231項

（2）第$k$群の和は
$$1 + 3 + 3^2 + \cdots\cdots + 3^k = \frac{3^{k+1} - 1}{3 - 1} = \frac{3^{k+1} - 1}{2}$$

∴ 第 $m$ 群までの和 $T_m$ は

$$\sum_{k=1}^{m} \frac{3^{k+1}-1}{2} = \frac{1}{2}\left\{\frac{9(3^m-1)}{3-1}-m\right\} = \frac{9}{4}(3^m-1)-\frac{m}{2}$$

$$T_5 = \frac{9}{4}\cdot(3^5-1)-\frac{5}{2}=542$$

$$T_6 = \frac{9}{4}\cdot(3^6-1)-3=1635$$

$542+1+3+9=555$ より，第 6 群の第 3 番目までの和が 555

第 5 群までの項数は $2+3+4+5+6=20$

∴ 求める $n$ は $n=23$

【5】この数列を次のように群に分ける。

$-2\,|\,4,\ 4\,|\,-8,\ -8,\ -8\,|\,16,\ 16,\ 16,\ 16\,|\,\cdots\cdots$

第 $n$ 群までの項数は $1+2+3+\cdots\cdots+n=\dfrac{n(n+1)}{2}$

$\dfrac{62\cdot63}{2}=1953$，$\dfrac{63\cdot64}{2}=2016$ より，第 2004 項は第 63 群の 51 番目

第 $k$ 群は $(-2)^k$ が $k$ 個だから，第 2004 項は $(-2)^{63}$ ∴ ア．63

第 62 群までの和を $S$ とすると，求める和は $S+(-2)^{63}\times51$

第 $k$ 群の和は $k\cdot(-2)^k$ より

$$\begin{array}{rl}
S = & 1\cdot(-2)+2\cdot(-2)^2+3\cdot(-2)^3+\cdots+62\cdot(-2)^{62} \\
-)\ -2S = & \phantom{1\cdot(-2)+{}}1\cdot(-2)^2+2\cdot(-2)^3+\cdots+61\cdot(-2)^{62}+62\cdot(-2)^{63} \\
\hline
3S = & (-2)+(-2)^2+(-2)^3+\cdots+(-2)^{62}-62\cdot(-2)^{63}
\end{array}$$

$$3S = \frac{-2\{1-(-2)^{62}\}}{\{1-(-2)\}}-62\cdot(-2)^{63}$$

$$= \frac{-2-(-2)^{63}-186\cdot(-2)^{63}}{3}$$

$$= \frac{-187\cdot(-2)^{63}-2}{3}$$

∴ $S = \dfrac{-187\cdot(-2)^{63}-2}{9}$

求める和は

$$\frac{-187\cdot(-2)^{63}-2}{9}+51\cdot(-2)^{63}=\frac{272\cdot(-2)^{63}-2}{9} \qquad ∴ \text{イ．272}$$

第3章　演習問題

【1】$(a+b)^5$ の展開式における一般項は ${}_5C_l a^l b^{5-l}$ $(l=0,1,2,\cdots,5)$

$(a+b+2)^4$ の展開式における一般項は $\dfrac{4!}{p!\,q!\,r!} a^p b^q \cdot 2^r$ $(p+q+r=4)$

よって，与式の展開式における一般項は

$${}_5C_l \cdot \dfrac{4!}{p!\,q!\,r!} \cdot 2^r \cdot a^{p+l} b^{q-l+5}$$

$p+l=4$ , $q-l+5=3$ , $p+q+r=4$ より

　$p=4-l$ , $q=l-2$ , $r=2$ $(l=2,3,4)$

∴ $(l,p,q,r)=(2,2,0,2)$ , $(3,1,1,2)$ , $(4,0,2,2)$

求める係数は

$${}_5C_2 \cdot \dfrac{4!}{2!\,0!\,2!} \cdot 2^2 + {}_5C_3 \cdot \dfrac{4!}{1!\,1!\,2!} \cdot 2^2 + {}_5C_4 \cdot \dfrac{4!}{0!\,2!\,2!} \cdot 2^2 = 840$$

【2】（1）$(1-x^2)^6$ の展開式における一般項は　${}_6C_r(-x^2)^r = (-1)^r {}_6C_r \cdot x^{2r}$

$r=2$ として $x^4$ の係数は　$(-1)^2 {}_6C_2 = \dfrac{6\cdot 5}{1\cdot 2} = 15$

（2）$(1+x)^6(1-y)^6$ の展開式における一般項は

　${}_6C_p x^p \cdot {}_6C_q(-y)^q = (-1)^q \cdot {}_6C_p \cdot {}_6C_q \cdot x^p y^q$

$p=1$ , $q=3$ として　$xy^3$ の係数は　　$(-1)^3 \cdot {}_6C_1 \cdot {}_6C_3 = -6 \cdot \dfrac{6\cdot 5\cdot 4}{1\cdot 2\cdot 3} = -120$

$p=2$ , $q=2$ として　$x^2y^2$ の係数は　　$(-1)^2 \cdot {}_6C_2 \cdot {}_6C_2 = \left(\dfrac{6\cdot 5}{1\cdot 2}\right)^2 = 225$

（3）$(1-x^2)^6 = (1+x)^6(1-x)^6$

$= ({}_6C_0 + {}_6C_1 x + {}_6C_2 x^2 + {}_6C_3 x^3 + {}_6C_4 x^4 + {}_6C_5 x^5 + {}_6C_6 x^6)$

$\times ({}_6C_0 - {}_6C_1 x + {}_6C_2 x^2 - {}_6C_3 x^3 + {}_6C_4 x^4 - {}_6C_5 x^5 + {}_6C_6 x^6)$

よって，与式は $(1-x^2)^6$ の展開式における $x^4$ の係数　　∴ （1）より　与式$=15$

（4）$(1-x^2)^n = (1+x)^n(1-x)^n$

$= ({}_nC_0 + {}_nC_1 x + {}_nC_2 x^2 + {}_nC_3 x^3 + {}_nC_4 x^4 + \cdots + {}_nC_n x^n)$

$\times ({}_nC_0 - {}_nC_1 x + {}_nC_2 x^2 - {}_nC_3 x^3 + {}_nC_4 x^4 - \cdots + (-1)^n {}_nC_n x^n)$

よって，$f(n)$ は $(1-x^2)^n$ の展開式における $x^4$ の係数

$(1-x^2)^n$ の展開式における一般項は　${}_nC_r(-x^2)^r = (-1)^r {}_nC_r \cdot x^{2r}$

$r=2$ として $f(n) = (-1)^2 {}_nC_2 = \dfrac{n(n-1)}{2}$

よって，$f(n)$ は $n$ の2次式である。

注）(3)では $_6C_0=1$ , $_6C_1=6$ , $_6C_2=\dfrac{6\cdot 5}{1\cdot 2}=15$ , $_6C_3=\dfrac{6\cdot 5\cdot 4}{1\cdot 2\cdot 3}=20$ , $_6C_4=\,_6C_2=15$

(4)では $_nC_0=1$ , $_nC_1=n$ , $_nC_2=\dfrac{n(n-1)}{1\cdot 2}=\dfrac{n(n-1)}{2}$ ,

$_nC_3=\dfrac{n(n-1)(n-2)}{1\cdot 2\cdot 3}=\dfrac{n(n-1)(n-2)}{6}$ ,

$_nC_4=\dfrac{n(n-1)(n-2)(n-3)}{1\cdot 2\cdot 3\cdot 4}=\dfrac{n(n-1)(n-2)(n-3)}{24}$

を利用して，直接計算してもよい。


【3】 $2^n \leqq \,_{2n}C_n \leqq 4^n$ ……（＊）を数学的帰納法で示す。

[I] $n=1$ のとき

$2^1=2$ , $_2C_1=2$ , $4^1=4$ より $2^1 \leqq \,_2C_1 \leqq 4^1$

∴ $n=1$ のとき（＊）は成立

[II] $n=k$ のとき（＊）が成立すると仮定すると（$k$ は自然数）

$2^k \leqq \,_{2k}C_k \leqq 4^k$

$_nC_r=\dfrac{n!}{k!(n-k)!}$ より $_{2k}C_k=\dfrac{(2k)!}{(k!)^2}$

また $_{2(k+1)}C_{k+1}=\dfrac{\{2(k+1)\}!}{\{(k+1)!\}^2}=\dfrac{(2k)!\cdot(2k+1)(2k+2)}{(k!)^2\cdot(k+1)^2}=\,_{2k}C_k\cdot\dfrac{2(2k+1)}{k+1}$

∴ $_{2(k+1)}C_{k+1}-2^{k+1}=\,_{2k}C_k\cdot\dfrac{2(2k+1)}{k+1}-2^{k+1}$　　　　$4^{k+1}-\,_{2(k+1)}C_{k+1}=4\cdot 4^k-\,_{2k}C_k\cdot\dfrac{2(2k+1)}{k+1}$

$\qquad\qquad\qquad\qquad \geqq 2^k\cdot\dfrac{2(2k+1)}{k+1}-2^{k+1}$　　　　　　　　　　$\geqq 4\,_{2k}C_k-\,_{2k}C_k\cdot\dfrac{2(2k+1)}{k+1}$

$\qquad\qquad\qquad\qquad =2^{k+1}\left(\dfrac{2k+1}{k+1}-1\right)$　　　　　　　　　　　　$=2\,_{2k}C_k\left(2-\dfrac{2k+1}{k+1}\right)$

$\qquad\qquad\qquad\qquad =2^{k+1}\cdot\dfrac{k}{k+1}$　　　　　　　　　　　　　　　　$=2\,_{2k}C_k\cdot\dfrac{1}{k+1}$

$\qquad\qquad\qquad\qquad >0$　　　　　　　　　　　　　　　　　　　　　　$>0$

∴ $2^{k+1}\leqq\,_{2(k+1)}C_{k+1}\leqq 4^{k+1}$

∴ （＊）は $n=k+1$ のときも成立

[I][II]より任意の自然数 $n$ に対して（＊）は成立する


〈別解〉 $4^n=2^{2n}=(1+1)^{2n}$

$\qquad\quad =\,_{2n}C_0+\,_{2n}C_1+\,_{2n}C_2+\cdots\cdots+\,_{2n}C_n+\cdots\cdots+\,_{2n}C_{2n}$

$\qquad\quad \geqq\,_{2n}C_n$ ……①

$_{2n}C_n=\dfrac{2n(2n-1)(2n-2)\cdots\{2n-(n-1)\}}{n(n-1)(n-2)\cdots\cdot 1}$

$\qquad =\dfrac{2n}{n}\cdot\dfrac{2n-1}{n-1}\cdot\dfrac{2n-2}{n-2}\cdot\cdots\cdot\dfrac{\{2n-(n-1)\}}{\{n-(n-1)\}}$

ここで, $k=0,1,2,\cdots,n-1$ のとき

$$\frac{2n-k}{n-k}=\frac{2(n-k)+k}{n-k}=2+\frac{k}{n-k}\geqq 2 \qquad \therefore \ _{2n}C_n\geqq 2^n \ \cdots\cdots ②$$

①② より

$$2^n \leqq \ _{2n}C_n \leqq 4^n$$

【4】(1) $k(k-1)_nC_k=k(k-1)\cdot\dfrac{n!}{k!(n-k)!}=\dfrac{n!}{(k-2)!(n-k)!}$

$n(n-1)_{n-2}C_{k-2}=n(n-1)\cdot\dfrac{(n-2)!}{(k-2)!\{(n-2)-(k-2)\}!}=\dfrac{n!}{(k-2)!(n-k)!}$

$\therefore \ k(k-1)_nC_k=n(n-1)_{n-2}C_{k-2}$

(2) $\displaystyle\sum_{k=1}^n k(k-1)_nC_k=\sum_{k=2}^n k(k-1)_nC_k$ ($\because$ $k=1$ のとき $k(k-1)_nC_k=0$)

$\displaystyle\qquad\qquad\qquad =n(n-1)\sum_{k=2}^n {}_{n-2}C_{k-2}$ ($\because$ (1) より)

$\qquad\qquad\qquad =n(n-1)\{_{n-2}C_0+_{n-2}C_1+_{n-2}C_2+\cdots\cdots+_{n-2}C_{n-2}\}$

$\qquad\qquad\qquad =n(n-1)(1+1)^{n-2}$

$\qquad\qquad\qquad =n(n-1)\cdot 2^{n-2}$

(3) $k_nC_k=k\cdot\dfrac{n!}{k!(n-k)!}=\dfrac{n!}{(k-1)!(n-k)!}$

$\qquad\quad =\dfrac{n!}{(k-1)!\{(n-1)-(k-1)\}!}$

$\qquad\quad =n\cdot\dfrac{(n-1)!}{(k-1)!\{(n-1)-(k-1)\}!}$

$\qquad\quad =n_{n-1}C_{k-1}$

$\quad {}_\bigcirc C_\triangle=\dfrac{\bigcirc!}{\triangle!(\bigcirc-\triangle)!}$ より

$\quad {}_\bigcirc C_{k-1}=\dfrac{\bigcirc!}{(k-1)!(\bigcirc-(k-1))!}$

$\to \ \bigcirc=n-1$

$\therefore \ \displaystyle\sum_{k=1}^n k_nC_k=n\sum_{k=1}^n {}_{n-1}C_{k-1}$

$\qquad\qquad\quad =n\{_{n-1}C_0+_{n-1}C_1+_{n-1}C_2+\cdots\cdots+_{n-1}C_{n-1}\}$

$\qquad\qquad\quad =n\cdot 2^{n-1}$

$\displaystyle\sum_{k=1}^n k(k-1)_nC_k=\sum_{k=1}^n k^2{}_nC_k-\sum_{k=1}^n k_nC_k$ より

$\displaystyle\sum_{k=1}^n k^2{}_nC_k=\sum_{k=1}^n k(k-1)_nC_k+\sum_{k=1}^n k_nC_k$

$\qquad\qquad =n(n-1)2^{n-2}+n2^{n-1}$

$\qquad\qquad =n\cdot 2^{n-2}\{(n-1)+2\}$

$\qquad\qquad =n(n+1)\cdot 2^{n-2}$

注) (3) において, $\displaystyle\sum_{k=1}^n k(k-1)_nC_k=\sum_{k=1}^n k^2{}_nC_k-\sum_{k=1}^n k_nC_k$ が成り立ち, $\displaystyle\sum_{k=1}^n k(k-1)_nC_k$ が分かっているから, $\displaystyle\sum_{k=1}^n k^2{}_nC_k$ を求めるためには $\displaystyle\sum_{k=1}^n k_nC_k$ が分かればよい. そこで, (1), (2) に習って $\displaystyle\sum_{k=1}^n k_nC_k$ を求めたのである. 誘導が1段階抜かしてあるので, 自分で補わなければならなかった.

注）(2)，(3)の等式を証明するには，(1)のような誘導に乗る以外に次のような方法がある。

二項定理より
$$(1+x)^n = \sum_{k=0}^{n} {}_nC_k x^k$$

両辺を $x$ で微分して
$$n(1+x)^{n-1} = \sum_{k=1}^{n} k\,{}_nC_k x^{k-1} \quad\cdots\cdots ①$$

$x=1$ を代入すると
$$n\cdot 2^{n-1} = \sum_{k=1}^{n} k\,{}_nC_k \quad\cdots\cdots ②$$

①の両辺を $x$ で微分して
$$n(n-1)(1+x)^{n-2} = \sum_{k=1}^{n} k(k-1)\,{}_nC_k x^{k-2}$$

$x=1$ を代入すると
$$n(n-1)\cdot 2^{n-2} = \sum_{k=1}^{n} k(k-1)\,{}_nC_k \quad\cdots\cdots ③$$

②③から前ページの解答と同様に $\sum_{k=1}^{n} k^2\,{}_nC_k$ を求めることもできるが，

①の両辺に $x$ をかけて
$$nx(1+x)^{n-1} = \sum_{k=1}^{n} k\,{}_nC_k x^k$$

両辺を $x$ で微分して
$$n\{1\cdot(1+x)^{n-1} + (n-1)x(1+x)^{n-2}\} = \sum_{k=1}^{n} k^2\,{}_nC_k x^{k-1} \qquad \rightarrow \text{注）積の導関数の公式}$$
$$(uv)' = u'v + uv'$$

$x=1$ を代入して
$$n\{2^{n-1} + (n-1)\cdot 2^{n-2}\} = \sum_{k=1}^{n} k^2\,{}_nC_k$$

左辺 $= n\{2 + (n-1)\}\cdot 2^{n-2}$
$= n(n+1)\cdot 2^{n-2}$

$\therefore \sum_{k=1}^{n} k^2\,{}_nC_k = n(n+1)\cdot 2^{n-2}$


【5】(1) 相異なる $n+1$ 個の数字のうち，特定の1つを $a$ とする。

この $n+1$ 個の数字を $k$ 個のグループに分ける方法のうち

ⅰ）$k$ 個のグループのうち1つが $a$ 単独の場合

${}_nS_{k-1}$ 通り

ⅱ）$k$ 個のグループの中に，$a$ 単独のものがない場合

$a$ 以外の $n$ 個を $k$ 個のグループに分ける方法の総数は

${}_nS_k$ 通り

そのそれぞれに対し，$a$ がどのグループに入るかは $k$ 通りずつあるから，$n+1$ 個の数字を $k$ 個のグループに分ける方法は

$k \cdot {}_nS_k$ 通り

ⅰ) ⅱ) より

$_{n+1}S_k = {}_nS_{k-1} + k \cdot {}_nS_k$

(2) $_3S_1 = 1$，$_3S_2 = 3$，$_3S_3 = 1$ より

$_4S_2 = {}_3S_1 + 2 \cdot {}_3S_2 = 1 + 6 = 7$

$_4S_3 = {}_3S_2 + 3 \cdot {}_3S_3 = 3 + 3 = 6$

∴ $_5S_3 = {}_4S_2 + 3 \cdot {}_4S_3$
$= 7 + 18$
$= 25$

【6】 $A_n = 2 \cdot {}_nC_2 + 3 \cdot 2 \cdot {}_nC_3 + 4 \cdot 3 \cdot {}_nC_4 + \cdots\cdots + n \cdot (n-1) \cdot {}_nC_n = \sum_{k=2}^{n} k(k-1) {}_nC_k$

$$k(k-1){}_nC_k = k(k-1) \cdot \frac{n!}{k!(n-k)!}$$
$$= \frac{n!}{(k-2)!(n-k)!}$$
$$= n(n-1) \cdot \frac{(n-2)!}{(k-2)!\{(n-2)-(k-2)\}!}$$
$$= n(n-1) \cdot {}_{n-2}C_{k-2}$$

$\Big\}\longrightarrow$ ${}_\bigcirc C_\triangle = \dfrac{\bigcirc!}{\triangle!(\bigcirc - \triangle)!}$ より

${}_\bigcirc C_{k-2} = \dfrac{\bigcirc!}{(k-2)!(\bigcirc - (k-2))!}$

$\rightarrow \bigcirc = n-2$

∴ $A_n = n(n-1) \sum_{k=2}^{n} {}_{n-2}C_{k-2}$
$= n(n-1)({}_{n-2}C_0 + {}_{n-2}C_1 + {}_{n-2}C_2 + \cdots\cdots + {}_{n-2}C_{n-2})$
$= n(n-1)(1+1)^{n-2}$
$= n(n-1) \cdot 2^{n-2}$ ……①

$B_n = {}_nC_0 - \dfrac{{}_nC_1}{2} + \dfrac{{}_nC_2}{3} - \cdots\cdots + (-1)^n \cdot \dfrac{{}_nC_n}{n+1} = \sum_{k=0}^{n} \dfrac{(-1)^k \cdot {}_nC_k}{k+1}$

$$\dfrac{(-1)^k \cdot {}_nC_k}{k+1} = \dfrac{(-1)^k}{k+1} \cdot \dfrac{n!}{k!(n-k)!}$$
$$= (-1)^k \cdot \dfrac{n!}{(k+1)!(n-k)!}$$
$$= (-1)^k \cdot \dfrac{(n+1)!}{(k+1)!\{(n+1)-(k+1)\}!} \cdot \dfrac{1}{n+1}$$
$$= \dfrac{1}{n+1} \cdot {}_{n+1}C_{k+1} \cdot (-1)^k$$

$\Big\}\longrightarrow$ ${}_\bigcirc C_\triangle = \dfrac{\bigcirc!}{\triangle!(\bigcirc - \triangle)!}$ より

${}_\bigcirc C_{k+1} = \dfrac{\bigcirc!}{(k+1)!(\bigcirc - (k+1))!}$

$\rightarrow \bigcirc = n+1$

∴ $B_n = \dfrac{1}{n+1} \sum_{k=0}^{n} {}_{n+1}C_{k+1} \cdot (-1)^k$
$= \dfrac{1}{n+1} \{{}_{n+1}C_1 - {}_{n+1}C_2 + \cdots\cdots + (-1)^n {}_{n+1}C_{n+1}\}$
$= \dfrac{1}{n+1} \{{}_{n+1}C_0 - ({}_{n+1}C_0 - {}_{n+1}C_1 + \cdots\cdots + (-1)^{n+1} {}_{n+1}C_{n+1})\}$

$$= \frac{1}{n+1}\{_{n+1}C_0 - (1-1)^{n+1}\} = \frac{1}{n+1}$$

$$\therefore \quad A_n B_{n-1} = n(n-1)\cdot 2^{n-2} \cdot \frac{1}{n} = (n-1)\cdot 2^{n-2}$$

注）【4】の注）と同様に

二項定理より

$$(1+x)^n = \sum_{k=0}^{n} {}_nC_k x^k \quad \cdots ①$$

両辺を $x$ で微分して  $n(1+x)^{n-1} = \sum_{k=1}^{n} k\, {}_nC_k x^{k-1}$

さらに両辺を $x$ で微分して

$$n(n-1)(1+x)^{n-2} = \sum_{k=1}^{n} k(k-1)\, {}_nC_k x^{k-2}$$

$x=1$ を代入すると

$$n(n-1)\cdot 2^{n-2} = \sum_{k=1}^{n} k(k-1)\, {}_nC_k$$

$$\therefore \quad A_n = n(n-1)\cdot 2^{n-2}$$

また，①の両辺の不定積分をとると

$$\frac{(1+x)^{n+1}}{n+1} = \sum_{k=0}^{n} \frac{{}_nC_k}{k+1} x^{k+1} + C \quad (C は定数)$$

$x=0$ を代入して

$$C = \frac{1}{n+1}$$

$$\therefore \quad \frac{(1+x)^{n+1}}{n+1} = \sum_{k=0}^{n} \frac{{}_nC_k}{k+1} x^{k+1} + \frac{1}{n+1}$$

$x=-1$ を代入して

$$0 = \sum_{k=0}^{n} \frac{{}_nC_k}{k+1}\cdot(-1)^{k+1} + \frac{1}{n+1} = -\sum_{k=0}^{n} \frac{{}_nC_k}{k+1}\cdot(-1)^{k} + \frac{1}{n+1}$$

$$\therefore \quad B_n = \frac{1}{n+1}$$

$$\therefore \quad A_n B_{n-1} = n(n-1)\cdot 2^{n-2} \cdot \frac{1}{n} = (n-1)\cdot 2^{n-2}$$

ここまできたら，次の問題にも挑戦してみよう。

---

次の式を二項定理 $(1+x)^m = \sum_{k=0}^{m} {}_mC_k x^k$ （$m$ は自然数）を用いて計算せよ。

(1) $\sum_{k=0}^{n} \dfrac{{}_nC_k}{k+1}$   (2) $\sum_{k=0}^{n} \dfrac{(-1)^k\, {}_nC_k}{k+1}$   (3) $\sum_{k=0}^{n} \dfrac{{}_{2n}C_{2k}}{2k+1}$

［横浜市立大］

---

正解：(1) $\dfrac{2^{n+1}-1}{n+1}$  (2) $\dfrac{1}{n+1}$  (3) $\dfrac{4^n}{2n+1}$

# 第4章　演習問題

【1】（1）$\triangle AME_1 \equiv \triangle CMP$ より

$$AE_1 = CP = \frac{1}{4} \qquad \therefore BP = \frac{3}{4}$$

$AE_1 /\!/ BC$ より

$$E_1F_1 : F_1B = AE_1 : BC = 1 : 4$$

$F_1Q_1 /\!/ E_1P$ より

$$BQ_1 : BP = BF_1 : BE_1 = 4 : 5$$

$$\therefore BQ_1 = BP \times \frac{4}{5} = \frac{3}{4} \times \frac{4}{5} = \frac{3}{5}$$

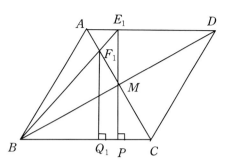

注）図形中に右の3つの図が見えれば，OK

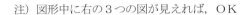

〈別解〉図のように座標をとると

$$B(0,0), \quad C(1,0), \quad A\left(\frac{1}{2}, \frac{\sqrt{3}}{2}\right)$$

$M$ は $AC$ の中点だから $M\left(\frac{3}{4}, \frac{\sqrt{3}}{4}\right)$

$$\therefore E_1\left(\frac{3}{4}, \frac{\sqrt{3}}{2}\right)$$

$$\therefore BE_1 : y = \frac{2\sqrt{3}}{3}x \quad\cdots\cdots\text{①}$$

また，$AC : y = -\sqrt{3}(x-1) \quad\cdots\cdots\text{②}$

$F_1$ の $x$ 座標は，①②より

$$-\sqrt{3}(x-1) = \frac{2\sqrt{3}}{3}x \qquad \text{これを解いて } x = \frac{3}{5}$$

$$\therefore Q_1\left(\frac{3}{5}, 0\right) \qquad \therefore BQ_1 = \frac{3}{5}$$

(2) $E_{n+1}\left(a_n, \frac{\sqrt{3}}{2}\right)$ より　$BE_{n+1} : y = \frac{\sqrt{3}}{2a_n}x$

$AC : y = -\sqrt{3}(x-1)$ だから，$F_{n+1}$ の $x$ 座標は

$$\frac{\sqrt{3}}{2a_n}x = -\sqrt{3}(x-1)$$

$(2a_n + 1)x = 2a_n$ より　$x = \dfrac{2a_n}{2a_n+1}$　　$\therefore a_{n+1} = \dfrac{2a_n}{2a_n+1}$

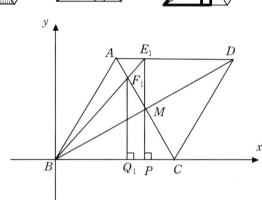

注）幾何による（2）の解答は（1）を参考にして各自で考えてみよう。

(3) (1),(2)より $a_1 = \dfrac{3}{5}$, $a_{n+1} = \dfrac{2a_n}{2a_n+1}$ ……(*)

(*)の両辺の逆数をとると

$$\dfrac{1}{a_{n+1}} = \dfrac{2a_n+1}{2a_n} = 1 + \dfrac{1}{2a_n}$$

$\dfrac{1}{a_n} = b_n$ とおくと $b_{n+1} = \dfrac{1}{2}b_n + 1$, $b_1 = \dfrac{5}{3}$

$b_{n+1} - 2 = \dfrac{1}{2}(b_n - 2)$, $b_1 - 2 = -\dfrac{1}{3}$ より $b_n - 2 = -\dfrac{1}{3} \cdot \left(\dfrac{1}{2}\right)^{n-1} = -\dfrac{1}{3 \cdot 2^{n-1}}$

$b_n = 2 - \dfrac{1}{3 \cdot 2^{n-1}} = \dfrac{3 \cdot 2^n - 1}{3 \cdot 2^{n-1}}$ ∴ $a_n = \dfrac{3 \cdot 2^{n-1}}{3 \cdot 2^n - 1}$

【2】(1)(3)

$T_n(x_n, y_n)$ とおくと,$T_n$ は円 $C$ 上の点なので

$(x_n - 1)^2 + (y_n - 1)^2 = 1$ ……①

$T_n$ における円 $C$ の接線は

$(x_n - 1)(x - 1) + (y_n - 1)(y - 1) = 1$

これが点 $P_n(p_n, 0)$ を通るので

$(p_n - 1)(x_n - 1) - (y_n - 1) = 1$

∴ $y_n = (p_n - 1)(x_n - 1)$ ……②

②を①に代入して整理すると

$(x_n - 1)\{(p_n^2 - 2p_n + 2)x_n - p_n^2\} = 0$

∴ $x_n = 1$, $\dfrac{p_n^2}{p_n^2 - 2p_n + 2}$

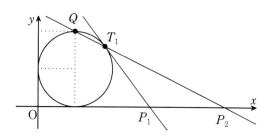

$x_n = 1$ のときの接点は $(1,0)$ となるので $x_n = \dfrac{p_n^2}{p_n^2 - 2p_n + 2}$

②より $y_n = \dfrac{2(p_n - 1)^2}{p_n^2 - 2p_n + 2}$

∴ $T_n\left(\dfrac{p_n^2}{p_n^2 - 2p_n + 2}, \dfrac{2(p_n - 1)^2}{p_n^2 - 2p_n + 2}\right)$

$p_1 = 3$ だから,$T_1\left(\dfrac{9}{5}, \dfrac{8}{5}\right)$

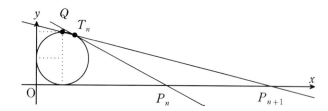

(2)(4)

$QT_n$ の傾きは

$$\dfrac{\dfrac{2(p_n-1)^2}{p_n^2-2p_n+2} - 2}{\dfrac{p_n^2}{p_n^2-2p_n+2} - 1} = \dfrac{2(p_n-1)^2 - 2(p_n^2-2p_n+2)}{p_n^2 - (p_n^2-2p_n+2)}$$

円 $x^2 + y^2 = r^2$ 上の点 $(x_1, y_1)$ における接線
→ $x_1 x + y_1 y = r^2$

一般に

円 $(x-a)^2 + (y-b)^2 = r^2$ 上の点 $(x_1, y_1)$ における接線
→ $(x_1 - a)(x - a) + (y_1 - b)(y - b) = r^2$

$$= -\frac{1}{p_n - 1}$$

よって，$QT_n$ の方程式は

$$y = -\frac{1}{p_n - 1}(x - 1) + 2 \qquad \therefore y = -\frac{-x + 2p_n - 1}{p_n - 1}$$

$y = 0$ とすると $x = 2p_n - 1$

$\therefore p_{n+1} = 2p_n - 1$

$p_1 = 3$ より

$\quad p_{n+1} - 1 = 2(p_n - 1)$, $p_1 - 1 = 2$

$\therefore \{p_n - 1\}$ は初項 $2$，公比 $2$ の等比数列

$\therefore p_n - 1 = 2^n \qquad \therefore p_n = 2^n + 1$

$\therefore P_n(2^n + 1, 0)$, $P_2(5, 0)$

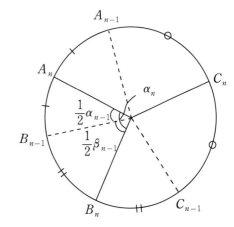

【3】(1) $\angle B_n O C_n = \beta_n$，$\angle C_n O A_n = \gamma_n$ とおくと

$$\begin{cases} \alpha_n = \frac{1}{2}\alpha_{n-1} + \frac{1}{2}\beta_{n-1} & \text{①} \\ \beta_n = \frac{1}{2}\beta_{n-1} + \frac{1}{2}\gamma_{n-1} & \text{②} \\ \gamma_n = \frac{1}{2}\gamma_{n-1} + \frac{1}{2}\alpha_{n-1} \end{cases}$$

① より

$\quad \beta_{n-1} = 2\alpha_n - \alpha_{n-1}$

② より

$\quad \gamma_{n-1} = 2\beta_n - \beta_{n-1}$
$\qquad = 2(2\alpha_{n+1} - \alpha_n) - (2\alpha_n - \alpha_{n-1})$
$\qquad = 4\alpha_{n+1} - 4\alpha_n + \alpha_{n-1}$

$\therefore \alpha_{n-1} + \beta_{n-1} + \gamma_{n-1} = \alpha_{n-1} + (2\alpha_n - \alpha_{n-1}) + (4\alpha_{n+1} - 4\alpha_n + \alpha_{n-1})$
$\qquad\qquad\qquad\qquad = 4\alpha_{n+1} - 2\alpha_n + \alpha_{n-1}$

$\alpha_{n-1} + \beta_{n-1} + \gamma_{n-1} = 2\pi$ より $\quad 4\alpha_{n+1} - 2\alpha_n + \alpha_{n-1} = 2\pi$

(2) (1) より $\alpha_{n+1} = \frac{1}{2}\alpha_n - \frac{1}{4}\alpha_{n-1} + \frac{\pi}{2}$

$\therefore \alpha_{n+2} = \frac{1}{2}\alpha_{n+1} - \frac{1}{4}\alpha_n + \frac{\pi}{2}$
$\qquad = \frac{1}{2}\left(\frac{1}{2}\alpha_n - \frac{1}{4}\alpha_{n-1} + \frac{\pi}{2}\right) - \frac{1}{4}\alpha_n + \frac{\pi}{2}$
$\qquad = -\frac{1}{8}\alpha_{n-1} + \frac{3}{4}\pi$

(3) $\alpha_{3n} = p_n$ とおくと $p_0 = \alpha_0$

(2) より

$$p_{n+1} = \alpha_{3n+3} = -\frac{1}{8}\alpha_{3n} + \frac{3}{4}\pi$$
$$= -\frac{1}{8}p_n + \frac{3}{4}\pi$$

$$p_{n+1} - \frac{2}{3}\pi = -\frac{1}{8}\left(p_n - \frac{2}{3}\pi\right), \quad p_0 - \frac{2}{3}\pi = \alpha_0 - \frac{2}{3}\pi$$

∴ $\left\{p_n - \frac{2}{3}\pi\right\}$ $(n=0,1,2,\cdots)$ は初項 $\alpha_0 - \frac{2}{3}\pi$, 公比 $-\frac{1}{8}$ の等比数列

∴ $p_n - \frac{2}{3}\pi = \left(\alpha_0 - \frac{2}{3}\pi\right)\left(-\frac{1}{8}\right)^n$

∴ $\alpha_{3n} = \frac{2}{3}\pi + \left(\alpha_0 - \frac{2}{3}\pi\right)\left(-\frac{1}{8}\right)^n$

【4】(1) 点 $n$ に到達する確率は

 i) はじめに表が出た場合 $p_{n-2}$
 ii) はじめに裏が出た場合 $p_{n-1}$

∴ $p_n = \frac{1}{2}p_{n-1} + \frac{1}{2}p_{n-2}$

(2) $p_1 = \frac{1}{2}$, $p_2 = \frac{1}{2} + \frac{1}{2} \cdot \frac{1}{2} = \frac{3}{4}$ である。

$p_{n+2} + \frac{1}{2}p_{n+1} = p_{n+1} + \frac{1}{2}p_n$

よって, $\left\{p_{n+1} + \frac{1}{2}p_n\right\}$ は定数列

$p_2 + \frac{1}{2}p_1 = 1$ より $p_{n+1} + \frac{1}{2}p_n = 1$ ……①

$p_{n+2} - p_{n+1} = -\frac{1}{2}(p_{n+1} - p_n), \quad p_2 - p_1 = \frac{1}{4}$

∴ $\{p_{n+1} - p_n\}$ は初項 $\frac{1}{4}$, 公比 $-\frac{1}{2}$ の等比数列

∴ $p_{n+1} - p_n = \frac{1}{4} \cdot \left(-\frac{1}{2}\right)^{n-1} = \left(-\frac{1}{2}\right)^{n+1}$ ……②

①② より

$$p_n = \frac{2}{3}\left\{1 - \left(-\frac{1}{2}\right)^{n+1}\right\}$$

【5】 $p_{k+1}$ は，

イ）$A$ さんが赤玉を持っていない状態から赤玉を取り出し，$B$ さんが白玉を取り出す。

ロ）$A$ さんが赤玉を持っている状態から白玉を取り出し，$B$ さんが白玉を取り出す。

の 2 つの場合があるので

$$p_{k+1} = (1-p_k) \cdot \frac{1}{n} \cdot \frac{n}{n+1} + p_k \cdot \frac{n}{n+1}$$
$$= (1-p_k) \cdot \frac{1}{n+1} + p_k \cdot \frac{n}{n+1}$$
$$= \frac{n-1}{n+1} p_k + \frac{1}{n+1} \quad \cdots\cdots (*)$$

(1) $p_1 = \frac{1}{n} \cdot \frac{n}{n+1} = \frac{1}{n+1}$

(*) より

$$P_2 = \frac{n-1}{n+1} p_1 + \frac{1}{n+1} = \frac{n-1}{(n+1)^2} + \frac{1}{n+1} = \frac{2n}{(n+1)^2}$$

$$P_3 = \frac{n-1}{n+1} p_2 + \frac{1}{n+1} = \frac{n-1}{n+1} \cdot \frac{2n}{(n+1)^2} + \frac{1}{n+1} = \frac{3n^2+1}{(n+1)^3}$$

(2) (*) より

$$p_{k+1} - \frac{1}{2} = \frac{n-1}{n+1} \left( p_k - \frac{1}{2} \right), \quad p_1 - \frac{1}{2} = -\frac{n-1}{2(n+1)}$$

よって，$\left\{ p_k - \frac{1}{2} \right\}$ は初項 $-\frac{n-1}{2(n+1)}$，公比 $\frac{n-1}{n+1}$ の等比数列

$\therefore \quad p_k - \frac{1}{2} = -\frac{n-1}{2(n+1)} \cdot \left( \frac{n-1}{n+1} \right)^{k-1} = -\frac{1}{2} \left( \frac{n-1}{n+1} \right)^k$

$\therefore \quad p_k = \frac{1}{2} \left\{ 1 - \left( \frac{n-1}{n+1} \right)^k \right\}$

注）$p_0 = 0$ としてもよい。

【6】(1) 右の図より $\quad q_{n+1} = \dfrac{3}{4} p_n + \dfrac{3}{4} q_n$ ……①

(2) 右の図より $\quad p_{n+1} = \dfrac{1}{4} p_n$ ……②

①② より

$$\dfrac{3}{2} p_{n+1} + q_{n+1} = \dfrac{3}{8} p_n + \left(\dfrac{3}{4} p_n + \dfrac{3}{4} q_n\right)$$
$$= \dfrac{9}{8} p_n + \dfrac{3}{4} q_n$$
$$= \dfrac{3}{4}\left(\dfrac{3}{2} p_n + q_n\right) \text{……③}$$

(3) ② と $p_1 = \dfrac{1}{4}$ より $\quad p_n = \left(\dfrac{1}{4}\right)^n$

$q_1 = \dfrac{3}{4}$ より $\quad \dfrac{3}{2} p_1 + q_1 = \dfrac{3}{2} \times \dfrac{1}{4} + \dfrac{3}{4} = \dfrac{9}{8}$

∴ ③ より $\quad \dfrac{3}{2} p_n + q_n = \dfrac{9}{8} \cdot \left(\dfrac{3}{4}\right)^{n-1} = \dfrac{3}{2} \cdot \left(\dfrac{3}{4}\right)^n$

∴ $q_n = \dfrac{3}{2} \cdot \left(\dfrac{3}{4}\right)^n - \dfrac{3}{2} p_n = \dfrac{3}{2}\left\{\left(\dfrac{3}{4}\right)^n - \left(\dfrac{1}{4}\right)^n\right\}$

(4) 求める確率は

$$q_n \times \dfrac{1}{2} \times \dfrac{1}{2} = \dfrac{3}{8}\left\{\left(\dfrac{3}{4}\right)^n - \left(\dfrac{1}{4}\right)^n\right\}$$

3人 → 3人 $\left(\dfrac{1}{2}\right)^3 + \left(\dfrac{1}{2}\right)^3 = \dfrac{1}{4}$
　　↘ 2人 $1 - \dfrac{1}{4} = \dfrac{3}{4}$

2人 → 2人 $\dfrac{1}{2} + \dfrac{1}{2} \times \dfrac{1}{2} = \dfrac{3}{4}$
　　　　（または $1 - \dfrac{1}{4} = \dfrac{3}{4}$）
　　↘ 1人 $\dfrac{1}{2} \times \dfrac{1}{2} = \dfrac{1}{4}$

【7】（1）$\log_2 2^{10}=10$

$3^y=2^{10}$ とおくと
$$y=\log_3 2^{10}=10\log_3 2$$
$$=\frac{10}{\log_2 3}=\frac{10}{1.585}=6.3\cdots\cdots$$

∴ $y=7,8,9,10$ の 4 個

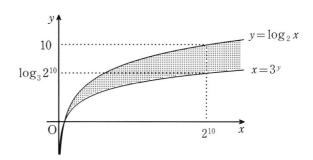

（2）$y=5$ のとき，$2^5\leqq x\leqq 3^5$

∴ $3^5-2^5+1=243-32+1=212$（個）

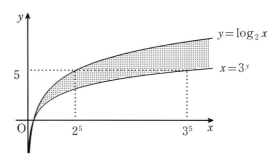

（3）$0<y\leqq \log_2 x \iff x\geqq 2^y$ かつ $y>0$

$y=k$ $(k=1,2,\cdots\cdots,n)$ のとき

格子点は $2^k\leqq x\leqq 3^k$ の

$3^k-2^k+1$ 個

よって，求める点の個数は

$$\sum_{k=1}^{n}(3^k-2^k+1)$$
$$=\frac{3(3^n-1)}{3-1}+\frac{2(2^n-1)}{2-1}+n$$
$$=\frac{3^{n+1}}{2}-\frac{3}{2}-2^{n+1}+2+n$$
$$=\frac{3^{n+1}}{2}-2^{n+1}+n+\frac{1}{2}\text{（個）}$$

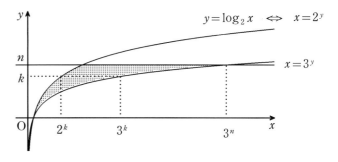

【8】（1）図より

　$y$ 軸上 …… 5 個

　$x>0$ …… 8 個

　∴　$8\times 2+5=21$（個）

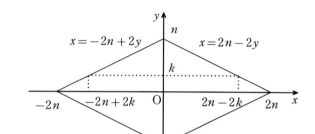

（2）格子点の個数は

　$x$ 軸上：$-2n\leqq x\leqq 2n$ の $4n+1$ 個

　$y=k$　$(k=1,2,\cdots\cdots,n)$：

　　$-2n+2k\leqq x\leqq 2n-2k$ の $4n-4k+1$ 個

　$y>0$ のとき

$$\sum_{k=1}^{n}(4n-4k+1)=(4n+1)n-4\times\frac{n(n+1)}{2}$$
$$=2n^2-n$$

　∴　領域内の格子点は

　　$2(2n^2-n)+(4n+1)=4n^2+2n+1$（個）

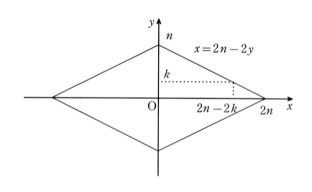

〈別解〉座標軸上の格子点は $(4n+1)+2n=6n+1$（個）

　第1象限の格子点は

　　$y=k$　$(k=1,2,\cdots\cdots,n)$ のとき，$2n-2k$ 個

　∴　$\sum_{k=1}^{n}(2n-2k)=2n^2-2\times\frac{n(n+1)}{2}$
　　　　　　　　$=n^2-n$（個）

　よって，求める格子点の個数は

　　$(6n+1)+4(n^2-n)=4n^2+2n+1$（個）

〈確認〉$n=2$ のとき，$4n^2+2n+1=21$　OK！

【9】☆　基本事項の証明，およびその理解を問う問題。

〈解1〉（1）（右辺が分かっている場合は，数学的帰納法を用いればよい）

$$\sum_{k=1}^{n}k^2=\frac{n(n+1)(2n+1)}{6}\ \cdots\cdots(*)$$ を示す。

ⅰ）$n=1$ のとき

　（左辺）$=1$，（右辺）$=\frac{1\times 2\times 3}{6}=1$

　よって，$n=1$ のとき（*）は成立

ⅱ）$n=l$ のとき（*）が成立すると仮定すると

$$\sum_{k=1}^{l}k^2=\frac{l(l+1)(2l+1)}{6}$$

このとき，
$$\sum_{k=1}^{l+1} k^2 = \frac{l(l+1)(2l+1)}{6} + (l+1)^2$$
$$= \frac{l+1}{6}\{l(2l+1) + 6(l+1)\}$$
$$= \frac{(l+1)(2l^2+7l+6)}{6}$$
$$= \frac{(l+1)(l+2)(2l+3)}{6}$$
$$= \frac{(l+1)\{(l+1)+1\}\{2(l+1)+1\}}{6}$$

よって，$n = l+1$ のときも（∗）は成立

ⅰ）ⅱ）より，任意の自然数 $n$ に対して（∗）は成立

（2）$\sum_{k=1}^{n} k^3 = \left\{\frac{n(n+1)}{2}\right\}^2$ …… （∗∗）を示す。

ⅰ）$n = 1$ のとき

（左辺）$= 1$，（右辺）$= \left(\frac{1 \times 2}{2}\right)^2 = 1$

よって，$n = 1$ のとき，（∗∗）は成立。

ⅱ）$n = l$ のとき，（∗∗）が成立すると仮定すると

$$\sum_{k=1}^{l} k^3 = \left\{\frac{l(l+1)}{2}\right\}^2$$

このとき

$$\sum_{l=1}^{l+1} k^3 = \left\{\frac{l(l+1)}{2}\right\}^2 + (l+1)^3$$
$$= \frac{(l+1)^2}{4}\{l^2 + 4(l+1)\}$$
$$= \frac{(l+1)^2(l+2)^2}{4}$$
$$= \left[\frac{(l+1)\{(l+1)+1\}}{2}\right]^2$$

よって（∗∗）は $n = l+1$ のときも成立

ⅰ）ⅱ）より，任意の自然数 $n$ に対して（∗∗）は成立

〈解2〉（1）恒等式 $(k+1)^3 - k^3 = 3k^2 + 3k + 1$ 利用

（2）恒等式 $(k+1)^4 - k^4 = 4k^3 + 6k^2 + 4k + 1$ 利用

〈解3〉（1）恒等式 $k(k+1)(k+2) - (k-1)k(k+1) = 3k(k+1)$ 利用

（2）恒等式 $k(k+1)(k+2)(k+3) - (k-1)k(k+1)(k+2) = 4k(k+1)(k+2)$ 利用

（第1章【補遺2】参照）

（3）等式 $(k+1)^5 - k^5 = 5k^4 + 10k^3 + 10k^2 + 5k + 1$ ($k = 1, 2, \cdots, n$) を辺々加えて

$$2^5 - 1^5 = 5 \cdot 1^4 + 10 \cdot 1^3 + 10 \cdot 1^2 + 5 \cdot 1 + 1$$
$$3^5 - 2^5 = 5 \cdot 2^4 + 10 \cdot 2^3 + 10 \cdot 2^2 + 5 \cdot 2 + 1$$
$$4^5 - 3^5 = 5 \cdot 3^4 + 10 \cdot 3^3 + 10 \cdot 3^2 + 5 \cdot 3 + 1$$
$$\cdots\cdots$$
$$+)\ (n+1)^5 - n^5 = 5n^3 + 10n^3 + 10n^2 + 5n + 1$$
$$\overline{(n+1)^5 - 1 = 5\sum_{k=1}^{n} k^4 + 10\sum_{k=1}^{n} k^3 + 10\sum_{k=1}^{n} k^2 + 5\sum_{k=1}^{n} k + n}$$

$$\therefore \quad 5\sum_{k=1}^{n} k^4 = (n+1)^5 - (n+1) - 10 \times \frac{n^2(n+1)^2}{4} - 10 \times \frac{n(n+1)(2n+1)}{6} - 5 \times \frac{n(n+1)}{2}$$

$$= \frac{n+1}{6}\{6(n^4+4n^3+6n^2+4n+1-1)-15n^3-15n^2-20n^2-10n-15n\}$$

$$= \frac{n(n+1)}{6}(6n^3+9n^2+n-1)$$

$$= \frac{1}{6}n(n+1)(2n+1)(3n^2+3n-1)$$

$$\therefore \quad \sum_{k=1}^{n} k^4 = \frac{n(n+1)(2n+1)(3n^2+3n-1)}{30}$$

**【10】** ☆ （1），（2）は基本問題（第1章 参照）

〈解〉 （1）第 $k$ 項は

$$\frac{1}{(2k-1)(2k+1)} = \frac{1}{2}\left(\frac{1}{2k-1} - \frac{1}{2k+1}\right)$$

∴ 求める和は

$$\sum_{k=1}^{n} \frac{1}{2}\left(\frac{1}{2k-1} - \frac{1}{2k+1}\right) = \frac{1}{2}\left\{\left(\frac{1}{1}-\frac{1}{3}\right)+\left(\frac{1}{3}-\frac{1}{5}\right)+\left(\frac{1}{5}-\frac{1}{7}\right)+\cdots\cdots+\left(\frac{1}{2n-1}-\frac{1}{2n+1}\right)\right\}$$

$$= \frac{1}{2}\left(1 - \frac{1}{2n+1}\right)$$

$$= \frac{n}{2n+1}$$

（2）第 $k$ 項は

$$\frac{1}{(2k-1)(2k+1)(2k+3)} = \frac{1}{4}\left\{\frac{1}{(2k-1)(2k+1)} - \frac{1}{(2k+1)(2k+3)}\right\}$$

∴ 求める和は

$$\sum_{k=1}^{n} \frac{1}{4}\left\{\frac{1}{(2k-1)(2k+1)} - \frac{1}{(2k+1)(2k+3)}\right\}$$

$$= \frac{1}{4}\left\{\left(\frac{1}{1\cdot 3}-\frac{1}{3\cdot 5}\right)+\left(\frac{1}{3\cdot 5}-\frac{1}{5\cdot 7}\right)+\cdots\cdots+\left(\frac{1}{(2n-1)(2n+1)}-\frac{1}{(2n+1)(2n+3)}\right)\right\}$$

$$= \frac{1}{4}\left\{\frac{1}{3} - \frac{1}{(2n+1)(2n+3)}\right\}$$

$$= \frac{n(n+2)}{3(2n+1)(2n+3)}$$

（3）第 $k$ 項は

$$\frac{2k}{(2k-1)(2k+1)(2k+3)}$$

$$= \frac{(2k+3)-3}{(2k-1)(2k+1)(2k+3)} \quad \cdots\cdots (*)$$

$$= \frac{1}{(2k-1)(2k+1)} - \frac{3}{(2k-1)(2k+1)(2k+3)}$$

∴ 求める和は（1），（2）の結果を用いて

$$\sum_{k=1}^{n}\left(\frac{1}{(2k-1)(2k+1)} - \frac{3}{(2k-1)(2k+1)(2k+3)}\right)$$

$$=\frac{n}{2n+1}-\frac{n(n+2)}{(2n+1)(2n+3)}=\frac{n(n+1)}{(2n+1)(2n+3)}$$

注）（＊）の変形が思いつかない場合の考察
〈アプローチ１〉
（１）と（２）の結果が使えないか？　と考えて
$$\frac{2k}{(2k-1)(2k+1)(2k+3)}=\frac{A}{(2k-1)(2k+1)}+\frac{B}{(2k-1)(2k+1)(2k+3)}$$ とおいてみると

分母を払って
　　$2k=A(2k+3)+B$
$A=1$，$B=-3$ のとき恒等式となり，（＊）と同じ式が得られる。

〈アプローチ２〉
$$\frac{2k}{(2k-1)(2k+1)(2k+3)}=\frac{A}{(2k-1)(2k+1)}+\frac{B}{(2k+1)(2k+3)}$$ とおいてみると
分母を払って
　　$2k=A(2k+3)+B(2k-1)$
$A=\frac{1}{4}$，$B=\frac{3}{4}$ のとき恒等式となるから

$$\sum_{k=1}^{n}\frac{2k}{(2k-1)(2k+1)(2k+3)}$$
$$=\frac{1}{4}\sum_{k=1}^{n}\frac{1}{(2k-1)(2k+1)}+\frac{3}{4}\sum_{k=1}^{n}\frac{1}{(2k+1)(2k+3)}$$
$$=\frac{1}{4}\times\frac{n}{2n+1}+\frac{3}{4}\left(\frac{n+1}{2n+3}-\frac{1}{3}\right)\ (\because\ (1)\ \text{より})$$
$$=\frac{n(2n+3)+3(n+1)(2n+1)-(2n+1)(2n+3)}{4(2n+1)(2n+3)}$$
$$=\frac{n(n+1)}{(2n+1)(2n+3)}$$

$$\sum_{k=1}^{n}\frac{1}{(2k+1)(2k+3)}$$
$$=\frac{1}{3\cdot5}+\frac{1}{3\cdot5}+\cdots+\frac{1}{(2n+1)(2n+3)}$$
$$=\left\{\sum_{k=1}^{n+1}\frac{1}{(2k-1)(2k+1)}\right\}-\frac{1}{3}$$

【11】☆　「$n\geqq 2$ のとき，$S_n-S_{n-1}=a_n$」……（＊）という公式を，丸暗記しているようでは思いつかない。
公式（＊）は
　　$S_n=a_1+\cdots\cdots+a_{n-1}+a_n$
　　$S_{n-1}=a_1+\cdots\cdots+a_{n-1}$
と書き並べてみると，$S_n-S_{n-1}=a_n$ は当たり前！
この考え方を応用して
　　$S_{n+2}=a_1+\cdots\cdots+a_n+a_{n+1}+a_{n+2}$
　　$S_n=a_1+\cdots\cdots+a_n$

より，$a_{n+1}+a_{n+2}=S_{n+2}-S_n$ を得る。これで，$T_n$ が $S_n$ だけの式となる。

（「$S_n$ と $a_n$ のまじった式 → $a_n$ だけ，または $S_n$ だけの式に直す」は基本方針）

〈解〉（1）$T_n=\dfrac{S_{n+2}-S_n}{S_n S_{n+1} S_{n+2}}=\dfrac{1}{S_n S_{n+1}}-\dfrac{1}{S_{n+1}S_{n+2}}$ より

$$\sum_{k=1}^{n} T_k = \left(\dfrac{1}{S_1 S_2}-\dfrac{1}{S_2 S_3}\right)+\left(\dfrac{1}{S_2 S_3}-\dfrac{1}{S_3 S_4}\right)+\cdots\cdots+\left(\dfrac{1}{S_n S_{n+1}}-\dfrac{1}{S_{n+1}S_{n+2}}\right)$$
$$=\dfrac{1}{S_1 S_2}-\dfrac{1}{S_{n+1}S_{n+2}}$$

（2）$\dfrac{1}{k^2(k+1)(k+2)^2}=\dfrac{k+1}{k^2(k+1)^2(k+2)^2}$

$\dfrac{1}{k^2(k+1)^2}-\dfrac{1}{(k+1)^2(k+2)^2}=\dfrac{(k+2)^2-k^2}{k^2(k+1)^2(k+2)^2}=\dfrac{4(k+1)}{k^2(k+1)^2(k+2)^2}$ より

$$(\text{与式})=\dfrac{1}{4}\sum_{k=1}^{n}\left(\dfrac{1}{k^2(k+1)^2}-\dfrac{1}{(k+1)^2(k+2)^2}\right)$$
$$=\dfrac{1}{4}\left\{\left(\dfrac{1}{1^2\cdot 2^2}-\dfrac{1}{2^2\cdot 3^2}\right)+\left(\dfrac{1}{2^2\cdot 3^2}-\dfrac{1}{3^2\cdot 4^2}\right)+\cdots\cdots+\left(\dfrac{1}{n^2(n+1)^2}-\dfrac{1}{(n+1)^2(n+2)^2}\right)\right\}$$
$$=\dfrac{1}{4}\left\{\dfrac{1}{4}-\dfrac{1}{(n+1)^2(n+2)^2}\right\}$$
$$=\dfrac{(n+1)^2(n+2)^2-4}{16(n+1)^2(n+2)^2}$$
$$=\dfrac{n(n+3)(n^2+3n+4)}{16(n+1)^2(n+2)^2}$$

〈別解〉$a_n=2n-1$ とおくと $S_n=n^2$

∴ $T_k=\dfrac{(2k+1)+(2k+3)}{k^2(k+1)^2(k+2)^2}=\dfrac{4(k+1)}{k^2(k+1)^2(k+2)^2}=\dfrac{4}{k^2(k+1)(k+2)^2}$

よって，（1）の結果を用いて

$$(\text{与式})=\dfrac{1}{4}\sum_{k=1}^{n}T_k$$
$$=\dfrac{1}{4}\left(\dfrac{1}{S_1 S_2}-\dfrac{1}{S_{n+1}S_{n+2}}\right)$$
$$=\dfrac{1}{4}\left\{\dfrac{1}{1\cdot 4}-\dfrac{1}{(n+1)^2(n+2)^2}\right\}$$

（以下同様）

【12】☆ 初項を $a$，公比を $r$ $(r\geqq 0)$ として，計算するだけであるが，$r=1$ or $r\neq 1$ で場合分けできるかどうかが問われている。

〈解〉初項を $a$，公比を $r$ $(r\geqq 0)$ とする。

ⅰ）$r=1$ の場合

$$S_n=\sum_{k=1}^{n}a_k=na$$

$$T_n=a\sum_{k=1}^{n}(-1)^{k-1}=\dfrac{a\{1-(-1)^n\}}{1-(-1)}=a \quad (\because \ n \text{ は奇数})$$

$$U_n = \sum_{k=1}^{n} a_k^2 = na^2$$

$$\therefore \quad S_n \cdot T_n = U_n$$

ii ) $r \neq 1$ の場合

$$S_n = \sum_{k=1}^{n} a_k = \frac{a(1-r^n)}{1-r}$$

$$T_n = \sum_{k=1}^{n} (-1)^{k-1} a_k = \frac{a\{1-(-r)^n\}}{1-(-r)} = \frac{a(1+r^n)}{1+r} \quad (\because \ n \text{ は奇数})$$

$$\therefore \quad S_n \cdot T_n = \frac{a(1-r^n)}{1-r} \cdot \frac{a(1+r^n)}{1+r} = \frac{a^2(1-r^{2n})}{1-r^2} \quad \cdots\cdots ①$$

$$U_n = \sum_{k=1}^{n} a_k^2 = \frac{a^2\{1-(r^2)^n\}}{1-r^2} = \frac{a^2(1-r^{2n})}{1-r^2} \quad \cdots\cdots ②$$

①②より

$$S_n \cdot T_n = U_n$$

**【13】** 
$$a_n = \sum_{k=1}^{n} \left( \sum_{m=1}^{k} m^2 \right)$$
$$= \sum_{k=1}^{n} \frac{k(k+1)(2k+1)}{6}$$
$$= \frac{1}{6} \sum_{k=1}^{n} (2k^3 + 3k^2 + k)$$
$$= \frac{1}{6} \left\{ 2 \times \frac{n^2(n+1)^2}{4} + 3 \times \frac{n(n+1)(2n+1)}{6} + \frac{n(n+1)}{2} \right\}$$
$$= \frac{1}{12} n(n+1)\{n(n+1) + (2n+1) + 1\}$$
$$= \frac{1}{12} n(n+1)(n^2 + 3n + 2)$$
$$= \frac{1}{12} n(n+1)^2(n+2) \quad \cdots\cdots ①$$

$$b_n = \sum_{k=1}^{n} \{n-(k-1)\}k^2$$
$$= \sum_{k=1}^{n} \{-k^3 + (n+1)k^2\}$$
$$= -\frac{n^2(n+1)^2}{4} + (n+1) \times \frac{n(n+1)(2n+1)}{6}$$
$$= \frac{1}{12} n(n+1)^2\{-3n + 2(2n+1)\}$$
$$= \frac{1}{12} n(n+1)^2(n+2) \quad \cdots\cdots ②$$

①②より $a_n = b_n$

注) テスト中であれば，上記解答のように計算してしまうのが確実であろうが，本問の意味を考えてみよう。

$a_n = \sum_{k=1}^{n}\left(\sum_{m=1}^{k} m^2\right)$ を $\sum$ を用いずに書き並べてみると，$\sum_{m=1}^{k} m^2$ は

$k=1$ のとき　$1^2$

$k=2$ のとき　$1^2+2^2$

$k=3$ のとき　$1^2+2^2+3^2$

　……

$k=k$ のとき　$1^2+2^2+3^2+\cdots\cdots+k^2$

　……

$k=n$ のとき　$1^2+2^2+3^2+\cdots\cdots+k^2+\cdots\cdots+n^2$

上記の数の総和が $a_n$ であるが，加える順を変えると

$a_n = 1^2 \times n + 2^2 \times (n-1) + 3^2 \times (n-2) + \cdots\cdots + k^2 \times \{n-(k-1)\} + \cdots\cdots + n^2 \times 1$

$= \sum_{k=1}^{n}\{n-(k-1)\}k^2$

$= b_n$

もちろん，この形で答案にしてもよい。

$a_n$ の定義式中の $m^2$ を他の式に置き換えると，いくらでも類題が作れる。試してみよう。

【14】（1）$\{a_n\}$ の初項を $a$，公差を $d$ とすると

$$b_n = \frac{n\{2a+(n-1)d\}}{2}\cdot\frac{1}{n} = a+(n-1)\cdot\frac{d}{2}$$

∴ $\{b_n\}$ は初項 $a$，公差 $\dfrac{d}{2}$ の等差数列である。

（2）$\{b_n\}$ の初項を $b$，公差を $e$ とすると　$b_n = b+(n-1)e$

$n \geqq 2$ のとき　　　$a_1+a_2+\cdots\cdots+a_{n-1}+a_n = nb_n$

　　　　　　　$-)\ \underline{a_1+a_2+\cdots\cdots+a_{n-1}\qquad\ = (n-1)b_{n-1}}$

　　　　　　　　　　　　　　　　　$a_n = nb_n - (n-1)b_{n-1}$

　　　　　　　　　　　　　　　　　　　$= n\{b+(n-1)e\}-(n-1)\{b+(n-2)e\}$

　　　　　　　　　　　　　　　　　　　$= \{n-(n-1)\}b+\{n(n-1)-(n-1)(n-2)\}e$

　　　　　　　　　　　　　　　　　　　$= b+2(n-1)e$

これは $n=1$ のときも成立。

∴ $\{a_n\}$ は初項 $b$，公差 $2e$ の等差数列

（3）$b$, $e$ は（2）のものとする。

$\{b_{2n-1}\}$ は初項 $b_1 = b$，公差 $2e$ の等差数列より

$$\sum_{k=1}^{10} b_{2k-1} = \frac{10\{2b+2e\times 9\}}{2} = 10(b+9e) = 20$$

∴ $b+9e = 2$ ……①

$\{b_{2n}\}$ は初項 $b_2 = b+e$，公差 $2e$ の等差数列より

$$\sum_{k=1}^{10} b_{2k} = \frac{10\{2(b+e)+2e\times 9\}}{2} = 10(b+10e) = 10$$

$$\therefore \quad b+10e=1 \quad \cdots\cdots ②$$

①②より

$$b=11, \quad e=-1$$

(2)の結果より

$$a_n=11-2(n-1)=-2n+13$$

**【15】** ☆ 教科書の例題や練習問題にもよく用いられる問題だが，案外きちんと理解できていない人がいるようだ。$n+1$ 個目の直線，円に着目するのがポイント。

〈解〉（1）（ⅰ）（ⅱ）

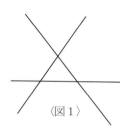
〈図1〉

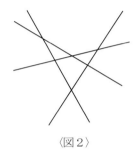
〈図2〉

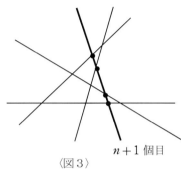
$n+1$ 個目
〈図3〉

図1，2より $L(3)=7$，$L(4)=11$

条件を満たす $n$ 本の直線によって，平面が $L(n)$ 個の領域に分割されているとき，$n+1$ 本目の直線 $\ell$ を引くと，$\ell$ は元にあった $n$ 本の直線と $n$ 個の点で交わり $n+1$ 個の半直線と線分に分けられる。$L(n)$ 個の領域のうち $\ell$ の $n+1$ 個の部分を含む領域は $\ell$ を引くことにより 1 つの領域が 2 つに分けられ 1 個ずつ領域の個数が増え，$\ell$ の通らない領域は $\ell$ を引くことによって変化しない。よって

$$L(n+1)=L(n)+n+1 \qquad (L(4)=L(3)+4=11：確認)$$

$$L(5)=L(4)+5=16$$

(ⅲ) $L(1)=2$ としてよい。$L(n+1)=L(n)+n+1$ より

$n \geqq 2$ のとき

$$L(n)=L(1)+\sum_{k=1}^{n-1}(k+1)=2+\frac{(n-1)n}{2}+(n-1)=\frac{n^2+n+2}{2}$$

これは $n=1$ のときも成立

$$\therefore \quad L(n)=\frac{n^2+n+2}{2}$$

(2) (1)と同様に，$n+1$ 個目の円は元にあった $n$ 個の円と $2n$ 個の点で交わり，$2n$ 個の弧に分けられる。よって

$$D(n+1)=D(n)+2n$$

$n \geqq 2$ のとき

$$D(n)=D(1)+\sum_{k=1}^{n-1}2k=2+(n-1)n=n^2-n+2$$

この結果は $n=1$ のときも適する。

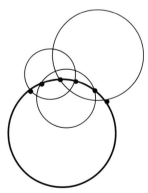
$n+1$ 個目の円

よって,
$$D(n) = n^2 - n + 2, \quad D(2) = 4, \quad D(3) = 8, \quad D(4) = 14$$

**【16】** $a_n = 1 + \dfrac{1}{2}(n-1) = \dfrac{n+1}{2}$ $\qquad \therefore \quad b_n = 2^{\frac{n+1}{2}}$

(1) $b_n \geqq 2^{100}$ より $2^{\frac{n+1}{2}} \geqq 2^{100}$

底の 2 が 1 より大きいから

$\dfrac{n+1}{2} \geqq 100 \qquad \therefore \quad n \geqq 199 \qquad \therefore \quad$ 最小の自然数は $n = 199$

(2) $P_n = b_1 \times b_2 \times b_3 \times \cdots\cdots \times b_n$
$\qquad = 2^{a_1} \times 2^{a_2} \times 2^{a_3} \times \cdots\cdots \times 2^{a_n}$
$\qquad = 2^{\sum\limits_{k=1}^{n} a_k}$

ここで,

$\sum\limits_{k=1}^{n} a_k = \sum\limits_{k=1}^{n} \dfrac{k+1}{2} = \dfrac{n\left(1 + \dfrac{n+1}{2}\right)}{2} = \dfrac{n(n+3)}{4} \qquad \therefore \quad P_n = 2^{\frac{n(n+3)}{4}}$

$P_n \geqq 2^{100}$ より $\dfrac{n(n+3)}{4} \geqq 100$

$\dfrac{18 \times 21}{4} = \dfrac{189}{2} < 100, \quad \dfrac{19 \times 22}{4} = \dfrac{209}{2} > 100$ より

最小の自然数は $n = 19$

(3) $S_n = b_1 + b_2 + b_3 + \cdots\cdots + b_n$
$\qquad = 2 + 2^{\frac{3}{2}} + 2^2 + \cdots\cdots + 2^{\frac{n+1}{2}}$

これは,初項 2,公比 $2^{\frac{1}{2}} = \sqrt{2}$,項数 $n$ の等比数列の和より

$S_n = \dfrac{2\{(\sqrt{2})^n - 1\}}{\sqrt{2} - 1}$

$S_2 = 2 + 2\sqrt{2} = 2(1 + \sqrt{2})$ だから $S_n \geqq 2^{100} S_2$ より

$\dfrac{2\{(\sqrt{2})^n - 1\}}{\sqrt{2} - 1} \geqq 2^{100} \cdot 2(1 + \sqrt{2})$

$(\sqrt{2})^n - 1 \geqq 2^{100}(\sqrt{2} - 1)(\sqrt{2} + 1) = 2^{100}$

$(\sqrt{2})^{200} - 1 = 2^{100} - 1 < 2^{100}$

$(\sqrt{2})^{201} - 1 = 2^{100}\sqrt{2} - 1 > 2^{100}$

$\therefore \quad$ 最小の自然数は $n = 201$

【17】☆ 問題文に与えられた式を頼りに，第 $k$ 群の和を

$$\sum_{i=1}^{k} \frac{k(k+1)}{i(i+1)} + \sum_{i=k+1}^{2k-1} \frac{(2k-i)(2k-i+1)}{k(k+1)}$$

とすると，（2）の計算が大変になる．一度きれいに並べてみる．

第 1 群　$\dfrac{1 \times 2}{1 \times 2}$

第 2 群　$\dfrac{2 \times 3}{1 \times 2}$，$\dfrac{2 \times 3}{2 \times 3}$，$\dfrac{1 \times 2}{2 \times 3}$

第 3 群　$\dfrac{3 \times 4}{1 \times 2}$，$\dfrac{3 \times 4}{2 \times 3}$，$\dfrac{3 \times 4}{3 \times 4}$，$\dfrac{2 \times 3}{3 \times 4}$，$\dfrac{1 \times 2}{3 \times 4}$

　………

第 $k$ 群　$\dfrac{k(k+1)}{1 \times 2}$，$\dfrac{k(k+1)}{2 \times 3}$，$\dfrac{k(k+1)}{3 \times 4}$，……，$\dfrac{k(k+1)}{k(k+1)}$，$\dfrac{(k-1)k}{k(k+1)}$，$\dfrac{(k-2)(k-1)}{k(k+1)}$，……，$\dfrac{1 \times 2}{k(k+1)}$

このように並べてみると，第 $k$ 群の後半の和は逆から加えると簡単になることに気付く（→第 1 章　例 7　参照）

〈解〉（1）第 $n$ 群までの項数は

$$1 + 3 + 5 + \cdots + (2n-1) = n^2$$

∴　第 10 群までの項数は 100

∴　第 101 項は第 11 群の初項なので　$\dfrac{11 \times 12}{1 \times 2} = 66$

（2）第 $k$ 群の和を $S_k$ とすると

$$S_k = \sum_{i=1}^{k} \frac{k(k+1)}{i(i+1)} + \sum_{i=1}^{k-1} \frac{i(i+1)}{k(k+1)}$$

$$= k(k+1) \sum_{i=1}^{k} \frac{1}{i(i+1)} + \frac{1}{k(k+1)} \sum_{i=1}^{k-1} i(i+1)$$

ここで，

$$\sum_{i=1}^{k} \frac{1}{i(i+1)} = \sum_{i=1}^{k} \left( \frac{1}{i} - \frac{1}{i+1} \right) = \left(1 - \frac{1}{2}\right) + \left(\frac{1}{2} - \frac{1}{3}\right) + \left(\frac{1}{3} - \frac{1}{4}\right) + \cdots + \left(\frac{1}{k} - \frac{1}{k+1}\right)$$

$$= 1 - \frac{1}{k+1} = \frac{k}{k+1}$$

また，

$$\sum_{i=1}^{k-1} i(i+1) = \sum_{i=1}^{k-1} (i^2 + i) = \frac{(k-1)k(2k-1)}{6} + \frac{(k-1)k}{2}$$

$$= \frac{(k-1)k(k+1)}{3}$$

∴　$S_k = k(k+1) \times \dfrac{k}{k+1} + \dfrac{1}{k(k+1)} \times \dfrac{(k-1)k(k+1)}{3} = k^2 + \dfrac{1}{3}k - \dfrac{1}{3}$

初項から第 100 項までの和は，第 1 群から第 10 群までの和に等しいので

$$\sum_{k=1}^{10} \left( k^2 + \frac{1}{3}k - \frac{1}{3} \right) = \frac{10 \times 11 \times 21}{6} + \frac{1}{3} \times \frac{10 \times 11}{2} - \frac{1}{3} \times 10 = 400$$

【18】 $\sum_{i=1}^{n} \dfrac{a_i}{1+a_i} > \dfrac{a_1+a_2+\cdots\cdots+a_n}{1+a_1+a_2+\cdots\cdots+a_n}$ $(n \geqq 2)$ ……（＊）を示す。

ⅰ）$n=2$ のとき

$\sum_{i=1}^{2} \dfrac{a_i}{1+a_i} - \dfrac{a_1+a_2}{1+a_1+a_2}$

$= \dfrac{a_1}{1+a_1} + \dfrac{a_2}{1+a_2} - \dfrac{a_1+a_2}{1+a_1+a_2}$ ……（イ）（→注）

$> \dfrac{a_1}{1+a_1+a_2} + \dfrac{a_2}{1+a_1+a_2} - \dfrac{a_1+a_2}{1+a_1+a_2}$

$= 0$

∴ $n=2$ のとき（＊）は成立

ⅱ）$n=k$ のとき（＊）が成立すると仮定すると

$\sum_{i=1}^{k} \dfrac{a_i}{1+a_i} > \dfrac{a_1+a_2+\cdots\cdots+a_k}{1+a_1+a_2+\cdots\cdots+a_k}$

このとき

$\sum_{i=1}^{k+1} \dfrac{a_i}{1+a_i} > \dfrac{a_1+a_2+\cdots\cdots+a_k}{1+a_1+a_2+\cdots\cdots+a_k} + \dfrac{a_{k+1}}{1+a_{k+1}}$ ……（ロ）（→注）

$> \dfrac{a_1+a_2+\cdots\cdots+a_k}{1+a_1+a_2+\cdots\cdots+a_{k+1}} + \dfrac{a_{k+1}}{1+a_1+a_2+\cdots\cdots+a_{k+1}}$

$= \dfrac{a_1+a_2+\cdots\cdots+a_{k+1}}{1+a_1+a_2+\cdots\cdots+a_{k+1}}$

よって（＊）は $n=k+1$ のときも成立。

ⅰ）ⅱ）より，2 以上の任意の自然数 $n$ について（＊）は成立。

注）上記解答は「分母も分子も正である分数では，分母が大きくなると分数の値は小さくなる」という当たり前の理屈を用いたものである。しかし，いくら当たり前でも思いつかないときは思いつかないものだ。

このような場合，学習上次の2点を考える（ということも「当たり前」！）。

○ 次回，良く似た状況では思いつきたい。思いつくためには，普段からどのような発想で問題に取り組めばよいかを考える。

○ この事柄に思いつかなくても，この問題を解くことは出来ないかを考察する。

本問においては，上記解答より手間はかかるが，まともに計算しても解くことができる。やってみよう。

（第1章「【補遺1】数学的帰納法と不等式」参照）

（イ）$= \dfrac{a_1(1+a_2)(1+a_1+a_2) + a_2(1+a_1)(1+a_1+a_2) - (a_1+a_2)(1+a_1)(1+a_2)}{(1+a_1)(1+a_2)(1+a_1+a_2)}$

（分子）$= a_1\{(1+a_2)^2 + a_1(1+a_2)\} + a_2\{(1+a_1)^2 + a_2(1+a_1)\} - (a_1+a_2)(1+a_1+a_2+a_1a_2)$

$= \cancel{a_1} + 2\cancel{a_1a_2} + \cancel{a_1a_2^2} + \cancel{a_1^2} + \cancel{a_1^2a_2} + \cancel{a_2} + 2a_1a_2 + a_1^2a_2 + \cancel{a_2^2} + a_1a_2^2$

$\quad - \cancel{a_1} - \cancel{a_1^2} - \cancel{a_1a_2} - \cancel{a_1^2a_2} - \cancel{a_2} - \cancel{a_1a_2} - \cancel{a_2^2} - \cancel{a_1a_2^2}$

$= 2a_1a_2 + a_1^2a_2 + a_1a_2^2$

$> 0$

これで，ⅰ）の証明完了。

ii) においても

$(ロ) - \dfrac{a_1+a_2+\cdots\cdots+a_{k+1}}{1+a_1+a_2+\cdots\cdots+a_{k+1}}$ の分母を $(1+a_1+\cdots\cdots+a_k)(1+a_{k+1})(1+a_1+\cdots\cdots+a_{k+1})$

にして通分すると

(分子)$=(a_1+a_2+\cdots\cdots+a_k)(1+a_{k+1})(1+a_1+\cdots\cdots+a_{k+1})$
$\quad\quad +a_{k+1}(1+a_1+a_2+\cdots\cdots+a_k)(1+a_1+a_2+\cdots\cdots+a_{k+1})$
$\quad\quad -(a_1+a_2+\cdots\cdots+a_{k+1})(1+a_1+\cdots\cdots+a_k)(1+a_{k+1})$

$a_1+a_2+\cdots\cdots+a_k = A$, $a_{k+1} = B$ とおくと

(分子)$= A(1+B)(1+A+B) + B(1+A)(1+A+B) - (A+B)(1+A)(1+B)$
$= A\{(1+B)^2 + A(1+B)\} + B\{(1+A)^2 + B(1+A)\} - (A+B)(1+A+B+AB)$
$= \cancel{A} + 2AB + \cancel{AB^2} + \cancel{A^2} + \cancel{A^2B} + \cancel{B} + 2AB + A^2B + \cancel{B^2} + AB^2$
$\quad -\cancel{A} - \cancel{A^2} - \cancel{AB} - \cancel{A^2B} - \cancel{B} - \cancel{AB} - \cancel{B^2} - \cancel{AB^2}$
$= 2AB + A^2B + AB^2$
$> 0$

この程度の計算ならば，制限時間内に実行できるだろう．悩んで時間を費やすよりは早い．

**【19】** $(1-a_1)(1-a_2)\cdots\cdots(1-a_n) > 1-\left(a_1+\dfrac{a_2}{2}+\cdots\cdots+\dfrac{a_n}{2^{n-1}}\right)$ ……（∗）を数学的帰納法で証明する．

i) $n=2$ のとき

(左辺)−(右辺)$=(1-a_1)(1-a_2) - 1 + \left(a_1 + \dfrac{a_2}{2}\right)$
$\quad\quad\quad\quad\quad = a_1a_2 - \dfrac{a_1}{2}$
$\quad\quad\quad\quad\quad = a_1\left(a_2 - \dfrac{1}{2}\right) > 0$ （∵ $\dfrac{1}{2} < a_j < 1, j=1,2$）

よって，$n=2$ のとき（∗）は成立する．

ii) $n=k$ のとき（∗）が成立すると仮定すると

$(1-a_1)(1-a_2)\cdots\cdots(1-a_k) > 1-\left(a_1+\dfrac{a_2}{2}+\cdots\cdots+\dfrac{a_k}{2^{k-1}}\right)$ ……（イ）

このとき，両辺から $\dfrac{a_{k+1}}{2^k}$ を引いて

$(1-a_1)(1-a_2)\cdots\cdots(1-a_k) - \dfrac{a_{k+1}}{2^k} > 1-\left(a_1+\dfrac{a_2}{2}+\cdots\cdots+\dfrac{a_k}{2^{k-1}}+\dfrac{a_{k+1}}{2^k}\right)$ ……①

また，

$(1-a_1)(1-a_2)\cdots\cdots(1-a_k)(1-a_{k+1}) - \left\{(1-a_1)(1-a_2)\cdots\cdots(1-a_k) - \dfrac{a_{k+1}}{2^k}\right\}$

$$=(1-a_1)(1-a_2)\cdots\cdots(1-a_k)\{(1-a_{k+1})-1\}+\frac{a_{k+1}}{2^k}$$

$$=a_{k+1}\left\{-(1-a_1)(1-a_2)\cdots\cdots(1-a_k)+\frac{1}{2^k}\right\}$$

$0<1-a_j<\dfrac{1}{2}$ $(j=1,2,\cdots\cdots,n)$ だから,$(1-a_1)(1-a_2)\cdots\cdots(1-a_k)<\dfrac{1}{2^k}$

$a_{k+1}>0$ より

$$a_{k+1}\left\{-(1-a_1)(1-a_2)\cdots\cdots(1-a_k)+\frac{1}{2^k}\right\}>0$$

∴ $(1-a_1)(1-a_2)\cdots\cdots(1-a_k)(1-a_{k+1})>(1-a_1)(1-a_2)\cdots\cdots(1-a_k)-\dfrac{a_{k+1}}{2^k}$ ……②

①②より

$$(1-a_1)(1-a_2)\cdots\cdots(1-a_k)(1-a_{k+1})>1-\left(a_1+\frac{a_2}{2}+\cdots\cdots+\frac{a_{k+1}}{2^k}\right)$$

よって,(＊)は $n=k+1$ のときも成立。

ⅰ) ⅱ) より 2 以上の整数 $n$ に対して(＊)は成立。

注)帰納法の仮定(イ)の両辺に $1-a_{k+1}$ $(>0)$ をかけると,上手くいかない。

　第 1 章「【補遺 1】数学的帰納法と不等式」参照

【20】☆　2つのことがら $A$,$B$ が同値であることの証明は,「$A\Longrightarrow B$」「$B\Longrightarrow A$」を別々に示すのが基本。やり易いほうから片付けよう。

〈解〉 (1) 「数列 $f(0)$,$f(1)$,$f(2)$,$f(3)$,$f(4)$ が等差数列である」……(＊)

　　　「$f(x)=x(x-1)(x-2)(x-3)(x-4)+lx+m$ ($l,m$ は定数)とかける」……(＊＊) とおく。

ⅰ) (＊＊) が成り立つとき

　$f(0)=m$,$f(1)=l+m$,$f(2)=2l+m$,$f(3)=3l+m$,$f(4)=4l+m$

よって,数列 $f(0)$,$f(1)$,$f(2)$,$f(3)$,$f(4)$ は初項 $m$,公差 $l$ の等差数列。

すなわち(＊)が成り立つ。

ⅱ) (＊) が成り立つとき

　初項 $f(0)=m$,公差を $l$ とすると,

　　$f(0)=m$,$f(1)=l+m$,$f(2)=2l+m$,$f(3)=3l+m$,$f(4)=4l+m$

よって,$F(x)=f(x)-(lx+m)$ とおくと

　$F(0)=F(1)=F(2)=F(3)=F(4)=0$

$F(x)$ は 5 次の係数が 1 の 5 次式より

　$F(x)=x(x-1)(x-2)(x-3)(x-4)=f(x)-(lx+m)$

∴ $f(x)=x(x-1)(x-2)(x-3)(x-4)+lx+m$

すなわち(＊＊)が成り立つ。

ⅰ) ⅱ) より(＊)と(＊＊)は同値である。

☆ (2)は(1)の条件から $(\alpha, k) = (0,3), (0,4), (0,5), (1,3), (1,4), (2,3)$ が題意をみたすことがすぐにわかるが，この他に題意を満たすものがあればすべて求めなければならない。

(2) $f(\alpha)$, $f(\alpha+1)$, $f(\alpha+2)$ が等差数列より (← まずは必要条件から)

$$f(\alpha) + f(\alpha+2) = 2f(\alpha+1)$$

$$\begin{aligned}&f(\alpha) + f(\alpha+2) - 2f(\alpha+1)\\&= \alpha(\alpha-1)(\alpha-2)(\alpha-3)(\alpha-4) + l\alpha + m\\&\quad + (\alpha+2)(\alpha+1)\alpha(\alpha-1)(\alpha-2) + l(\alpha+2) + m\\&\quad - 2\{(\alpha+1)\alpha(\alpha-1)(\alpha-2)(\alpha-3) + l(\alpha+1) + m\}\\&= \alpha(\alpha-1)(\alpha-2)\{(\alpha-3)(\alpha-4) + (\alpha+2)(\alpha+1) - 2(\alpha+1)(\alpha-3)\}\\&= 20\alpha(\alpha-1)(\alpha-2) = 0\end{aligned}$$

$\therefore \alpha = 0, 1, 2$

$f(0) = m$, $f(1) = l+m$, $f(2) = 2l+m$, $f(3) = 3l+m$, $f(4) = 4l+m$, $f(5) = 5l+m+120$ より

$f(1) - f(0) = f(2) - f(1) = f(3) - f(2) = f(4) - f(3) = l \neq f(5) - f(4)$

したがって

$\alpha = 0$ のとき $k = 3, 4, 5$

$\alpha = 1$ のとき $k = 3, 4$

$\alpha = 2$ のとき $k = 3$

$\therefore (\alpha, k) = (0,3), (0,4), (0,5), (1,3), (1,4), (2,3)$

【21】☆ $S + T$ の計算が山場。ここをクリアするか否かで大きな差がつく。

(1) $A = \dfrac{n(n+1)}{2}$, $B = \dfrac{n(n+1)(2n+1)}{6}$

また，$S = \sum_{k=1}^{n}(a_k - k)^2$

$T = \sum_{k=1}^{n}\{a_k - (n-k+1)\}^2$ (→注)

注) $T = \sum_{k=1}^{n}\{a_{n-k+1} - k\}^2$ とすると，扱いにくい。

$$\begin{aligned}&(a_k - k)^2 + \{a_k - (n-k+1)\}^2\\&= a_k^2 - 2a_k k + k^2 + a_k^2 - 2(n-k+1)a_k + (n+1)^2 - 2(n+1)k + k^2\\&= 2a_k^2 - 2(n+1)a_k + 2k^2 - 2(n+1)k + (n+1)^2 \quad \text{より}\end{aligned}$$

$$\begin{aligned}S + T &= 4 \times \dfrac{n(n+1)(2n+1)}{6} - 4(n+1)\dfrac{n(n+1)}{2} + n(n+1)^2\\&= \dfrac{1}{3}n(n+1)\{2(2n+1) - 3(n+1)\}\\&= \dfrac{1}{3}n(n+1)(n-1)\end{aligned}$$

(2) $S = \sum_{k=1}^{n}(a_k - k)^2 \geqq 0$ 等号は $a_k = k$ $(k = 1, 2, \cdots, n)$ のとき成立。

よって，最小値 $0$，そのときの数列は $\{1, 2, 3, \cdots, n\}$

(3) (1)より，$S + T$ は $\{a_1, a_2, \cdots, a_n\}$ のとり方に無関係な定数。

よって，$T$ が最小のとき $S$ は最大。

$T = \sum_{k=1}^{n} \{a_k - (n-k+1)\}^2 \geqq 0$　等号は $a_k = n-k+1$　$(k=1,2,\cdots\cdots n)$ のとき成立。

よって，$S$ の最大値は $\dfrac{1}{3}n(n+1)(n-1)$　そのときの数列は $\{n, n-1, n-2, \cdots\cdots, 2, 1\}$

(4) $S=2$ となるのは，2つの $i$ $(i=1,2,\cdots\cdots,n)$ について $(a_i-i)^2=1$，他の $i$ については $a_i=i$

つまり

$a_1=2$ , $a_2=1$ , $a_i=i$ $(i \neq 1,2)$

$a_2=3$ , $a_3=2$ , $a_i=i$ $(i \neq 2,3)$

………

$a_{n-1}=n$ , $a_n=n-1$ , $a_i=i$ $(i \neq n-1, n)$　の $n-1$ 通り

よって求める確率は

$\dfrac{n-1}{n!}$

【22】(1) $f_2(x) = f(f(x)) = 4f(x)(1-f(x)) = 0$　　　∴ $f(x) = 0, 1$

$f(x) = 0$ より　$4x(1-x) = 0$　∴ $x = 0, 1$

$f(x) = 1$ より　$4x(1-x) = 1$　$(2x-1)^2 = 0$ より $x = \dfrac{1}{2}$

よって，$f_2(x) = 0$ の解は $x = 0, \dfrac{1}{2}, 1$

(2) $\alpha(c)$ , $\beta(c)$ は $f(x) = c$ の解だから　$f(\alpha(c)) = c$ , $f(\beta(c)) = c$

$f_{n+1}(x) = f_n(f(x))$ より

$f_{n+1}(\alpha(c)) = f_n(f(\alpha(c))) = f_n(c) = 0$

$f_{n+1}(\beta(c)) = f_n(f(\beta(c))) = f_n(c) = 0$

∴ $\alpha(c)$ , $\beta(c)$ は $f_{n+1}(x) = 0$ の解

(3) ☆ 題意がとりにくいときには，簡単な $n$ の値に対して実験！

$n=1$ の場合

$f_1(x) = f(x) = 4x(1-x) = 0$ より　$x = 0, 1$　　∴ $S_1 = 2$

$n=2$ の場合

$f_2(x) = 0$ の解は (1) より $x = 0, \dfrac{1}{2}, 1$

従って $S_2 = 3$ であるが，これを $y = f(x)$ のグラフを用いて考察してみる。

(2) の結果より，$f_n(x) = 0$ の1つの解 $c$ $(0 \leqq c < 1)$ に対し，

$\alpha(c)$ , $\beta(c)$ が $f_{n+1}(x) = 0$ の解となる。以下，$\alpha(c) < \beta(c)$ とする。

$f_1(x) = 0$ の解 $x = 0, 1$ に対し

$f(x) = 0 \to x = 0, 1$ $(\alpha(0) = 0$ , $\beta(0) = 1)$

$f(x) = 1 \to x = \dfrac{1}{2}$

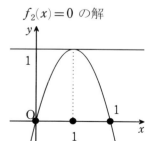

記号 $\alpha(t)$ , $\beta(t)$ の意味

$f_2(x) = 0$ の解

$n=3$ の場合

$f_2(x)=0$ の解 $x=0, \frac{1}{2}, 1$ に対し

$0 \to 0, 1$

$\frac{1}{2} \to \alpha\left(\frac{1}{2}\right), \beta\left(\frac{1}{2}\right)$

$1 \to \frac{1}{2}$

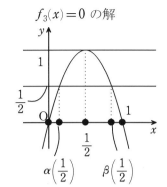

$f_3(x)=0$ の解

$n \geqq 4$ の場合も

$f_{n-1}(x)=0$ の1つの解 $x=t$ に対し

$t=1$ のとき $x=\frac{1}{2}$ の1個

$t=0$ のとき $x=0, 1$ の2個

$0<t<1$ のとき $x=\alpha(t), \beta(t)$ の2個

従って，$S_n=1+2(S_{n-1}-1)$ という関係式が見つかる。

$S_n=2S_{n-1}-1$, $S_1=2$ を解いて $S_n=2^{n-1}+1$ という正解を得る。

【23】☆　一般にガウス記号 $[x]$ については

　　$[x]=n \Leftrightarrow n \leqq x < n+1$（$n$ は整数）

と不等式で評価するのが基本である。

〈解〉（1）$1=\sqrt{1}<\sqrt{2}<\sqrt{3}<\sqrt{4}=2$ より

$a_1=1$，$a_2=1$，$a_3=1$，$a_4=2$

（2）$m$ を $m^2 \leqq n < (m+1)^2$ を満たす整数とすると $m \leqq \sqrt{n} < m+1$ より $a_n=m$

$S_n = \sum_{k=1}^{m-1} k\{(k+1)^2-k^2\} + (n-m^2+1)m$ 　（→注）

$= \sum_{k=1}^{m-1}(2k^2+k) + (n-m^2+1)m$

$= 2 \times \frac{(m-1)m(2m-1)}{6} + \frac{(m-1)m}{2} + (n-m^2+1)m$

$= \frac{1}{6}m\{2(m-1)(2m-1)+3(m-1)+6(n-m^2+1)\}$

$= \frac{1}{6}m(-2m^2-3m+6n+5)$

$= -\frac{1}{3}m^3 - \frac{1}{2}m^2 + \left(n+\frac{5}{6}\right)m$

$= \left(n+\frac{5}{6}\right)a_n - \frac{1}{2}a_n{}^2 - \frac{1}{3}a_n{}^3$

注）いきなりこの立式は難しい。$S_n=a_1+a_2+\cdots\cdots$ のはじめの方で具体的に実験してみる。

　　$a_1 \sim a_3 \cdots\cdots 1$，$a_4 \sim a_8 \cdots\cdots 2$，$a_9 \sim a_{15} \cdots\cdots 3$，$\cdots\cdots$ より

　　$S_n = 1 \times 3 + 2 \times 5 + 3 \times 7 + \cdots\cdots$

ここで，「×3」「×5」「×7」（⇒「×(2k+1)」と推測できる）がどのような規則からなるかを考えてみると，$a_1=1$ となるのが $1^2 \leq n < 2^2$ の $2^2-1^2$ 個，$a_2=2$ となるのが……と考えて

$$S_n = 1 \times (2^2-1^2) + 2 \times (3^2-2^2) + 3 \times (4^2-3^2) + \cdots\cdots$$

これで，第1段階クリア。$n=m^2$ のとき

$$S_n = \left(\sum_{k=1}^{m-1} k\{(k+1)^2 - k^2\}\right) + m$$

$n \neq m^2$ のときがどうなるかは，再び具体例で考えて

$$S_{10} = 1 \times 3 + 2 \times 5 + 3 + 3$$
$$S_{11} = 1 \times 3 + 2 \times 5 + 3 + 3 + 3$$
$$\cdots\cdots$$

よって，$9 \leq n < 16$ のとき

$$S_n = 1 \times 3 + 2 \times 5 + 3(n-8)$$

ここまでくれば，解答の形にするのは難しくない。

$$S_n = \sum_{k=1}^{m-1} k\{(k+1)^2 - k^2\} + (n-m^2+1)m$$

が立式できれば，あとは単純計算である。

【24】（1）各桁の数が 1 または 2 である $n$ 桁の整数は $2^n$ 個  まずは「実験」！
各位には 1 と 2 が $2^{n-1}$ 個ずつだから

$n=2$ の場合
$$\begin{array}{r} 11 \\ 12 \\ 21 \\ +)\ 22 \\ \hline 66 \end{array}$$

$$T_n = 1 \times 2^{n-1} \times (1 + 10 + 10^2 + \cdots\cdots + 10^{n-1})$$
$$\quad + 2 \times 2^{n-1} \times (1 + 10 + 10^2 + \cdots\cdots + 10^{n-1})$$
$$= 3 \times 2^{n-1} \times \frac{10^n - 1}{10 - 1}$$
$$= \frac{2^{n-1}(10^n - 1)}{3}$$

$n=3$ の場合
$$\begin{array}{r} 111 \\ 112 \\ 121 \\ 122 \\ 211 \\ 212 \\ 221 \\ +)\ 222 \\ \hline 1332 \end{array}$$

（2）（1）と同様に考えて
$$S_n = 1 \times 3^{n-1} \times (1 + 10 + 10^2 + \cdots\cdots + 10^{n-1})$$
$$\quad + 2 \times 3^{n-1} \times (1 + 10 + 10^2 + \cdots\cdots + 10^{n-1})$$
$$= 3^n \times \frac{10^n - 1}{10 - 1}$$
$$= \frac{3^{n-1}(10^n - 1)}{3}$$

$$\therefore\ \frac{S_n}{T_n} = \left(\frac{3}{2}\right)^{n-1}$$

$$\left(\frac{3}{2}\right)^6 = \frac{729}{64} = 11 + \frac{25}{64},\quad \left(\frac{3}{2}\right)^7 = \frac{2187}{128} = 17 + \frac{11}{128}$$

よって，$\dfrac{S_n}{T_n} \geq 15$ となるのは $n \geq 8$ のとき

【25】（1）$k-1$, $k$, $k+1$ は連続する3整数だから，2の倍数と3の倍数をそれぞれ少なくとも1つ含む。
従って，$(k-1)k(k+1)$ は6の倍数。（→注1）

$\therefore \sum_{k=1}^{n-1}(k-1)k(k+1)$ は6の倍数

$\therefore a_n=\frac{1}{6}\sum_{k=1}^{n-1}(k-1)k(k+1)$ は整数

$n$ は3以上の奇数だから，$l$ を自然数として $n=2l+1$ とかける。
このとき，

$$b_n=\frac{(n+1)(n-1)}{8}=\frac{l(l+1)}{2}$$

$l$ と $l+1$ のうち片方は偶数なので，$l(l+1)$ は偶数
$\therefore b_n$ も整数

（2）$a_n=\frac{1}{6}\sum_{k=1}^{n-1}(k^3-k)$

$=\frac{1}{6}\left[\left\{\frac{(n-1)n}{2}\right\}^2-\frac{(n-1)n}{2}\right]$

$=\frac{(n-1)n}{12}\left\{\frac{(n-1)n}{2}-1\right\}$

$=\frac{1}{24}(n-2)(n-1)n(n+1)$ （→注2）

$n=2l+1$ とすると

$a_n-b_n=\frac{1}{24}(n-2)(n-1)n(n+1)-\frac{1}{8}(n+1)(n-1)$

$=\frac{1}{24}(n+1)^2(n-1)(n-3)$

$=\frac{1}{24}(2l+2)^2(2l)(2l-2)$

$=\frac{2}{3}(l+1)^2l(l-1)$

（1）と同様に，$(l+1)^2l(l-1)$ は6の倍数
$\therefore a_n-b_n$ は4の倍数。


注1）一般に，連続 $m$ 整数の積は $m!$ の倍数である。

注2）$(k-1)k(k+1)=\frac{1}{4}\{(k-1)k(k+1)(k+2)-(k-2)(k-1)k(k+1)\}$ より

$\sum_{k=1}^{n-1}(k-1)k(k+1)$

$=\frac{1}{4}\sum_{k=1}^{n-1}\{(k-1)k(k+1)(k+2)-(k-2)(k-1)k(k+1)\}$

$=\frac{1}{4}(n-2)(n-1)n(n+1)$

【26】（1）$(2a_1+1)^2 + \sum_{k=2}^{n}(2a_k)^2 = (2a_n+1)^2$ ……（∗）を示す。

ⅰ）$n=2$ のとき
$a_1=1$, $a_2=a_1(a_1+1)=2$ より
$(2a_1+1)^2+(2a_2)^2=9+16=25$
$(2a_2+1)^2=25$
∴ $(2a_1+1)^2+(2a_2)^2=(2a_2+1)^2$
よって，$n=2$ のとき（∗）は成立。

ⅱ）$n=l$ のとき（∗）が成立すると仮定すると
$(2a_1+1)^2 + \sum_{k=2}^{l}(2a_k)^2 = (2a_l+1)^2$

このとき，
$(2a_1+1)^2 + \sum_{k=2}^{l+1}(2a_k)^2 = (2a_l+1)^2 + (2a_{l+1})^2$
$= 4a_l(a_l+1)+1+4a_{l+1}^2$
$= 4a_{l+1}+1+4a_{l+1}^2$
$= (2a_{l+1}+1)^2$

よって，（∗）は $n=l+1$ のときも成立。

ⅰ）ⅱ）より $n\geqq 2$ のとき（∗）は成立。

（2）$2a_n+1$ と $2a_{n+1}$ の最大公約数を $d$ とし，
$2a_n+1=dX$, $2a_{n+1}=2a_n(a_n+1)=dY$ （$X$，$Y$ は自然数）とおくと
$(dX)^2=(2a_n+1)^2=4a_n(a_n+1)+1=2dY+1$
∴ $d(dX^2-2Y)=1$
∴ $d$ は $1$ の約数だから，$d=1$
すなわち，$2a_n+1$ と $2a_{n+1}$ の最大公約数は $1$

（3）（1）より $n\geqq 2$ のとき
$(2a_1+1)^2 + \sum_{k=2}^{n+2}(2a_k)^2$
$=(2a_1+1)^2 + \sum_{k=2}^{n}(2a_k)^2 + (2a_{n+1})^2 + (2a_{n+2})^2$
$=(2a_n+1)^2 + (2a_{n+1})^2 + (2a_{n+2})^2 = (2a_{n+2}+1)^2$

ここで，$2a_n+1=x$, $2a_{n+1}=y$, $2a_{n+2}=z$, $2a_{n+2}+1=w$ ……① とおくと
（2）より（B）は成立し，
$x^2+y^2+z^2=w^2$ ∴ （A）は成立
また，

$z = 2a_{n+2} = 2a_{n+1}(a_{n+1}+1) = y(a_{n+1}+1)$

$a_{n+1}+1$ は整数より，$z$ は $y$ の倍数。　　　∴　(C) も成立

数列 $\{a_n\}$ は明らかに単調増加数列だから，① を満たす $x$, $y$, $z$, $w$ は無数にある。
∴　(A) (B) (C) を満たす自然数の組 $(x, y, z, w)$ は無数にある。

注)　(3) の解法を思いつかない場合，小さい $n$ の値に対して実験してみる。(1) の結果より

$n = 3$ のとき

$$\underbrace{(2a_1+1)^2}_{x} + \underbrace{(2a_2)^2}_{y} + \underbrace{(2a_3)^2}_{z} = \underbrace{(2a_3+1)^2}_{w} \quad \to \text{(A)(B)(C) OK}$$

$n = 4$ のとき

$$\underbrace{\underbrace{(2a_1+1)^2 + (2a_2)^2}_{\parallel \atop (2a_2+1)^2}}_{x} + \underbrace{(2a_3)^2}_{y} + \underbrace{(2a_4)^2}_{z} = \underbrace{(2a_4+1)^2}_{w}$$

$n = 5$ のときは？（自分でやってみよう）

ここまで実験を実行すれば，上記解答を作るのは難しくない。

**【27】** (1) $a_1=b_1=1$

$a_2=2a_1b_1=2$, $b_2=2a_1{}^2+b_1{}^2=3$

$a_3=2a_2b_2=12$, $b_3=2a_2{}^2+b_2{}^2=17$ から $n=3$ のときには題意を満たす。……①

☆ 以下，数学的帰納法で証明したいのだが，数学的帰納法もうまくいかないときは「実験！」
まず，$n=3$ のときをもとにして $n=4$ のときを示す。
(これが出来ない以上，$n=k \Longrightarrow n=k+1$ は無理！ 出来れば手掛かりになるはず)

$a_4=2a_3b_3=2\cdot 12\cdot 17=3\cdot$(整数)

(→ この時点で，$a_n$ については「$a_k$ が 3 の倍数 $\Longrightarrow a_{k+1}$ も 3 の倍数」の証明は解決したも同然)

$b_4=2a_3{}^2+b_3{}^2=2\cdot$(3の倍数)$+17^2$

ここで，$17^2=289$ と計算してしまうと規則がわからなくなるので一工夫。
$17=3\times 5+2$ より $l$ を整数として $(3l+2)^2=9l^2+12l+4=3(3l^2+4l+1)+1$
従って，$b_4$ を 3 で割った余りは 1 となることがわかる。

$n=5$ の場合も

$a_5=2a_4b_4$ が 3 の倍数であることは，$a_4$ が 3 の倍数であることから OK

$b_5=2a_4{}^2+b_4{}^2$ が 3 で割り切れないことは，$(3l+1)^2=9l^2+6l+1=3(3l^2+2l)+1$ より

$n\geqq 5$ のとき $b_n$ を 3 で割った余りは 1 となることがわかる。

あとは，数学的帰納法の形で答案にまとまるだけ。

(①の続き)

$n=k$ のとき題意が成立すると仮定すると

$a_k=3x$, $b_k=3y\pm 1$ ($x$, $y$ は整数) とかける。

このとき

$a_{k+1}=2a_kb_k=2\cdot 3x(3y\pm 1)=3\cdot$(整数)

$b_{k+1}=2a_k{}^2+b_k{}^2$
$=3\cdot$(整数)$+(3y\pm 1)^2$
$=3\cdot$(整数)$+9y^2\pm 6y+1$
$=3\cdot$(整数)$+1$

よって，$n=k+1$ のときも題意は成立する。

数学的帰納法より，3 以上の自然数 $n$ について，$a_n$ は 3 で割り切れるが，$b_n$ は 3 で割り切れない。

☆ (2) は整数の取り扱いに慣れていないとなかなか手強い。やはり，数学的帰納法で臨むべきだろう。
帰納法の核心

「$a_k$ と $b_k$ が互いに素 $\Longrightarrow a_{k+1}$ と $b_{k+1}$ も互いに素」

を示すには背理法で攻める。

〈アプローチ1〉

『$a_{k+1}$ と $b_{k+1}$ が2以上の共通因数 $d$ をもつと仮定すると』

(→ この形から矛盾を導くのが，2数が互いに素であることの証明において，基本方針である)

$a_{k+1} = 2a_k b_k = dx$
$b_{k+1} = 2a_k{}^2 + b_k{}^2 = dy$  ($x$, $y$ は整数)

ここから「$a_k$ と $b_k$ が2以上の共通因数をもち，矛盾」を導き出すのは難しそうだ。
(この方針で解ける問題も多い。本問では通用しなかったが，基本方針を押さえておくことは重要)
1段階グレードアップして攻めよう。

〈アプローチ2〉

『$a_{k+1}$ と $b_{k+1}$ が共通の素因数 $p$ をもつと仮定すると』……☆

アプローチ1との違いは，一般に

> 素数 $p$ と自然数 $a$, $b$ について
> $ab$ が $p$ の倍数 $\Longrightarrow$ $a$ または $b$ が $p$ の倍数 ……(*)

が成り立つことである。

(*) は $p$ が素数でなければ成り立たないことに注意。例えば

$ab$ が4の倍数 $\not\Longrightarrow$ $a$ または $b$ が4の倍数 (反例：$a = b = 2$)
$ab$ が6の倍数 $\not\Longrightarrow$ $a$ または $b$ が6の倍数 (反例：$a = 2$, $b = 3$)

さらに

> 素数 $p$ と自然数 $a$ について
> $a^2$ が $p$ の倍数 $\Longrightarrow$ $a$ が $p$ の倍数 ……(**)

も成り立つ。(**) も $p$ が素数でなければ成り立たない。

(*) (**) が成り立つことは，素因数分解を考えればすぐに理解できる。
例えば (*) については，$ab$ が素数 $p$ の倍数であるということは，$ab$ の素因数分解の中に $p$ が少なくとも1つ含まれているということである。$a$ の素因数分解にも $b$ の素因数分解にも素数 $p$ が含まれていなければ，$ab$ の素因数分解に $p$ は含まれない。したがって，$ab$ が素数 $p$ の倍数であるためには，$a$ または $b$ が $p$ の倍数でなければならない。
☆ の仮定に続けて

『$a_{k+1} = 2a_k b_k$ が $p$ の倍数で，$p$ が素数より，$a_k$ または $b_k$ が $p$ の倍数

ⅰ) $a_k$ が $p$ の倍数の場合

$b_k{}^2 = b_{k+1} - 2a_k{}^2$ が $p$ の倍数 → $b_k$ が $p$ の倍数 → $a_k$ と $b_k$ が共通因数 $p$ をもち矛盾

ⅱ) $b_k$ が $p$ の倍数の場合 ほぼ同様 』

という感じにしたいのだが，本問は手強い。
ここで重要なのは，上記『 』内の論法には不備がある，とブレーキがかかるかどうかである。
$p$ が奇数の素数ならばよいのだが，唯一 $p = 2$ の場合には $a_k$ または $b_k$ が $p$ の倍数と結論づけることができない。
$p = 2$ のときを場合分けする方針も可能だが，帰納法で示す事柄に「$b_n$ が奇数」を付け加えるとよい。

前置きが長くなったが，(2) の解答に入ろう．

〈解〉 (2) $n \geqq 2$ のとき，$a_n$ と $b_n$ は互いに素で $b_n$ は奇数 ……(A) を示す．

　ⅰ) $n = 2$ のとき
　　$a_2 = 2$, $b_2 = 3$ より (A) は $n = 2$ のとき成立

　ⅱ) $n = k$ のとき (A) が成立すると仮定すると
　　$a_k$ と $b_k$ は互いに素で，$b_k$ は奇数
　このとき
　　$b_{k+1} = 2a_k^2 + b_k^2$ より $b_{k+1}$ は奇数
　　$a_{k+1}$ と $b_{k+1}$ が共通の素因数 $p$ をもつと仮定すると，$p$ は奇数で
　　　$a_{k+1} = 2a_k b_k$ が奇素数 $p$ の倍数より $a_k$ または $b_k$ が $p$ の倍数
　(イ) $a_k$ が $p$ の倍数の場合
　　　$a_k = px$, $b_{k+1} = py$ ($x$, $y$ は整数) とすると
　　　$b_k^2 = b_{k+1} - 2a_k^2 = py - 2p^2x^2 = p(y - 2px^2)$
　　$y - 2px^2$ は整数なので $b_k^2$ が $p$ の倍数．
$p$ は素数だから $b_k$ も $p$ の倍数
　(ロ) $b_k$ が $p$ の倍数の場合
　　　$b_k = px$, $b_{k+1} = py$ ($x$, $y$ は整数) とすると
　　$2a_k^2 = b_{k+1} - b_k^2 = py - p^2x^2 = p(y - px^2)$
　　$y - px^2$ は整数だから，$2a_k^2$ が $p$ の倍数．
　　$p$ は奇素数だから，$a_k$ が $p$ の倍数
　　(イ) (ロ) いずれの場合も，$a_k$ と $b_k$ が $p$ を共通因数をもつことになり矛盾
　従って，(A) は $n = k + 1$ のときも成立
ⅰ) ⅱ) より
　任意の 2 以上の自然数 $n$ について (A) は成立．

新宮　進（しんぐう　すすむ）

大阪府立豊中高等学校卒。大阪大学理学部数学科卒。大阪府吹田市にある共学の進学校金蘭千里高等中学校で三十数年数学を教え、京大、阪大、神大、国公立大学医学部などの難関大学に数多くの卒業生を送り出している。

【著書】
『高校数学　弱点克服講座Ⅱ　三角・対数関数編』
『高校数学　弱点克服講座Ⅲ　ベクトル編』

## 高校数学
### 弱点克服講座Ⅰ　数列編

2017年3月13日　初版発行

著　者　新宮　進
発行者　中田　典昭
発行所　東京図書出版
発売元　株式会社 リフレ出版
　　　　〒113-0021　東京都文京区本駒込 3-10-4
　　　　電話 (03)3823-9171　FAX 0120-41-8080
印　刷　株式会社 ブレイン

© Susumu Shingu
ISBN978-4-86223-981-5 C3041
Printed in Japan 2017
落丁・乱丁はお取替えいたします。

ご意見、ご感想をお寄せ下さい。

[宛先] 〒113-0021　東京都文京区本駒込 3-10-4
　　　　東京図書出版